DEGRADAÇÃO DOS SOLOS NO BRASIL

Leia também:

Antonio J. Teixeira Guerra

Coletânea de Textos Geográficos
Geomorfologia Urbana
Novo Dicionário Geológico-Geomorfológico

Antonio J. Teixeira Guerra & Sandra B. Cunha

Geomorfologia e Meio Ambiente
Geomorfologia: Uma Atualização de Bases e Conceitos
Impactos Ambientais Urbanos no Brasil

Antonio J. Teixeira Guerra, Antonio S. Silva
& Rosangela Garrido M. Botelho

Erosão e Conservação dos Solos

Antonio J. Teixeira Guerra & Mônica S. Marçal

Geomorfologia Ambiental

Antonio J. Teixeira Guerra & Maria Célia N. Coelho

Unidades de Conservação

Sandra B. Cunha & Antonio J. Teixeira Guerra

Avaliação e Perícia Ambiental
Geomorfologia: Exercícios, Técnicas e Aplicações
Geomorfologia do Brasil
A Questão Ambiental: Diferentes Abordagens

Antonio C. Vitte & Antonio J. Teixeira Guerra

Reflexões sobre a Geografia Física no Brasil

Gustavo H. S. Araujo, Josimar R. Almeida
& Antonio J. Teixeira Guerra

Gestão Ambiental de Áreas Degradadas

ORGANIZADORES

ANTONIO JOSÉ TEIXEIRA GUERRA

e

MARIA DO CARMO OLIVEIRA JORGE

DEGRADAÇÃO DOS SOLOS NO BRASIL

Rio de Janeiro | 2014

Capa: Leonardo Carvalho (com fotos de Maria do Carmo Oliveira Jorge)

Editoração: FA Studio

Texto revisado segundo o novo
Acordo Ortográfico da Língua Portuguesa

2014
Impresso no Brasil
Printed in Brazil

Cip-Brasil. Catalogação na publicação.
Sindicato Nacional dos Editores de Livros, RJ.

D366 Degradação dos solos no Brasil / organização Antonio José Teixeira Guerra, Maria do Carmo Oliveira Jorge. — 1. ed. — Rio de Janeiro: Bertrand Brasil, 2014.
320 p.; il.; 23 cm.

ISBN 978-85-286-1755-9

1. Solo — Brasil. 2. Geografia — Brasil. I. Guerra, Antonio José Teixeira. II. Jorge, Maria do Carmo Oliveira.

CDD: 918.1
14-15234 CDU: 913(81)

EDITORA BERTRAND BRASIL LTDA.
Rua Argentina, 171 — 2º andar — São Cristóvão
20921-380 — Rio de Janeiro — RJ
Tel.: (0xx21) 2585-2070 — Fax: (0xx21) 2585-2087

Atendimento e venda direta ao leitor:
mdireto@record.com.br ou (0xx21) 2585-2002

SUMÁRIO

CAPÍTULO 2 | DEGRADAÇÃO DOS SOLOS NO CERRADO

Silvio Carlos Rodrigues

CAPÍTULO 3 | DEGRADAÇÃO DOS SOLOS NO RIO GRANDE DO SUL

Roberto Verdum

Edemar Valdir Streck

Lucimar de Fátima dos Santos Vieira

CAPÍTULO 6 | EROSÃO DOS SOLOS NA AMAZÔNIA

Adorea Rebello da Cunha Albuquerque
Antonio Fábio Sabbá Guimarães Vieira

CAPÍTULO 7 | DEGRADAÇÃO DOS SOLOS NO ESTADO DO RIO DE JANEIRO

Antonio Soares da Silva
Rosangela Garrido Machado Botelho

APRESENTAÇÃO

D*egradação dos Solos no Brasil* traz ao leitor a oportunidade de entrar em contato com uma série de danos causados nas diferentes regiões e estados brasileiros, através de estudos de casos, exemplos, fotografias, mapas, tabelas e gráficos que ilustram bem essa situação.

Os autores deste livro já vêm trabalhando nos seus temas há bastante tempo e bem demonstram isso pelo conteúdo de cada capítulo, onde revelam conhecimento do assunto, não só pelas análises aqui apresentadas, mas também pelas referências bibliográficas, que podem remeter o leitor a se aprofundar no que é aqui descrito.

O livro procura mostrar como se tem dado a degradação dos solos no Brasil, não só ao longo do tempo, mas também a degradação atual, levando em conta as variáveis do meio físico, além dos vários tipos de uso e manejo do espaço nos meios rural e urbano.

Para atingir esse objetivo, foram escritos oito capítulos, se iniciando com *Degradação dos Solos — Conceitos e Temas* (Antonio José Teixeira Guerra), onde a erosão é apenas um dos processos envolvidos, sendo observada uma série de tópicos que dizem respeito à degradação, como: erosão pluvial, movimentos de massa, acidificação, salinização e desertificação. O capítulo 2 (*Degradação dos Solos no Cerrado*), escrito por Silvio Carlos Rodrigues, destaca que a ocupação agrícola do cerrado tem obtido um forte impulso nas últimas décadas, e o processo de desmatamento, se acelerado rapidamente, provocando a ocorrência da degradação do solo e o incremento de processos erosivos fortemente ligados à ação antrópica. Roberto Verdum, Edemar Valdir Streck e Lucimar de Fátima dos Santos Vieira, autores do capítulo 3 (*Degradação dos Solos no Rio Grande do Sul)*, analisam a degradação do solo no estado, inserindo essa análise no contexto geo-histórico de apropriação e uso desse componente da natureza essencial à sociedade humana. O capítulo 4 (*Solos do Ambiente Semiárido Brasileiro: Erosão e Degradação a Partir de uma Perspectiva Geomorfológica*), escrito por Antonio Carlos de Barros Corrêa, Jonas Otaviano Praça de Souza e Lucas

Costa de Souza Cavalcanti, destaca que as classes de solo do semiárido brasileiro e sua relação com os processos erosivos podem ser divididas em dois grupos: o dos solos tipicamente semiáridos e o dos solos reliquiais, alguns em desequilíbrio biopedoclimático. Maria do Carmo Oliveira Jorge, autora do capítulo 5 (*Degradação dos Solos no Litoral Norte Paulista*), aponta que a inter-relação relevo, ocupação e degradação tem como ponto de partida o sistema natural do litoral norte, que é caracterizado como sendo de grande fragilidade ambiental e, concomitantemente, apresenta restrições à sua ocupação. O capítulo 6 (*Erosão dos Solos na Amazônia*), escrito por Adorea Rebello da Cunha Albuquerque e Antonio Fábio Sabbá Guimarães Vieira, aponta que há a necessidade de se refletir sobre o uso e a implantação de práticas ambientalmente corretas para o ambiente amazônico, visando o planejamento de ações que assegurem a manutenção dos mecanismos hidrogeomorfológicos do relevo. Antonio Soares da Silva e Rosangela Garrido Machado Botelho, no capítulo 7 (*Degradação dos Solos no Estado do Rio de Janeiro*), afirmam que, nas áreas urbanas e com relevo montanhoso, são comuns os escorregamentos, que resultaram, nas últimas décadas, na perda de centenas, e talvez milhares, de vidas em todo o estado. O livro termina com o capítulo 8 (*Erosão dos Solos no Noroeste do Paraná*), onde os autores Leonardo José Cordeiro Santos e Laiane Ady Westphalen destacam que a retirada da vegetação nativa para o cultivo do café para a instalação dos centros urbanos contribuiu para o aumento do escoamento concentrado das águas pluviais e, consequentemente, no desencadeamento acelerado da erosão.

Dessa forma, apesar de *Degradação dos Solos no Brasil* não abarcar todo o território nacional, pelo menos permite ao leitor uma visão bastante ampla de como a degradação vem ocorrendo em grande parte do país, levando-se em conta uma análise detalhada das várias formas como os processos erosivos e outros fatores responsáveis pelo quadro de degradação vêm afetando o país nas últimas décadas.

Cada autor de *Degradação dos Solos no Brasil* disponibiliza o seu e-mail para que os leitores que quiserem mais detalhes sobre os temas aqui abordados possam entrar em contato diretamente.

Os Organizadores

AUTORES

ANTONIO JOSÉ TEIXEIRA GUERRA (antoniotguerra@gmail.com) é doutor em Geografia pela Universidade de Londres, com pós-doutorado em Erosão dos Solos pela Universidade de Oxford, pesquisador 1A do CNPq e professor titular do Departamento de Geografia da UFRJ.

SILVIO CARLOS RODRIGUES (silgel@ufu.br) é doutor em Geografia Física pela USP, pesquisador 1C do CNPq e professor associado do Instituto de Geografia da UFU.

ROBERTO VERDUM (verdum@ufrgs.br) é doutor em Geografia e Gestão do Território pela Universidade de Toulouse Le Mirail, França, pesquisador nível 2 do CNPq e professor associado do Departamento de Geografia da UFRGS.

EDEMAR VALDIR STRECK (streck@emater.tche.br) é engenheiro agrônomo pela UFSM, doutor em Ciências do Solo pela UFRGS e assistente técnico estadual em Solos da EMATER/RS.

LUCIMAR DE FÁTIMA DOS SANTOS VIEIRA (luci.ze@terra.com.br) é mestre em Geografia pela UFRGS e doutoranda do Programa de Pós-graduação em Geografia pelo Instituto de Geociências da UFRGS.

ANTONIO CARLOS DE BARROS CORRÊA (antonio.correa@ufpe.br) é doutor em Geografia pela UNESP/Rio Claro, com pós-doutorado em Geomorfologia pela UNESP/Rio Claro, pesquisador 1D do CNPq e professor adjunto do Departamento de Ciências Geográficas da UFPE.

JONAS OTAVIANO PRAÇA DE SOUZA (jonasgeoufpe@yahoo.com.br) é mestre em Geografia pela UFPE, doutorando em Geografia pela UFPE e pesquisador do Grupo de Estudos do Quaternário do Nordeste Brasileiro/GEQUA/UFPE.

LUCAS COSTA DE SOUZA CAVALCANTI (lucascavalcanti3@gmail.com) é mestre em Geografia pela UFPE, doutorando em Geografia pela UFPE e pesquisador do Grupo de Estudos do Quaternário do Nordeste Brasileiro/GEQUA/UFPE.

MARIA DO CARMO OLIVEIRA JORGE (carmenjorgerc@gmail.com) é mestre em Organização do Espaço pela UNESP/Rio Claro, pesquisadora associada do LAGESOLOS e doutoranda do Programa de Pós-graduação em Geografia da UFRJ.

ADOREA REBELLO DA CUNHA ALBUQUERQUE (dorearebelo@ufam.edu.br) é doutora em Geografia pela UFRJ e professora adjunta do Departamento de Geografia da UFAM.

ANTONIO FÁBIO SABBÁ GUIMARÃES VIEIRA (fabiovieira@ufam.edu.br) é doutor em Geografia pela UFSC e professor adjunto do Departamento de Geografia da UFAM.

ANTONIO SOARES DA SILVA (antoniossoares@gmail.com) é doutor em Geologia pela UFRJ e professor adjunto do Departamento de Geografia Física da UERJ.

ROSANGELA GARRIDO MACHADO BOTELHO (rosangela.botelho@ibge.gov.br) é doutora em Geografia Física pela USP, geógrafa da Coordenação de Recursos Naturais e Estudos Ambientais do IBGE e professora colaboradora do curso de pós-graduação lato sensu em Análise Ambiental e Gestão do Território da ENCE.

LEONARDO JOSÉ CORDEIRO SANTOS (santos@ufpr.br) é doutor em Geografia Física pela USP, pesquisador 1D do CNPq e professor adjunto do Departamento de Geografia da UFPR.

LAIANE ADY WESTPHALEN (laianeady@yahoo.com.br) é mestre em Geografia pela UFPR e professora da rede estadual de ensino.

CAPÍTULO 1

DEGRADAÇÃO DOS SOLOS – CONCEITOS E TEMAS

Antonio José Teixeira Guerra

Introdução

Este capítulo refere-se a conceitos e temas relacionados à degradação dos solos, onde a erosão é apenas um dos processos envolvidos. Desse modo, será observada uma série de tópicos que dizem respeito à degradação, como: erosão pluvial, movimentos de massa, acidificação, salinização e desertificação. Os fatores causadores, bem como as consequências desses processos danosos, também serão analisados neste capítulo, tanto em áreas rurais como em urbanas.

A divisão que se segue procura levantar uma série de questões relacionadas à degradação e erosão dos solos, com ênfase nesse processo geomorfológico, que é o de maior distribuição geográfica, pelo planeta Terra. Apesar de reconhecermos a existência de diversas formas de erosão, aquela provocada pelo escoamento superficial e subsuperficial nas encostas é a única a ser abordada neste capítulo, também pela sua maior distribuição territorial, no Brasil e no mundo como um todo.

Espera-se que com este capítulo o leitor tenha mais subsídios para compreender o texto que se segue. Dessa forma, além dos aspectos conceituais relacionados à degradação dos solos, será feita também uma breve caracterização dos outros capítulos, ou seja, de que forma esses processos geomorfológicos se distribuem pelo Brasil.

1. Degradação dos solos

Segundo Fullen e Catt (2004), é imperativo que os solos sejam conservados tanto no presente quanto para futuras gerações. No caso de construções em áreas de depósitos de tálus, que caracterizam condições instáveis, quando não se alteram significativamente essas encostas, se plantando gramíneas e árvores, a tendência é de manter o seu equilibro ambiental (Figura 1). Os referidos autores destacam ainda que as Nações Unidas vêm tendo grande preocupação em relação aos solos. Dessa forma, em 1987, a então primeira-ministra da Noruega, Gro Harlem Brundtland, dirigiu uma comissão com o objetivo de investigar a degradação dos solos e produziu um relatório intitulado *Nosso Futuro Comum* (Brundtland, 1987). Nesse relatório está incluído também um mapa do estado atual dos solos do mundo, chamado *Global Assessment of Soil Degradation* (GLASOD), que em português significa Avaliação Global da Degradação dos Solos. Esse projeto foi desenvolvido principalmente na Universidade de Wageningen, na Holanda, e resultou numa publicação intitulada *Mapa Mundial do Estágio de Degradação dos Solos Induzida pelo Homem* (Oldeman *et al.*, 1990). O relatório GLASOD apresentou uma visão pessimista do futuro, concluindo que os solos do planeta estão sendo erodidos, tornando-se estéreis, ou contaminados com tóxicos químicos, a uma taxa que não pode ser sustentada.

O GLASOD estimou ainda que a perda de solos agrícolas se dê a uma taxa de 6 a 7 milhões de hectares por ano, com um adicional de 1,5 milhão de hectares perdidos, devido à exploração de madeira, salinização e acidificação. Dessa forma, a perda de solo não quer dizer necessariamente que a terra desapareça, embora localmente isso possa acontecer, devido à transgressão marinha, ou à erosão de áreas costeiras. Normalmente, significa a deterioração das suas propriedades químicas e físicas, de maneira que o solo deixa de ser produtivo.

De acordo com Fullen e Catt (2004), como uma comunidade global, devemos aprender com as lições do passado. Ou seja, vivemos num momento de mudanças climáticas, rápido crescimento da população

FIGURA 1. Casa construída sobre depósito de tálus, no município de Ubatuba (São Paulo). Nota-se que há uma perfeita harmonia entre a construção, os matacões e a vegetação plantada para proteger a encosta. (Foto: M.C.O. Jorge.)

mundial e rápido decréscimo em área e em qualidade dos solos como um recurso natural básico. Conflitos militares regionais continuam, em especial no mundo das zonas áridas, e muitos desses conflitos estão relacionados a recursos hídricos.

1.1. Levantamento dos solos, classificação e avaliação de terras

Com o objetivo de compreender os solos e predizer o seu comportamento, temos que conseguir avaliar suas propriedades, bem como categorizá-los, classificá-los e mapear sua distribuição espacial (Selby, 1993; Fullen e Catt, 2004; Morgan, 2005). Assim, no campo, os pedólogos examinam um perfil de solo, que é estudado em horizontes, ou camadas. A natureza e as propriedades de cada horizonte e as relações entre os horizontes têm que ser consideradas. Algumas propriedades podem ser avaliadas no campo, e amostras de solo são levadas para serem analisadas em laboratório.

Os cientistas do solo, que estudam sua origem e desenvolvimento, são denominados pedólogos. O termo *ped* se refere a solo, e vem do grego, onde *pedos* significa solo.

Para um rápido reconhecimento e para apoiar as análises do perfil, os pedólogos podem coletar amostras de solo com a ajuda de trados. Essas amostras são então colocadas em sacos plásticos para futuras análises em laboratório. Algumas vezes, o topo do solo pode também ser amostrado para análises específicas, como fertilidade.

Cada país tende a criar um manual de levantamento de solo que, em essência, é similar aos de outros países, embora com pequenas diferenças entre eles. Esses proporcionam procedimentos precisos para a caracterização das propriedades e formas de amostragem (Gerard, 1992; Selby, 1993; Morgan, 2005).

No que diz respeito às análises físicas, a granulometria é a técnica mais difundida e conhecida. Através dessa análise, podemos dividir os solos em várias classes, como: pedregosos, arenosos, siltosos e argilosos.

As análises químicas e a fertilidade são feitas com sedimentos com menos de 2,0 mm de diâmetro. Esse método determina o teor de nutrientes dos solos, que, em alguns casos, se refere à quantidade total de um determinado elemento. No entanto, a maior parte dos elementos é insolúvel, ou então solúvel muito lentamente, e não está disponível rapidamente para as plantas.

Os nutrientes nos solos podem ser classificados em dois grupos: 1. macronutrientes, que são necessários em grandes quantidades para o crescimento das plantas, e incluem nitrogênio (N), fósforo (P), potássio (K), cálcio (Ca) e magnésio (Mg); 2. micronutrientes, que são necessários em menores quantidades para o bom desenvolvimento das plantas, e incluem manganês (Mn), cobre (Cu), níquel (Ni), zinco (Zi), molibdênio (Mo), ferro (Fe), cobalto (Co) e vanádio (Va) (Fitz Patrick, 1986).

Com base em dados de laboratório e de campo, os pedólogos podem classificar os solos. Esse é um importante passo, na medida em que as estratégias de manejo do solo necessitam ser baseadas na compreensão da natureza e das suas propriedades.

O sistema de classificação de solos dos Estados Unidos está dividido em 12 ordens, que recebem os seguintes nomes: *Entisols* (neossolos), *Inceptisols* (cambissolos), *Alfisols* (argissolos), *Spodosols* (espodossolos), *Ultisols* (planossolos), *Oxisols* (latossolos), *Mollisols* (chernossolos), *Aridisols* (luvissolos), *Vertisols* (vertissolos) e *Histosols* (organossolos). Cada uma dessas ordens é dividida em subordens, grandes grupos, subgrupos, famílias e séries (Brady e Weil, 1999).

Um dos objetivos do levantamento de solos é produzir classificações de aptidão de uso da terra. Existem várias classificações de aptidão; uma delas afirma que as classes com número mais elevado são mais restritivas e as com número mais baixo possuem maiores aptidões. Segundo Bibby (1991), a Classe 1 refere-se à aptidão para produzir uma gama muito variada de cultivos, enquanto a Classe 7 possui diversas limitações para a agricultura. O intervalo entre a classe 1 e a 4 possui aptidão para a agricultura, a Classe 5 possui aptidão para a pecuária, a Classe 6 refere-se à aptidão apenas para alguns tipos de pecuária, enquanto a Classe 7 possui pequeno valor agrícola.

1.2. A ECONOMIA DA DEGRADAÇÃO DOS SOLOS: DAS POLÍTICAS NACIONAIS ÀS PROPRIEDADES RURAIS

Os fatores socioeconômicos que operam em nível nacional, nas propriedades rurais e nas bacias hidrográficas, possuem um papel importante nos incentivos dados aos fazendeiros, no sentido de se praticar o manejo adequado dos solos, que leve à sua conservação (Kerr, 1998). O conhecimento sobre erosão e conservação dos solos tem crescido rapidamente nas últimas décadas. As causas e os efeitos biológicos e físicos da erosão são cada vez mais bem conhecidos, assim como os métodos de proteção dos recursos dos solos.

No entanto, casos de erosão continuam a ocorrer por todo o mundo e a adoção de práticas conservacionistas ainda continua limitada. Isso se deve, em parte, a constrições socioeconômicas em várias partes do mundo. Dessa forma, o conhecimento dos fatores socioeconômicos e das políticas públicas associadas possui um papel importante na conservação dos solos. Ou seja, há que se considerar esses fatores porque, na grande maioria dos casos, eles podem atuar em conjunto com as causas ambientais, resultantes na erosão.

Os proprietários rurais possuem muitos objetivos no manejo dos seus solos e, ao mesmo tempo, diversas limitações na escolha de medidas a serem tomadas. Esses objetivos e limitações determinam até que ponto há interesse na adoção de práticas conservacionistas, os quais operam em diversos níveis, incluindo a economia nacional, as propriedades rurais, os campos cultivados, as comunidades e as bacias hidrográficas (Figura 2) (Oldeman, 1990; Kerr, 1998; Fullen e Catt, 2004; Morgan, 2005). Segundo Kerr (1998), as políticas econômicas podem influenciar os objetivos dos fazendeiros até certo ponto, mas em certos casos é mais importante planejar políticas e programas que atendam aos objetivos dos proprietários rurais em vez de tentar mudá-los.

Apesar de uma série de problemas de degradação das terras, uma parte da agricultura mundial busca ter um desenvolvimento sustentável e as instituições continuam a se desenvolver e a se adaptar ao estresse ambiental do crescimento. A propósito disso, Tiffen *et al.* (1994) destacam o caso de

FIGURA 2. Obra de contenção com muro de gabião às margens do Rio Macaé (Rio de Janeiro) para evitar sua erosão e também o assoreamento. (Foto: A.J.T. Guerra.)

sucesso do distrito de Machakos, no Quênia. Na década de 1930, esse distrito era atingido por uma séria degradação dos solos, marcada por desmatamento, erosão, perda de nutrientes, baixa produtividade, e degradação dos pastos. Como consequência, a população era muito pobre e as terras não conseguiam oferecer quase nada. Em torno da década de 1990, os rendimentos aumentaram bastante, os recursos básicos foram recuperados e o valor real *per capita* da agricultura aumentou em 300%, mesmo com o aumento em quase 500% da população e a agricultura tendo se espalhado para terras marginais mais distantes (Tiffen *et al.*, 1994). De acordo com os referidos autores, boas rodovias passaram a possibilitar acesso aos grandes mercados de Nairóbi para os produtos agrícolas, aumentando os lucros dos fazendeiros, bem como a adoção de práticas conservacionistas, como terraceamento, cultivo em curva de nível e aplicação de matéria orgânica, tornaram as propriedades rurais mais produtivas.

Evidências em vários países sugerem que os fazendeiros estão conscientes das causas e consequências da degradação dos recursos naturais. Pesquisas feitas com os proprietários rurais apontam para a preocupação constante que os mesmos têm com a erosão, perda de nutrientes, desmatamento e declínio na produção agropecuária. A literatura nacional e a internacional tem mostrado, através de vários exemplos, que muitos países têm conseguido resolver problemas relacionados à degradação das terras com práticas de conservação dos solos e recuperação de áreas degradadas (Gill, 1991; Cleaver e Schreiber, 1994; Reij *et al.*, 1996; Kerr, 1998; Fullen e Catt, 2004; Morgan, 2005; Guerra *et al.*, 2009).

A teoria da inovação induzida ajuda a explicar o paradoxo de que a erosão dos solos se espalha em algumas áreas, enquanto a conservação dos solos se concentra em outras. Essa teoria se apoia no fato de que as inovações tecnológicas e as mudanças institucionais ocorrem para economizar recursos escassos e para utilizar recursos abundantes. Em outras palavras, segundo Kerr (1998), as inovações são induzidas por fatores econômicos, na medida em que os sistemas agrícolas evoluem diferentemente em diversas regiões do mundo.

Dessa forma, a saúde da economia rural tem várias implicações para a erosão dos solos, dependendo, em grande parte, do estágio de intensificação da agricultura. Quando a terra é abundante e a agricultura é pouco intensiva, a subida de preços para os produtos agrícolas pode levar a uma expansão da área cultivada, promovendo o corte da vegetação primitiva e levando ao aumento da erosão. Como resultado, os investimentos e políticas públicas que apoiam o crescimento econômico deverão levar à adoção de práticas conservacionistas. Os investimentos na infraestrutura do meio rural, tais como construção e melhoria de estradas rurais, que auxiliarão a levar os produtos para os mercados, provocarão aumento dos lucros da agricultura e, consequentemente, irão encorajar a melhoria do manejo das propriedades rurais (Figura 3).

FIGURA 3. Obras de recuperação em estrada rural que sofreu deslizamento na bacia do Rio Macaé (Rio de Janeiro). (Foto: A.J.T. Guerra.)

Concluindo, as condições de mercado e as políticas econômicas interagem tanto em nível nacional como no nível das propriedades rurais no sentido de determinar os investimentos que os fazendeiros farão em práticas conservacionistas. Segundo Kerr (1998), os fazendeiros, no mundo inteiro, têm uma variedade de interesses e objetivos, sendo a conservação dos solos apenas mais uma alternativa, e não é, na maioria das vezes, o principal objetivo da maioria dos proprietários rurais.

1.3. Solos e paisagens como sistemas abertos

A formação dos solos é o resultado da interação de muitos processos, tanto geomorfológicos como pedológicos. Esses processos retratam uma variabilidade temporal e espacial significativa, sendo dessa forma importante abordar os solos como sistemas dinâmicos. Sendo assim, os solos e as paisagens devem ser considerados sistemas abertos, utilizando-se os conceitos que evoluíram com a análise sistêmica (Gerrard, 1992; Fullen e Catt, 2004; Morgan, 2005; Guerra e Mendonça, 2007).

Os solos e as paisagens comportam-se como sistemas abertos, na medida em que ganham e perdem matéria e energia, além das suas fronteiras. De acordo com Gerrard (1992), os solos estão continuamente se ajustando de diversas formas à variação dos fluxos de massa e de energia, gradientes termodinâmicos e outras condições ambientais externas.

O fato de os solos, como as paisagens, atuarem como sistemas abertos tem implicações tanto teóricas como práticas na escolha dos parâmetros que serão mensurados no campo, com o objetivo de determinar o estágio de um sistema, direcionando a atenção aos conceitos básicos envolvidos nessa estrutura (Guerra e Mendonça, 2007).

A análise dos solos e das paisagens como sistemas abertos direciona a atenção aos conceitos básicos envolvidos nessa estrutura. Esses conceitos foram destacados por Strahler e Strahler (1973):

1. Os sistemas possuem limites, quer sejam reais ou arbitrários;
2. Os sistemas possuem entradas (*inputs*) e saídas (*outputs*) de energia e matéria, que atravessam esses limites;
3. Os sistemas possuem caminhos de transporte de energia e de transformação, associados com a matéria existente dentro desses sistemas;
4. Dentro dos sistemas a matéria pode ser transportada de um local para outro, ou ter suas propriedades físicas transformadas por reação química ou mudança de estado;
5. Os sistemas abertos tendem a possuir um equilíbrio dinâmico, no qual a taxa de entrada de energia e de matéria iguala a taxa de saída de energia e matéria, enquanto o armazenamento de energia e matéria permanece constante;

6. Quando as taxas de entrada ou de saída de um sistema aberto mudam, o sistema tende a buscar um novo equilíbrio. O período de mudança que leva ao estabelecimento de um novo equilíbrio é um estado transiente, e o período de tempo envolvido dependerá da sensitividade do sistema;
7. A quantidade de armazenamento de energia e de matéria aumenta ou diminui quando a taxa de energia e fluxo de matéria, pelo sistema, aumenta ou diminui;
8. Quanto maior for a capacidade de armazenamento, dentro do sistema, para uma determinada entrada (*input*), menor é a sensitividade desse sistema.

Baseado nos oito pontos destacados acima, a profundidade do solo vai depender das taxas de sua remoção e formação, ou seja, naquelas áreas, onde a remoção é mínima, solos profundos vão se desenvolver, enquanto onde a ação erosiva for mais ativa os solos serão menos espessos. Na Geomorfologia, isso pode ser compreendido como um balanço resultante da denudação (Figura 4). Por outro lado, os solos também podem ser pouco profundos, onde a água não é retida, e, consequentemente, ocorre pouco intemperismo.

FIGURA 4. Solos degradados no distrito de Conceição das Crioulas, Salgueiro, Pernambuco. (Foto: A.C.B. Corrêa.)

Nesse sentido, Palmieri e Larach (2010) resumem bem as relações entre os solos e as paisagens quando destacam o papel que o relevo exerce no desenvolvimento dos solos, com grande influência nas suas condições hídricas e térmicas. Isso afeta também os microclimas e a cobertura vegetal, bem como as propriedades físicas e químicas dos solos.

1.4. Diferentes tipos de degradação — fatores causadores

Diversos são os fatores causadores da degradação do solo (Tabela 1), atuando de forma direta ou indireta, mas quase sempre a grande maioria das terras degradadas inicia esse processo com o desmatamento, que pode ser seguido por diversas formas de ocupação desordenada, como: corte de taludes para a construção de casas, rodovias (Figura 5) e ferrovias, agricultura, com uso da queimada, vários tipos de mineração, irrigação excessiva, crescimento desordenado das cidades, superpastoreio, uso do solo para diversos tipos de despejos industriais e domésticos, sem tratamento da

FIGURA 5. Depósito de tálus exposto na Rodovia Rio-Santos, no município de Paraty, Rio de Janeiro, após a ocorrência de deslizamento e consequente obra de estabilização. (Foto: A.J.T. Guerra.)

área que recebe esses despejos; enfim, de uma forma ou de outra, os solos tornam-se degradados, sendo muitas vezes difícil, ou quase impossível, a sua recuperação (Fullen e Catt, 2004; Araújo *et al.*, 2009).

Segundo Fullen e Catt (2004), a degradação dos solos cobre uma série de processos complexos, que incluem a erosão (tanto pela água como pelo vento), a expansão das condições ligadas aos desertos (chamada de desertificação), os movimentos de massa, a contaminação dos solos, como, por exemplo, a acidificação e a salinização. Os referidos autores chamam atenção ainda para a comunidade global em que vivemos hoje em dia, e deveríamos aprender com as lições do passado. Vivemos numa época de mudanças climáticas e rápido aumento da população mundial. Ocorre também um decréscimo dos recursos relacionados aos solos e às águas. Nesse sentido, esse item aborda alguns exemplos de degradação dos solos, levando em conta os fatores causadores e as principais características de cada forma de degradação.

TABELA 1

Classificação dos fatores de degradação das terras

	Ações antrópicas	**Condições naturais**
Fatores facilitadores	— desmatamento — superpastoreio — uso excessivo da vegetação — taludes de corte — remoção da cobertura vegetal para o cultivo	— topografia — textura do solo — composição do solo — cobertura vegetal — regime hidrológico
Fatores diretos	— uso de máquinas — condução do gado — encurtamento do pousio — entrada excessiva de água e/ou drenagem insuficiente — excesso de fertilização ácida — uso excessivo de produtos químicos/estrume — disposição de resíduos domésticos/industriais	— chuvas fortes — alagamentos — ventos fortes

Fonte: FAO (1980).

1.4.1. EROSÃO DOS SOLOS

Existem centenas de trabalhos, espalhados pelo mundo inteiro, sobre erosão dos solos, não só através dos capítulos específicos sobre esses processos, publicados em livros-textos, como em teses de doutorado e artigos em periódicos (Small e Clark, 1982; Abrahams, 1986; Parsons, 1988; Selby, 1990 e 1993; Hasset e Banwart, 1992; Goudie, 1989, 1990 e 1995; Goudie e Viles, 1997; Fullen e Catt, 2004; Guerra, 2009a, 2009b e 2010; Morgan, 2005; Oliveira, 2010). A propósito disso, Parsons (1988) coloca de forma muito clara que a maioria das encostas evolui sob diversos processos. O autor destaca a importância dos efeitos produzidos pelo escoamento superficial (*wash*), com caráter mais contínuo; ou seja, na erosão dos solos, o processo é mais contínuo e gradativo, e partículas e/ou agregados vão sendo destacados e transportados encosta abaixo.

Selby (1990 e 1993) conceitua muito bem a erosão dos solos no seu livro *Hillslope Materials and Processes* (tanto na primeira como na segunda edição), considerado um clássico no estudo das vertentes. Erosão dos solos é abordada no capítulo da 1ª Edição, referente a água nas vertentes (*Water on hillslopes*) e erosão das encostas pela chuva e pela água que escoa (*Erosion of hillslopes by raindrops and flowing water,* na 2ª Edição). Nos capítulos referentes a água nas vertentes e erosão das encostas pela chuva e pela água que escoa, o autor destaca o papel da água que remove o solo das encostas através de uma variedade de processos erosivos, tais como: erosão laminar (*wash*) (Figura 6), ravina (*rill*) (Figura 7) e voçoroca (*gully*).

No processo relativo ao voçorocamento, Selby (1990 e 1993) explica que uma ravina principal (*master rill*) pode aprofundar e alargar o seu canal, ou seja, evoluir para uma voçoroca, definida como uma expansão de um canal de drenagem, o qual caracteriza um fluxo efêmero de água, possuindo paredes laterais íngremes, cabeceira vertical, largura maior do que 30 cm e profundidade maior do que 60 cm. As voçorocas, ainda segundo Selby (1990 e 1993), podem se formar numa ruptura da encosta, ou em áreas onde a cobertura vegetal foi removida, em especial quando o material subjacente for mecanicamente fraco ou inconsolidado. Dessa forma, o autor enfatiza que as voçorocas são mais comuns em materiais como:

FIGURA 6. Erosão laminar acentuada em planossolos sob caatinga arbustiva aberta. Projeto de Irrigação Manga de Baixo, Belém do São Francisco, Pernambuco, (Foto: A.C.B. Corrêa.)

FIGURA 7. Ravinas em talude da Rodovia Rio-Santos, no município de Caraguatatuba, São Paulo. (Foto: A.J.T. Guerra.)

solos profundos formados sobre *loess*, solos de origem vulcânica, aluviões, colúvio, cascalho, areias consolidadas e detritos resultantes de movimentos de massa. Selby (1990 e 1993) aponta também que o aumento do *runoff*, em conjunto com a retirada da vegetação, o aumento das terras cultivadas, as queimadas excessivas e o superpastoreio, pode dar origem à erosão por voçoroca (Figura 8).

FIGURA 8. Cicatriz de voçoroca colonizada, em área de pasto na bacia do Rio Macaé, Rio de Janeiro. (Foto: A.J.T. Guerra.)

Goudie (1995) enfatiza que a erosão que ocorre numa encosta é resultante de processos como salpicamento (*rainsplash*), escoamento superficial (*surface wash*) e ravinamento (*rill erosion*), que, por sua vez, dependem da erosividade da chuva, da erodibilidade dos solos, das características das encostas e da natureza da cobertura vegetal.

A erosão causada pela ação da água é a forma mais comum de erosão e de maior distribuição espacial na superfície terrestre (Hasset e Banwart, 1992) e, por isso mesmo, é abordada neste capítulo. Ela possui duas fases básicas: a primeira é a remoção (*detachment*) de partículas, que pode também formar crostas no topo do solo, e a segunda é o transporte dessas partículas na superfície. Entretanto, o transporte de material pode também ser feito em subsuperfície, através da formação de dutos (*pipes*), com diâmetros que podem variar de poucos centímetros até vários metros. O material que está acima desses dutos pode sofrer o colapso do teto, dando origem a voçorocas.

O escoamento difuso, sob a forma de um lençol (*sheetflow*), pode evoluir para uma ravina. Para chegar a esse estágio, o fluxo de água passa a ser linear (*flowline*) e depois evolui para microrravinas (*micro-rills*), e depois para microrravinas com cabeceiras (*headcuts*). Ao mesmo tempo em que essa evolução vai ocorrendo, podem também se estabelecer bifurcações, através dos pontos de ruptura (*knick-points*) das ravinas e ser então criada uma verdadeira rede de ravinas (*rill network*) na encosta (Merritt, 1984; Guerra, 2009a e 2009b).

Caso a ação da água, que se escoa de forma concentrada nas ravinas, continue o seu trabalho de aprofundamento lateral e vertical, pode acabar formando uma voçoroca, que pode, em alguns casos, atingir o lençol freático e/ou o substrato rochoso. Existem várias formas de se classificar voçorocas na literatura nacional e internacional. Nós aqui optamos por adotar a classificação proposta pelo *Glossário de ciência dos solos*, dos Estados Unidos (1987), que estipula um limite entre ravinas e voçorocas. Segundo esse glossário, as voçorocas possuem mais de meio metro de largura e de profundidade. Essa classificação é seguida por vários pesquisadores brasileiros, dentre eles Ramalho (1999), Marçal (2000) e Guerra (2009a e 2009b) e Oliveira (2010).

A combinação dos processos de erosão em lençol, ravina e voçoroca, além de rebaixarem a superfície do terreno, provoca a redução do teor de matéria orgânica e de elementos minerais, que podem dificultar, ou mesmo impedir, a agricultura nessas áreas. Os solos, além de passarem pelos processos de erosão, tornam-se degradados, podendo contribuir para a desertificação, que será vista mais adiante, neste capítulo.

1.4.2. Movimentos de massa

Os processos de movimentos de massa têm um impacto direto no uso da terra e podem, em casos extremos, constituir riscos à vida humana e às construções (Small e Clark, 1982). Ao mesmo tempo, o impacto antropogênico sobre as encostas naturais representa o principal fator de influência sobre os processos, as formas e a evolução das encostas, de maneira deliberada ou não (Guerra, 2008). Sendo assim, a produção de encostas artificiais, feita por cortes para a construção de estradas, ruas, casas e prédios, mineração, represas, terraços etc., torna-se muito importante, em escala local (Small e Clark, 1982).

Parsons (1988) coloca de forma muito clara que a maioria das encostas evolui sob diversos processos. O autor destaca ainda a importância relativa dos movimentos de massa, com caráter mais esporádico, em contraste aos efeitos produzidos pelo escoamento superficial (*wash*), com caráter mais contínuo. Nos movimentos de massa ocorre um movimento coletivo de solo e/ou rocha, onde a gravidade/declividade possui um papel significativo. A água pode tornar o processo ainda mais catastrófico, mas não é necessariamente o principal agente desse processo geomorfológico (Petley, 1984; Selby, 1990 e 1993; Goudie, 1995; Guerra, 2008).

Com relação aos movimentos de massa, muito esforço tem sido feito na mensuração das taxas às quais as diversas formas desses processos ocorrem na superfície terrestre (Goudie, 1995). A propósito disso, Petley (1984) descreve os principais objetivos do estudo dos movimentos de massa:

1. compreender o desenvolvimento das encostas naturais e os processos que têm contribuído para a formação de diferentes feições;
2. tornar possível a estabilidade das encostas, sob diferentes condições;
3. estabelecer o risco de deslizamento, ou outras formas de movimentos de massa, envolvendo encostas naturais ou artificiais;
4. facilitar a recuperação de encostas que sofreram movimento de massa, bem como o planejamento, através de medidas preventivas, para que tais processos não venham a ocorrer;
5. analisar os vários tipos de movimentos de massa que tenham ocorrido numa encosta e definir as causas desses processos;
6. saber lidar com o risco de fatores externos na estabilidade das encostas, como, por exemplo, os terremotos.

A terminologia é vasta e cada autor usa termos semelhantes para caracterizar determinados processos. Desses, talvez o mais empregado seja *landslide*, traduzido para o português por deslizamento e/ou escorregamento. A propósito, Coates (1977, *in* Hansen, 1984) lista os principais pontos em comum, dentre vários pesquisadores, para caracterizar os *landslides* (Figuras 9, 10 e 11): representam um tipo de fenômeno incluído dentro dos movimentos de massa:

1. a gravidade é a principal força envolvida;
2. o movimento deve ser moderadamente rápido, porque o *creep* (rastejamento) é muito lento para ser incluído como *landslide*;
3. o movimento pode incluir deslizamento e fluxo;
4. o plano de cisalhamento do movimento não coincide com uma falha;
5. o movimento deve incluir uma face livre da encosta, excluindo, portanto, subsidência;
6. o material deslocado possui limites bem definidos e, certamente, envolve apenas porções bem definidas das encostas;
7. o material transportado pode incluir partes do regolito e/ou do substrato rochoso.

Apesar das inúmeras classificações e terminologias relacionadas aos movimentos de massa, que podem chegar a confundir o leitor, Fernandes e Amaral (2010) abordam de forma muito objetiva e clara o assunto, propondo a seguinte classificação:

a. **Corridas** (*flows*): são movimentos rápidos, onde os materiais se comportam como fluidos altamente viscosos. Elas estão associadas com a grande concentração de água superficial;
b. **Escorregamentos** (*slides*): se caracterizam como movimentos rápidos de curta duração, com plano de ruptura bem definido. São feições longas, podendo apresentar uma relação de 10:1, comprimento-largura. Podem ser divididos em dois tipos:
   b.1. Rotacionais (*slumps*): possuem uma superfície de ruptura curva, côncava para cima, ao longo da qual se dá o movimento rotacional da massa do solo;
   b.2. Translacionais: representam a forma mais frequente entre todos os tipos de movimentos de massa, possuindo superfície de ruptura com forma planar, a qual acompanha, de modo geral, descontinuidades mecânicas e/ou hidrológicas existentes no interior do material.

c. **Queda de blocos** (*rock falls*): são movimentos rápidos de blocos e/ou lascas de rocha, que caem pela ação da gravidade, sem a presença de uma superfície de deslizamento, na forma de queda livre.

Existe ainda uma categoria denominada de *creep* (rastejamento), que Hansen (1984) descreve como sendo definida basicamente pela sua velocidade, devido à natureza lenta do movimento. Segundo esse autor, existem três tipos de *creep*:

a. *creep* sazonal, onde o solo é afetado pelas mudanças sazonais de umidade e temperatura;
b. *creep* contínuo, onde a força de cisalhamento (*shear stress*) excede a resistência ao cisalhamento (*shear strength*);
c. *creep* progressivo, que está associado com as encostas que atingem o ponto de ruptura por outros tipos de movimento de massa.

FIGURA 9. Cicatrizes de deslizamentos rasos na bacia do Rio Macaé, Rio de Janeiro. (Foto: A.J.T. Guerra.)

FIGURA 10. Cicatriz de deslizamento na Rodovia Rio-Santos, município de Ubatuba, São Paulo. (Foto: A.J.T. Guerra.)

FIGURA 11. Pequena cicatriz de deslizamento em talude de corte, em estrada de terra, no município de Ubatuba, São Paulo. (Foto: A.J.T. Guerra.)

1.4.3. Salinização dos solos

Segundo Fullen e Catt (2004), a grande maioria dos problemas ligados à salinização dos solos está relacionada à desertificação, sendo mais típica em regiões semiáridas, com lençol freático muito próximo à superfície, ou sujeitas à irrigação. Araújo *et al.* (2009) também chamam atenção para o fato de que a concentração de sais na camada superior do solo pode ocorrer por causa do manejo inadequado da irrigação, pela invasão das águas do mar em áreas próximas do litoral ou ainda pelas atividades humanas que elevam a evaporação em solos com material salino ou com lençol freático salino (Figura 12).

FIGURA 12. Crosta salina sobre pedimento. Projeto de Irrigação Manga de Baixo, Belém do São Francisco, Pernambuco. (Foto: A.C.B. Corrêa.)

Já está comprovado que a salinização é um problema que atinge 28 países, espalhados pela América do Sul, América do Norte, África, Europa, Ásia e Oceania (Rhoades, 1990). Ainda, segundo o mesmo autor, 15% das fazendas do mundo todo são irrigadas, e destas, 10% são afetadas por problemas relacionados à salinização, de maneira que chega a prejudicar a produção agrícola.

A salinização dos solos acarreta problemas múltiplos ao meio ambiente, com exceção daquelas plantas que são ecologicamente adaptadas às condições salinas, isto é, as chamadas halófitas. A umidade nos tecidos das plantas tende a concentrar maior quantidade de sais dissolvidos do que nos solos, o que permite que elas retirem água dos solos por osmose. Entretanto, quando a concentração de sal é maior nos solos o potencial osmótico é revertido e a água é retirada das plantas, produzindo uma "seca fisiológica", como apontado por Fullen e Catt (2004). Outro problema para as plantas é que com a salinização acontece o aumento do pH dos solos, podendo chegar até 10, um processo conhecido por alcalinização. Tais ambientes são cáusticos para as plantas, causando-lhes danos foliares.

Os lençóis freáticos rasos podem ser também uma outra fonte de sais. Com elevada evaporação em terras áridas e semiáridas, o lençol d'água pode subir pela ação da capilaridade, através dos poros, em especial nos solos com textura fina. A água evapora na superfície e, dessa forma, deixa para trás resíduos de sais. A água da irrigação também pode ser altamente salina. O enriquecimento com sal dos solos áridos e semiáridos pode causar outros problemas à medida que os diferentes tipos de sais podem cimentar os horizontes do solo (Gerrard, 1992; Ellis e Mellor, 1995).

Muitos problemas de salinização estão relacionados a esquemas de irrigação. É de se esperar que seja lógica a introdução de água em ambientes ensolarados, ideal para o bom desenvolvimento da agricultura, como destacam Fullen e Catt (2004). No entanto, a irrigação pode rapidamente evaporar os depósitos de sais, fazendo com que se concentrem nos perfis superficiais dos solos. Muitos esquemas de tecnologia avançada de irrigação, que custam muito dinheiro, têm experimentado problemas de salinização dos solos, sendo os exemplos mais notáveis, conhecidos ao redor do mundo, os que aconteceram no vale do Rio Indo, no Paquistão, analisados por Johnson e Lewis (1995). Segundo esses autores, além da salinização provocada pela irrigação, a eficiência do uso de água nesses ambientes é baixa, e estima-se que aproximadamente 50% da água irrigada é perdida por percolação e evaporação.

De acordo com Fullen e Catt (2004), uma outra forma que a salinização pode tomar conta dos solos se refere à intrusão da chamada cunha salina, que em áreas localizadas próximo do litoral pode entrar pelo continente, tornando os solos e os lençóis freáticos mais salgados. De acordo com esses autores, atualmente o nível do mar tem subido a uma média de 1 mm ao ano, o que pode comprometer a qualidade das águas e dos solos situados próximos aos oceanos. Outro motivo desse fenômeno é a expansão térmica das águas oceânicas devido ao aquecimento global. Tudo isso contribui para o aumento da salinização dos solos localizados em áreas costeiras.

1.4.4. Acidificação dos solos

A acidificação dos solos é um outro problema sério que atinge várias partes do mundo. Araújo *et al.* (2009) chamam a atenção para esse tipo de degradação, enfatizando que ela tanto pode ocorrer devido à aplicação excessiva de fertilizantes ácidos como por causa da drenagem em determinados tipos de solo.

Muitos solos do mundo todo são naturalmente ácidos devido ao material de origem, ou aos processos de sua formação, que podem facilitar a remoção das bases, como o potássio, o cálcio e o magnésio (Lopes, 1989; Lopes *et al.*, 1991). Ainda segundo esses autores, o cultivo de determinadas espécies vegetais e o uso de adubações, em especial de fertilizantes amoníacos e a ureia, podem também contribuir para a acidificação dos solos.

Os solos que passam por processos de acidificação têm a sua produtividade diminuída, ou podem até ficar impossibilitados para o cultivo da maioria dos vegetais, em função do seu pH muito baixo. Lopes (1989) e Lopes *et al.* (1991) chamam a atenção para o fato de que a acidez diminui a população de micro-organismos, que decompõem a matéria orgânica e auxiliam na liberação de nitrogênio, fósforo e enxofre.

Além disso, a acidificação reduz a agregação nos solos argilosos, causando baixa permeabilidade e aeração, o que pode aumentar o escoamento superficial e, consequentemente, a sua erosão (Goudie e Viles, 1997; Fullen e Catt, 2004; Morgan, 2005; Guerra, 2009a).

Fullen e Catt (2004) apontam que a acidificação afeta, inicialmente, as camadas mais superficiais dos solos, mas pode se estender para camadas mais profundas, comprometendo, inclusive, o lençol freático. Os autores destacam também que, em escala geológica, a acidificação natural pode afetar o subsolo, até vários metros de profundidade, como é o caso dos solos ao longo do Rio Tâmisa, no sul da Inglaterra, que foram se tornando ácidos nos últimos 500 mil anos, até profundidades de mais de 15 metros.

Segundo Fullen e Catt (2004), devido aos processos físicos e químicos complexos, que levam à acidificação dos solos, devido a diferentes tipos de manejo, tal como a drenagem, as consequências ambientais da acidificação podem ser mais bem-previstas usando-se modelos de simulação. A propósito disso, Bronswijk *et al.* (1995) desenvolveram um modelo chamado de SMASS (*Simulation Model for Acid Sulphate Soils),* em português, Modelo de Simulação para Solos Ácidos Sulfatados. Esse modelo foi originalmente usado para predizer taxas de acidificação em solos de mangue e aumento da acidez por lixiviação, sob várias condições de drenagem artificial.

1.4.5. Desertificação

Existe uma grande gama de causas para a desertificação. Segundo Fullen e Catt (2004), algumas dessas causas são naturais, outras são antropogênicas, enquanto existe um grupo que resulta da interação entre ambas. De acordo com o IPCC (Painel Intergovernamental de Mudanças Climáticas), infelizmente a importância relativa dos fatores climáticos e antropogênicos em causar a desertificação tem permanecido sem resolução (IPCC, 2001).

De acordo com Fullen e Catt (2004) existem processos ambientais naturais que mantêm aproximadamente 25% da superfície da Terra em um estado árido bem acentuado. Os autores afirmam também que os desertos se formam sem a participação humana, porque eles já haviam se desenvolvido muito antes do advento das sociedades. Por exemplo, muitas das rochas na Grã-Bretanha, que datam do Devoniano e do Triássico, se formaram sob condições climáticas muito áridas. O clima existente hoje em grande parte do Egito seria uma situação análoga à da Grã-Bretanha, que existiu durante esses dois períodos geológicos. Nesse caso, as dunas arenosas se acumularam, das quais algumas acabaram se transformando em rochas areníticas. Os sais foram transportados para os lagos do deserto e as águas desses lagos evaporaram, deixando depósitos de sais como resíduos.

Ainda abordando condições naturais que causam desertos, como explicam Fullen e Catt (2004), existe uma combinação de fatores que produzem essas condições, tais como os cinturões de alta pressão subtropicais, que são separados por zonas úmidas equatoriais. Dessa forma, no extremo norte e sul dos trópicos existem desertos ou climas áridos, como destacam os autores. Em algumas dessas áreas não existe nenhuma forma de precipitação, e, dessa maneira, são reportadas na literatura como zonas hiperáridas.

As atividades humanas também têm um papel significativo na expansão dos desertos, processo conhecido como desertificação. O Programa das Nações Unidas para o Meio Ambiente (PNUMA) estima taxas atuais de desertificação em torno de 21 milhões de hectares por ano. Segundo Pearce (1992), cerca de 6 milhões de hectares passam por processos de desertificação a cada ano, e podem ser considerados sem possibilidade de recuperação.

Várias são as causas de desertificação induzida pelo homem. Uma delas é o superpastoreio, que leva a uma remoção excessiva da cobertura vegetal. De acordo com Fullen e Catt (2004), a quantidade de animais criados em um determinado ambiente deveria seguir uma capacidade de suporte daquele ambiente, o que na maioria das vezes não acontece.

A cobertura vegetal em áreas secas é, quase sempre, uma fonte importante de madeira, e o desmatamento ocorre de maneira generalizada para essas finalidades. A superexploração de água é também um fator contribuinte não apenas para diminuir a qualidade, mas a quantidade dos recursos hídricos, podendo levar a maior salinidade desses ambientes. Segundo Fullen e Catt (2004), muitos dos problemas políticos que ocorrem nas terras secas são conflitos que envolvem recursos hídricos. Além disso, muitos países que se situam em terras áridas são politicamente instáveis e, frequentemente, se encontram em conflitos militares.

Alguns estudos de detalhe dos padrões de desertificação tendem a apoiar o argumento de que o superpastoreio é uma das principais causas da desertificação. Esse argumento é apontado por Goudie (1994 e 1995), que enfatiza que as condições desérticas se desenvolvem em pequenas faixas, às vezes não muito próximas dos desertos, e acabam se juntando e aumentando com isso a área deles, ou seja, aumentando o processo de desertificação.

Apesar de não haver 100% de concordância entre os vários pesquisadores do mundo que abordam essa temática, a grande maioria concorda que a influência humana faz com que os processos de desertificação aumentem à medida que a exploração de recursos naturais, de maneira não sustentável, aliada às pressões provocadas pela ocupação humana, seja a grande responsável pelo aumento da desertificação pelo mundo.

1.4.6. Efeitos ONSITE *e* OFFSITE *da degradação dos solos*

A ação antrópica sobre as encostas tem causado toda uma gama de impactos ambientais negativos *onsite* (no próprio local) e *offsite* (fora do local); ou seja, a erosão tem suas consequências danosas, não apenas onde ela ocorre, mas seus efeitos podem ser notados vários quilômetros em torno de onde o processo erosivo esteja acontecendo (Goudie, 1995; Fullen e Catt, 2004; Morgan, 2005; Guerra e Mendonça, 2007).

As estimativas da extensão e das consequências da erosão dos solos e outras formas de degradação em várias partes do mundo são muito bem-abordadas por Kerr (1998). O autor destaca o trabalho do *Global Assessment of Soil Degradation* (GLASOD) — Estimativa Global da Degradação dos Solos. Estima-se que 22% dos 8,7 bilhões de hectares do mundo tenham sido degradados desde a Segunda Guerra Mundial e que uma degradação acelerada tenha atingido de 5 a 10 bilhões de hectares por ano.

Os processos erosivos acelerados causam prejuízos ao meio ambiente e à sociedade tanto no local (*onsite*) onde os processos ocorrem como em áreas próximas ou afastadas (*offsite*). Os efeitos *onsite* (terminologia amplamente utilizada na literatura nacional e na internacional) incluem uma diminuição da fertilidade dos solos, afetando o crescimento das plantas, bem como uma diminuição da capacidade de retenção de água nos solos (Lal, 1998). Eles incluem, também, a perda de solo, onde se formam as ravinas e voçorocas, bem como as cicatrizes de movimentos de massa, nesse caso, predominantemente em áreas urbanas. Os efeitos *offsite* devem-se ao escoamento de água e sedimentos, causando danos em áreas agrícolas afastadas ou contíguas de onde a erosão e os movimentos de massa estejam ocorrendo, mudanças negativas no meio ambiente, bem como danos relacionados a enchentes, assoreamento de rios (Figura 13), lagos e reservatórios, contaminação de corpos líquidos etc.

FIGURA 13. Rio canalizado, retificado e assoreado no município de Caraguatatuba, São Paulo. (Foto: A.J.T. Guerra.)

Dessa forma, os impactos ambientais, resultantes da ação antrópica sobre os solos, acontecem de uma maneira bastante complexa, podendo ser de ordem benéfica ou adversa (Tabela 2), tanto em áreas rurais como urbanas, afetando essas áreas onde a degradação das terras esteja ocorrendo, bem como seus efeitos danosos podem ter repercussão a vários quilômetros de distância da área atingida diretamente por esses processos geomorfológicos, muitas vezes de caráter catastrófico.

TABELA 2
Alguns efeitos antrópicos sobre os solos

Fator do solo	Mudança "benéfica"	Mudança "adversa"
Química do solo	Fertilizantes minerais (maior fertilidade) Adição de elementos micro-químicos Dessalinização (irrigação) Maior oxidação (aeração)	Desequilíbrio químico Pesticidas e herbicidas tóxicos Salinização Retirada excessiva de nutrientes
Física do solo	Introduzir a estrutura granular (cal e grama) Manter a textura (adubo orgânico ou condicionador) Arar a fundo, alterar a umidade do solo (irrigação ou drenagem)	Compactação/água empoçada (estrutura pobre) Estrutura adversa por mudanças químicas (sais) Elimina a vegetação perene
Organismos do solo	Adubo orgânico Aumento do pH Drenagem/umedecimento Aeração	Elimina a vegetação e a lavoura (menos minhocas e micro-organismos) Elementos químicos tóxicos patógenos
Tempo (ritmo da mudança)	Regeneração do solo (arar a fundo e recuperar a terra)	Erosão acelerada Uso excessivo de nutrientes Urbanização

Fonte: Modificada de Drew (2002).

2. Degradação dos solos no Brasil

A ideia da inclusão desse item neste capítulo é para que o leitor possa ter uma noção do que vai ser abordado no livro, nos seus sete capítulos que se seguem. Dessa forma, será apresentada apenas uma breve descrição de cada uma das áreas aqui abordadas, deixando os detalhes necessários para que o leitor possa compreender como os processos de degradação dos solos ocorrem em áreas aqui selecionadas. Com isso, esperamos que haja um melhor conhecimento de como tais processos têm acontecido no território nacional, levando em conta diferentes situações climáticas, geomorfológicas, pedológicas e também relacionadas ao uso e manejo da terra, que tanto têm sido responsáveis por grande parte dos processos de degradação aqui analisados.

2.1. Degradação dos solos no cerrado

Como Rodrigues (2014) afirma, "o processo de colonização e ocupação do cerrado demonstrou que suas particularidades propiciaram diferentes arranjos espaciais nos sistemas de manejo, mas também demonstram que as vulnerabilidades foram ultrapassadas em quase todas as porções do domínio, gerando processos de degradação ambiental na forma de erosão, desertificação, alterações nos sistemas fluviais, perda de capacidade produtiva dos solos e alterações nos sistemas fluviais de ordem mais baixa". O autor demonstra isso no seu capítulo, através de vários estudos de casos.

2.2. Erosão dos solos no Rio Grande do Sul

Segundo Verdum et al. (2014), "ao se pesquisar sobre a degradação do solo num espaço geográfico definido, destaca-se que é fundamental levar-se em conta o contexto histórico da sua apropriação, uso e práticas conservacionistas. No caso do estado do Rio Grande do Sul observa-se que os contextos geológicos diversos, as dinâmicas climáticas e as diferentes coberturas vegetais existentes compõem a essência da diversidade pedológica. Mas, além disso, é importante considerar que a supressão das florestas, a prática da queimada, o uso intensivo de máquinas agrícolas nas lavouras foram e são as principais causadoras da erosão dos solos".

2.3. Degradação dos solos no Litoral Norte Paulista

De acordo com Jorge (2014), no Litoral Norte Paulista "a degradação dos solos se deve à presença de uma gama de atividades humanas aí desenvolvidas, que passaram por vários estágios econômicos e que na atualidade, assim como muitos outros municípios, enfrentam grandes problemas de ordem socioeconômica e ambiental. A inter-relação relevo, ocupação e degradação têm como ponto de partida o sistema natural do Litoral Norte, que é caracterizado como sendo de grande fragilidade ambiental e, concomitantemente, apresenta restrições à sua ocupação".

2.4. Erosão dos solos no semiárido

De acordo com Corrêa *et al.* (2014), "as classes de solo do semiárido brasileiro e sua relação com os processos erosivos podem ser divididas em dois grupos: o dos solos tipicamente semiáridos e o dos solos reliquiais, alguns em desequilíbrio biopedoclimático. Assim, as classes caracteristicamente associadas ao sistema climático vigente são os neossolos (litólicos, flúvicos e regolíticos), luvissolos, planossolos e vertissolos. As classes não diretamente relacionadas ao clima atual são os latossolos e argissolos. Sobre as encostas há também a ocorrência de cambissolos, com maior representatividade nos maciços residuais cristalinos". Esses e outros temas são abordados no capítulo 5.

2.5. Erosão dos solos na Amazônia

No que diz respeito à erosão dos solos na Amazônia, Albuquerque e Vieira (2014) destacam que "há uma necessidade de reflexões sobre o uso e implantação de práticas ambientalmente corretas para o ambiente amazônico, visando o planejamento de ações que assegurem a manutenção dos mecanismos hidrogeomorfológicos do relevo, mediante as intervenções humanas, como corte de encostas, elaboração de níveis de taludes para a abertura de estradas, exploração mineral de areias, argilas e pedras para a construção civil e para a expansão de áreas urbanas das cidades amazônicas". Dessa forma, os autores apontam detalhes de como os solos amazônicos vêm passando por processos de degradação.

2.6. Erosão dos solos no noroeste do Paraná

Segundo Santos e Westphalen (2014), "a erosão do noroeste do estado do Paraná está relacionada às características naturais da paisagem, morfologia dos solos e índices pluviométricos elevados. No entanto, a intensidade dos eventos erosivos remete-se ao processo de ocupação nessa porção do estado, que se iniciou durante a década de 1930 com o ciclo do café. A retirada da vegetação nativa, para o cultivo do café e instalação dos centros urbanos, contribuiu para o aumento do escoamento concentrado das águas pluviais e, consequentemente, no desencadeamento acelerado de erosão". Esses e outros aspectos são abordados no capítulo 7.

2.7. Degradação dos solos no Rio de Janeiro

Soares da Silva e Botelho (2014), no capitulo sobre degradação dos solos no estado do Rio de Janeiro, apontam que "os principais problemas de degradação do solo no estado do Rio de Janeiro estão relacionados à perda de matéria, por erosão e movimentos de massa. Tal fato tem como consequência o assoreamento dos corpos de água, principal alteração ambiental ocorrente nos municípios fluminenses. A agricultura, praticada desde meados do século XVIII, tem causado uma forte depauperação dos solos, que são naturalmente frágeis e pouco férteis. Nas áreas urbanas e com relevo montanhoso são comuns os escorregamentos, que resultaram nas últimas décadas na perda de centenas e talvez milhares de vidas em todo o estado".

3. Conclusões

A degradação dos solos vista aqui sob a perspectiva dos conceitos e temas associados foi abordada neste capítulo com o objetivo de chamar atenção para as relações existentes entre os processos erosivos acelerados, os movimentos de massa, a acidificação, a salinização e a desertificação dos solos, bem como as consequências ambientais que tais processos acarretam. Nesse sentido, uma vasta bibliografia nacional e internacional foi pesquisada para colocar à disposição do leitor interessado no tema a possibilidade de aprofundar-se nessas questões que, ainda hoje, necessitam de maior aprofundamento. Além de artigos em periódicos nacionais e internacionais, vários livros e teses foram consultados, bem como monografias e anais de congressos nacionais e internacionais.

Vários aspectos relacionados à erosão, como os solos vistos como sistemas abertos, o processo erosivo em si, a erosão no âmbito das bacias hidrográficas, os impactos ambientais resultantes da ação antrópica sobre os solos, tanto em áreas rurais como urbanas, a importância do controle da erosão dos solos e os benefícios potenciais da conservação dos solos foram aqui abordados no sentido de melhor esclarecer o papel da degradação dos solos e a questão ambiental. Além disso, por ser este o primeiro capítulo, houve também a preocupação de se fazer um breve relato de como a degradação dos solos ocorre em algumas áreas do território nacional, em especial nas regiões que serão abordadas com muito mais detalhes nos capítulos que se seguem.

Com este capítulo, reafirma-se a necessidade de entender-se o processo erosivo, bem como os movimentos de massa e os outros processos de degradação dos solos, não apenas do ponto de vista dos fatores controladores, bem como das suas principais características, mas também das diversas formas que tais processos possuem de relacionamento com a questão ambiental, social e econômica. Acreditamos que assim será possível não só compreender melhor a degradação dos solos, mas também tomar medidas preventivas para que as diversas formas como a degradação dos solos tem acontecido não venha a ocorrer de maneira tão generalizada no território brasileiro.

Uma vez que o processo tenha ocorrido, medidas mitigadoras devem ser tomadas, a partir da melhor compreensão dos relacionamentos abordados neste capítulo. Novos trabalhos devem seguir a este, no sentido de podermos contribuir para, um dia, conseguirmos controlar os processos de degradação dos solos, que tanto têm afligido as zonas rurais e urbanas brasileiras. Os capítulos que se seguem têm como um dos seus objetivos retratar não apenas esses processos, mas também propor medidas para que esses processos de degradação sejam estancados à medida que os conhecemos melhor e que os pesquisadores, técnicos de prefeituras e de órgãos estaduais e federais possam atuar no seu cotidiano de trabalho, levando em consideração os conhecimentos aqui apresentados.

4. Referências Bibliográficas

ABRAHAMS, A.D. (1986). *Hillslope processes.* Londres: Allen and Unwin.

ALBUQUERQUE, A.R.C. e VIEIRA, A.F.G. (2014). Erosão dos solos na Amazônia. *In:* GUERRA, A.J.T. e JORGE, R.C.O. (Orgs.). *Degradação dos solos no Brasil.* Rio de Janeiro: Bertrand Brasil.

ARAÚJO, G.H.S.; ALMEIDA, J.R. e GUERRA, A.J.T. (2009). *Gestão Ambiental de Áreas Degradadas.* Rio de Janeiro: Bertrand Brasil, 4ª Edição.

BIBBY, J.S. (1991). *Land Use Capability Classification for Agriculture.* Aberdeen: Macaulay Land Use Research Institute.

BRADY, N.C. e WEIL, R.R. (1999). *The Nature and Properties of Soils, Upper Saddle River — NJ.* Nova Jersey: Prentice Hall.

BRONSWIJK, J.J.B.; GROENENBERG, J.E.; RITSEMA, C.J.; VAN WIJK, A.L.M. e NUGROBO, K. (1995). Evaluation of water management strategies for acid sulphate soils using a simulation model: a case study in Indonesia. *Agricultural Water Management,* v. 27, pp. 125-42.

BRUNDTLAND, G.H. (1987). *Our Common Future, Report of World Commission on Environment and Development.* PNUMA. Oxford: Oxford University Press.

CLEAVER, K. e SCHREIBER, G. (1994). *Reversing the Spiral: The Population, Agriculture and Environment Nexus in Sub-Saharan Africa.* Washington: Banco Mundial.

CORRÊA, A.C.B.; SOUZA, J.O.P. e CAVALCANTI, L.C.S. (2014). Solos do ambiente semiárido brasileiro: erosão e degradação a partir de uma perspectiva geomorfológica. *In:* GUERRA, A.J.T. e JORGE, R.C.O. (Orgs.). *Degradação dos solos no Brasil.* Rio de Janeiro: Bertrand Brasil.

DREW, D. (2002). *Processos Interativos Homem-Meio ambiente*. Rio de Janeiro: Bertrand Brasil, 5ª edição.

ELLIS, S. e MELLOR, A. (1995). *Soil and Environment*. Londres: Routledge.

FERNANDES, N.F. e AMARAL, C.P. (2010). Movimentos de massa: uma abordagem geológico-geomorfológica. *In:* GUERRA. A.J.T. e CUNHA, S.B. (Orgs.). *Geomorfologia e Meio Ambiente*. Rio de Janeiro: Bertrand Brasil, 8ª Edição, pp. 123-94.

FITZPATRICK, E.A. (1986). *An Introduction to Soil Science*. Londres: Longman, 2ª Edição.

FULLEN, M.A. e CATT, J.A. (2004). *Soil Management — problems and solutions*. Oxford: Oxford University Press.

GERRARD, J. (1992). *Soil Geomorphology — an integration of pedology and geomorphology*. Londres: Chapman & Hall.

GILL, G. (1991). Indigeneous erosion control system in the mid-hills of Nepal. *In: Farmers' Practices and Soil and Water Conservation Programs*. ICRISAT, Patancheru, Índia.

GOUDIE, A. (1989). *The Nature of the Environment*. Oxford: Blackwell.

______. (1990). *The Human Impact on the Natural Environment*. Oxford: Blackwell.

______. (1994). Deserts in a warmer world. *In:* MILLINGTON, A.C. e PYE, K. (Orgs.) *Effects of Environmental Change in Drylands*. Oxford: Blackwell, pp. 1-24.

______. (1995). *The Changing Earth — rates of geomorphological processes*. Oxford: Blackwell.

GOUDIE, A. e VILES, H. (1997). *The Earth Transformed — an introduction to human impacts on the environment*. Oxford: Blackwell.

GUERRA, A.J.T. (2008). Encostas e a questão ambiental. *In:* CUNHA, S.B. e GUERRA, A.J.T. (Orgs.). *A Questão Ambiental — diferentes abordagens*. Rio de Janeiro: Bertrand Brasil, 4ª edição, pp. 191-218.

______. (2009a). Processos erosivos nas encostas. *In*: GUERRA, A.J.T. e CUNHA, S.B. (Orgs.). *Geomorfologia — uma atualização de bases e conceitos*. Rio de Janeiro: Bertrand Brasil, 8ª Edição, pp. 149-209.

______. (2009b). Processos erosivos nas encostas. *In:* CUNHA, S.B. e GUERRA, A.J.T. (Orgs.). *Geomorfologia — exercícios, técnicas e aplicações*. Rio de Janeiro: Bertrand Brasil, Rio de Janeiro, 3ª Edição, pp. 139-55.

______. (2010). O início do processo erosivo. *In:* GUERRA, A.J.T.; SILVA, A.S. e BOTELHO, R.G.M. (Orgs.). *Erosão e Conservação dos Solos — conceitos, temas e aplicações.* Rio de Janeiro: Bertrand Brasil, 5ª Edição, pp. 15-55.

GUERRA, A.J. T e MENDONÇA, J.K.S. (2007). Erosão dos solos e a questão ambiental. *In:* VITTE, A.C. e GUERRA, A.J.T. (Orgs.). *Reflexões sobre a Geografia Física no Brasil.* Rio de Janeiro: Bertrand Brasil, 2ª Edição, pp. 225-56.

GUERRA, A.J.T.; MENDES, S.P.; LIMA, F.S.; SAHTLER, R.; GUERRA, T.T.; MENDONÇA, J.K.S. e BEZERRA, J. F.R. (2009). Erosão urbana e recuperação de áreas degradadas no município de São Luís — MA. *Revista de Geografia da UFPE — DCG/NAPA*, Recife, v. 26, pp. 85-135.

HANSEN, M.J. (1984). Strategies for classification of landslides. *In:* BRUNSDEN, D. e PRIOR, D. (Orgs). *Slope Instability.* Chichester: John Wiley and Sons, pp. 1-25.

HASSET, J.J. E BANWART, W.L. (1992). *Soils and their Environment.* Nova Jersey: Prentice Hall.

IPCC — Intergovernmental Panel on Climate Change. (2001). *Climate Change 2001: the scientific basis.* Cambridge: University Press.

JOHNSON, D.L. e LEWIS, L.A. (1995). *Land Degradation: creation and destruction.* Cambridge: Blackwell.

KERR, J. (1998). The economics of soil degradation: from national policy to farmers' fields. *In:* PENNING DE VRIES, F.W.T.; AGUS, F. e KERR, J. (Orgs.) *Soil Erosion at Multiple Scales — principles and methods for assessing causes and impacts.* Oxford: Cabi Publishing, pp. 21-38.

LAL, R. (1998). Agronomic consequences of soil erosion. *In:* PENNING DE VRIES, F.W.T., AGUS, F. e KERR, J. (Orgs.) *Soil Erosion at Multiple Scales — principles and methods for assessing causes and impacts.* Oxford: Cabi Publishing, pp. 149-60.

LOPES, A.S. (1989). *Manual de Fertilidade do Solo.* São Paulo: Editora Anda/ Potafós.

LOPES, A.S.; SILVA, M. e GUILHERME, G.R.L. (1991). *Acidez do Solo e Calagem.* São Paulo: Editora Anda/Potafós, 3ª Edição.

MARÇAL, M.S. (2000). *Suscetibilidade à erosão dos solos no alto curso da bacia do rio Açailândia — MA. Tese de Doutorado.* Rio de Janeiro: Departamento de Geografia, PPGG/UFRJ, 208p.

MORGAN, R.P.C. (2005). *Soil Erosion and Conservation*. Oxford: Blackwell.

OLDEMAN, L.R.; HAKKELING, R.T.A. e SOMBROEK, W.G. (1990). *World Map of the Status of Human-induced Soil Degradation*. International Soil Reference and Information Centre (ISRIC)/UNEP in cooperation with Winand Staring Centre-International Soil Science Society ISSS-FAO-ITC (The International Institute for Geo-Information Science and Earth Observation).

OLIVEIRA, M.A.T. (2010). Processos erosivos e preservação de áreas de risco de erosão por voçorocas. *In:* GUERRA, A.J.T.; SILVA, A.S. e BOTELHO, R.G.M. (Orgs.). *Erosão e Conservação dos Solos — conceitos, temas e aplicações*. Rio de Janeiro: Bertrand Brasil, 5ª Edição, pp. 58-99.

PALMIERI, F. e LARACH, J.O.I. (2010). Pedologia e geomorfologia. *In:* GUERRA, A.J.T. e CUNHA, S.B. (Orgs.). *Geomorfologia e Meio Ambiente*. Rio de Janeiro: Bertrand Brasil, 8ª Edição, pp. 59-122.

PARSONS, A.J. (1988). *Hillslope Form*. Nova York: Routledge.

PEARCE, F. (1992). Mirage of the shifting sands. *New Scientist*, 1851, pp. 38-42.

PETLEY, D.J. (1984). Ground investigation, sampling and testing for studies of slope instability. *In:* BRUNSDEN, D. e PRIOR, D. (Orgs). *Slope Instability*. Chichester: John Wiley and Sons, pp. 67-101.

RAMALHO, M.F.J.L. (1999). *Evolução dos processos erosivos em solos arenosos entre os municípios de Natal e Parnamirim — RN. Tese de Doutorado*. Rio de Janeiro: Departamento de Geografia, PPGG/UFRJ, 347p.

REIJ, C.; SCOONES, I. e TOULMIN, C. (1996). *Sustaining the Soil: indigenous soil and water conservation in Africa*. Londres: Earthscan.

RHOADES, J.D. (1990). Soil salinity — causes and controls. *In:* GOUDIE, A.S. (Org.). *Techniques for Desert Reclamation*. Chichester: John Wiley and Sons.

SELBY, M.J. (1993). *Hillslope Materials and Processes*. Oxford: Oxford University Press.

SMALL, R.J. e CLARK, M.J. (1982). *Slopes and Weathering*. Cambridge: Cambridge University Press.

STRAHLER, A.N. e STRAHLER, A.H. (1973). *Environmental Geoscience*. Santa Bárbara: Hamilton.

TIFFEN, M.; MORTIMORE, M. e GICHUKI, F. (1994). *More People, Less Erosion: environmental recovery in Kenya*. Chichester: John Wiley and Sons.

CAPÍTULO 2

DEGRADAÇÃO DOS SOLOS NO CERRADO

Silvio Carlos Rodrigues

Introdução

O domínio morfoclimático dos cerrados pertence à categoria de áreas savânicas e ocupa um lugar de destaque entre os ambientes tropicais do mundo, tanto por suas particularidades ecológicas quanto pelo seu potencial produtivo. No Brasil, as áreas abrangidas por tais ambientes começaram a ser objeto de investigação no século XIX com as expedições de Von Martius, no período entre 1817 e 1820, bem como Saint Hilaire, entre 1816 e 1822, e especialmente Warning, em 1892. Os estudos mais aprofundados sobre as características do cerrado só tiveram início na década de 1940, com Rawitscher (1948), Salgado-Labouriau (1961) e Ferri (1944, 1964, 1969, 1970 e 1971). A pesquisa agropecuária teve impulso a partir de 1975, com a criação do Sistema Embrapa. A partir dessa fase, a ocupação agrícola do cerrado obteve um forte impulso, o processo de desmatamento acelerou-se rapidamente, e a ocorrência de degradação do solo e o incremento de processos erosivos passaram a ser fortemente ligados à ação antrópica.

A faixa tropical, onde ocorrem os ambientes savânicos, como os cerrados, compreende áreas continentais e insulares, com predomínio dos climas tropicais úmidos e tropicais estacionais (Aw), sendo que todos apresentam isotermia, constituída por pequena diferença das médias de temperatura entre os meses mais frios e os mais quentes. A amplitude térmica diária supera a amplitude térmica estacional. A estacionalidade é marcada pelo regime de chuvas, com estação chuvosa no verão e seca no inverno (Adamoli *et al.*, 1986; Silva *et al.*, 2008).

A área de distribuição de cerrados no Brasil coincide com a de climas tropicais estacionais, onde se notam as seguintes peculiaridades: clima estacional, com maiores valores de precipitação média anual, quando comparado com a África e a Austrália, pois o clima tropical estacional dos cerrados apresenta chuvas da ordem de 1.500 mm anuais. A duração da estação seca definida em termos de déficit hídrico é de 5 a 6 meses em 64% da superfície total da região, e de 4 a 7 meses em 87% dela. Outra característica importante da área é a interrupção do período de chuvas de verão conhecido como veranico (Assunção *et al.*, 1991).

Em relação às condições edáficas, nas áreas de cerrado predominam solos de baixa fertilidade, ácidos e com altos teores de saturação de alumínio. Os solos distróficos cobrem aproximadamente 89% da superfície total da região. As condições de baixa fertilidade se somam à elevada acidez e a altos teores de saturação em alumínio. Possuem relevo plano e suave ondulado em 70% da área e possuem boa drenagem (Adamoli *et al.*, 1986).

O cerrado, do ponto de vista da tipologia de vegetação, é muito variado, predominando uma savana mais ou menos densa, com dossel descontínuo de elementos arbóreos e arbustivos, de galhos retorcidos, cascas espessas e, em muitas espécies, grandes folhas coriáceas, possuindo também uma cobertura herbácea de 50 a 70 cm de altura. Em condições ambientais divergentes das expostas acima, podem aparecer outras fisionomias, como o campo cerrado, campo sujo e campo limpo em áreas com aumento das deficiências ambientais (solos arenosos, litólicos ou hidromórficos) ou cerradão, em áreas com compensações hídricas ou edáficas.

O cerrado pode ser substituído por outras formações vegetais em sua área *core*, como, por exemplo, mata de galeria (compensação hídrica) ou matas mesofíticas (compensação edáfica), ou ainda quando um fator limitante atua plenamente, como em áreas de ressurgências, gerando campos inundáveis, veredas ou campos de murundus.

Um dos principais fatores que interferem na heterogeneidade ambiental é o relevo. Dessa forma, uma compartimentação geral dos cerrados pode ser obtida a partir das grandes unidades do relevo em sua área de ocorrência.

Em função das mudanças climáticas, durante o holoceno e pleistoceno, a área de abrangência dos cerrados no Brasil variou, seja em dimensão, seja em posicionamento geográfico. Autores como Ab'Sáber e Vanzolini já apontavam para esse tipo de situação nas décadas de 1960 e 1970, baseados em inferências de campo e observações empíricas das paisagens tropicais (Ab'Sáber, 1967 e 1977). Estudos mais recentes, utilizando datações por C14, palinologia e reconstrução paleoambiental, demonstram que os cerrados ocuparam posições amazônicas durante parte do holoceno e foram lentamente sendo substituídos por vegetação de campo na porção central do Brasil (Thomas e Thorp, 1995; Ledru, 1993; Salgado-Labouriau *et al.*, 1998; Heine, 2000; Behling, 2002). Essas variações espaciais fazem parte do conjunto de explicações para a diversidade florística e fito-fisionômica dos cerrados, bem como por sua distribuição geográfica, atingindo desde áreas no interior do estado do Paraná ao sul e trechos dos estados de Tocantins, Maranhão e Piauí ao norte, estendendo-se do interior da Bahia a leste, até porções do estado de Rondônia a oeste. Também ocorre em manchas dispersas no interior dos domínios amazônico, da caatinga e da Mata Atlântica (Arruda *et al.*, 2008).

O dimensionamento e a localização do domínio dos cerrados são bastante controvertidos, sendo que diversos autores indicam dimensões e posicionamentos distintos (Adamoli *et al.*, 1986; IBGE, 2004; Embrapa, 2010; WWF, 2010). Algumas das discussões mais alongadas referem-se à inclusão do Pantanal Matogrossense dentro ou fora do domínio, pois as particularidades dessa imensa área deprimida levam alguns autores a criar uma outra classificação, ou colocá-la como área de transição entre o cerrado e domínios de campos. De acordo com Arruda *et al.* (2008), a área de recobrimento original natural dos cerrados no Brasil compreende 2.003.181 km^2, ou seja, 24,4% do território nacional (Figura 1).

As diversidades do ambiente dos cerrados também advêm de sua grande diversificação de elementos constituintes do meio físico. Dessa forma, o embasamento geológico da área abrangida pelo cerrado possui praticamente representantes de todas as tipologias litológicas e arranjos

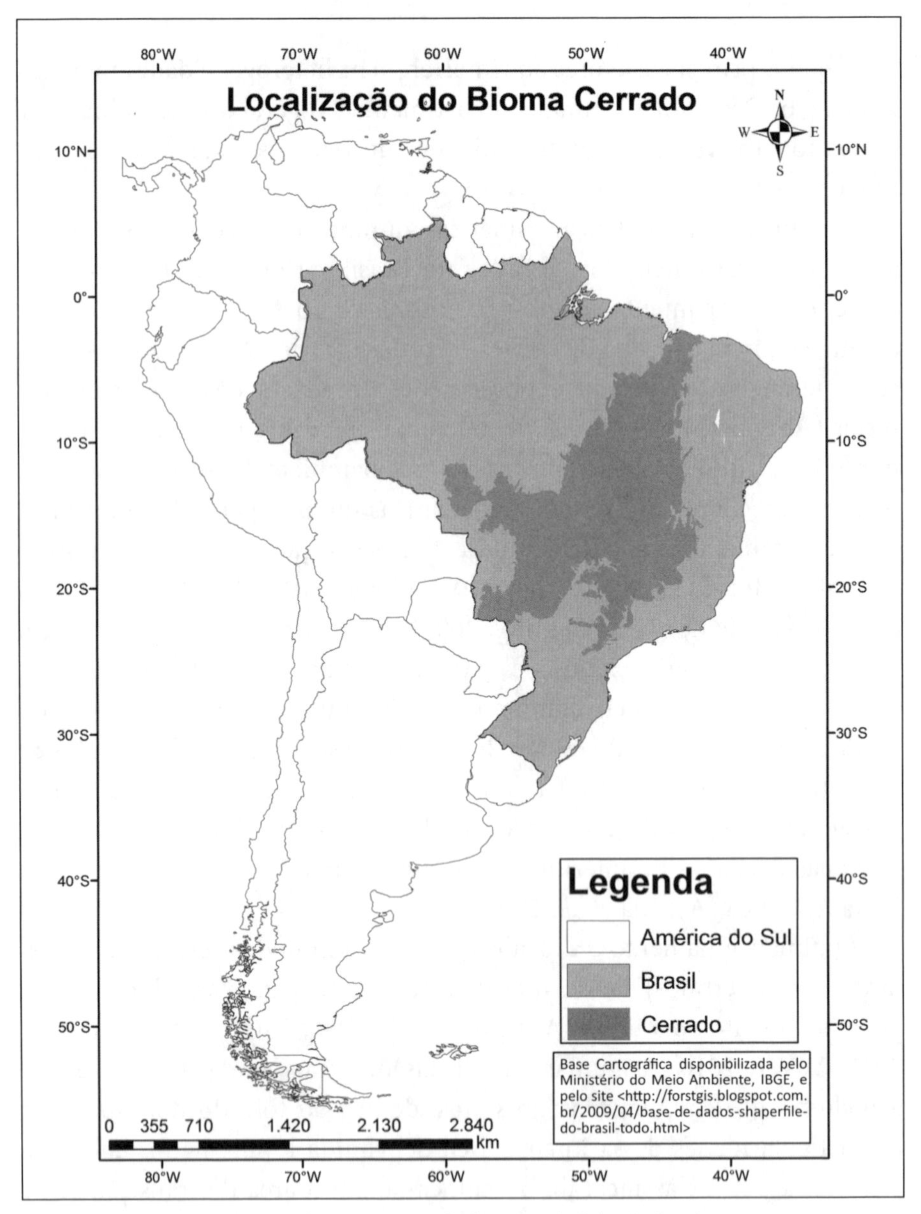

FIGURA 1. Localização do cerrado no contexto da América do Sul e do Brasil.

geoestruturais, variando do embasamento cristalino pré-cambriano, passando por formações fanerozóicas, chegando até mesmo aos sedimentos quaternários. Em relação ao relevo, ocupa cotas altimétricas praticamente desde o nível do mar até cotas próximas a 1.800 m de altitude, predominantemente com relevos aplainados, mas atingindo também relevos residuais em formas de serras alongadas, depressões tectônicas e áreas de acumulação próximas a grandes sistemas fluviais, como o Araguaia e o Xingu.

Essa conformação ambiental confere ao cerrado uma complexidade extrema, correspondendo a ambientes muitas vezes não aparentados e, portanto, possuindo particularidades em relação a sua capacidade de suporte às atividades humanas. O processo de colonização e ocupação do cerrado demonstrou que essas particularidades propiciaram diferentes arranjos espaciais nos sistemas de manejo, mas também demonstram que as vulnerabilidades foram ultrapassadas em quase todas as porções do domínio, gerando processos de degradação ambiental na forma de erosão do solo, desertificação, alterações nos sistemas fluviais, perda de capacidade produtiva dos solos e alterações nos sistemas fluviais de ordem mais baixa.

1. Condicionantes hidrogeomorfológicos de degradação e erosão do solo do cerrado

A tentativa de caracterização dos solos do cerrado é uma tarefa difícil, pois a diversidade paisagística é imensa e, portanto, a variação nos fatores de formação e conservação dos solos, muito variável. Como predominância, os solos do cerrado apresentam-se maduros, com características distróficas em 89% da superfície total da região. Às condições de baixa fertilidade se somam a elevada acidez e altos teores de saturação em alumínio. São solos relativamente profundos e bem drenados (Adamoli *et al.*, 1986; Reatto *et al.*, 2008).

Tradicionalmente, são identificados vários fatores que, de forma isolada ou em conjunto, contribuem para a degradação e erosão dos solos do cerrado, dentre eles o desmatamento, a modificação das condições da cobertura vegetal, a compactação, o fogo, a alteração do nível de base local ou regional, alterações estruturais na cobertura pedológica, entre outros.

O processo de desmatamento pelo qual o cerrado vem passando desde o século XX converteu mais de 80% do ambiente original em áreas recobertas por pastagem e área cultivadas, além de silvicultura. Essa mudança na cobertura vegetal gerou uma série de modificações na condição dos solos, como a falta de proteção contra a ação direta das chuvas, compactação do solo por maquinário pesado ou gado, ação recorrente do fogo em queimadas de pastagem, ou para a abertura de novas áreas de exploração, diminuição do processo de infiltração e aumento do escoamento superficial e o consequente aumento da erosão laminar.

1.1. Modificação da condição da cobertura vegetal

Pode-se dividir o processo histórico de ocupação do cerrado em duas fases. A primeira, anterior à construção de Brasília, quando o processo de ocupação e conversão de terras era lento e baseado em atividades de pequenos produtores, que viviam nas áreas com melhores condições edáficas, próximas a fontes perenes de recursos hídricos. Fora dessas características, as amplas superfícies aplainadas, recobertas por cerrado, ficavam à margem do processo econômico e, portanto, mantinham suas características originais, onde a erosão ocorria de forma pontual. Em uma segunda fase, impulsionada pela instalação da nova capital, acelerou-se o processo de ocupação através de fortes inversões de capital e com a adoção de novas tecnologias de produção, cujo auge aconteceu nas décadas de 1970 e 1980, através da chamada Revolução Verde. Essa estratégia de ocupação gerou uma forte pressão sobre os solos e, consequentemente, o aumento vertiginoso de processos erosivos, seja em sua forma laminar ou através de formas lineares de erosão, como ravinas e voçorocas (Rodrigues, 2002).

Estudos comparativos sobre o papel da cobertura vegetal na proteção da superfície dos solos do cerrado foram realizados em diversos pontos. Pinese Jr. *et al.* (2008) encontraram valores significativos de erosão laminar (*sheet erosion*) para diferentes coberturas do solo em ambiente de parcelas controladas. Nesses experimentos, com duração de seis meses, foram alcançados valores máximos de sedimentos transportados de 66,5 t/ha, em tratamento de solo totalmente exposto, enquanto para tratamento com milho foi encontrado o valor de 14,2 t/ha. Já em condições de vegetação do tipo cerradão encontrou-se o valor de 0,008t/ha. Esses valores demonstram a importância da cobertura vegetal na proteção da superfície do solo, reduzindo o impacto direto da chuva. Nesse mesmo experimento verificou-se o aumento do escoamento superficial, causado pela rápida saturação da camada superficial do solo, sendo medidos valores de 0,5 l/m^2, 19,5 l/m^2 e 65,7 l/m^2 para os tratamentos com vegetação natural, milho e solo exposto, respectivamente.

Rodrigues e Bezerra (2010), em experimentos para recomposição de solo superficial e revegetação de áreas erodidas e compactadas, obtiveram valores expressivos da relação entre a cobertura vegetal e a geração de sedimentos. Nos experimentos utilizando-se dois tratamentos, um com cobertura de geotêxteis e vegetação de gramíneas (*Brachiaria brizantha*) e outro em parcela com solo exposto, foi utilizada como referência uma comparação de erosão máxima. Pode-se observar que, à medida que a vegetação ia se estabelecendo, diminuía comparativamente o escoamento superficial e aumentava a umidade do solo superficial, alastrando-se até profundidades de 80 cm (Figura 2). Os autores registraram, durante o experimento,

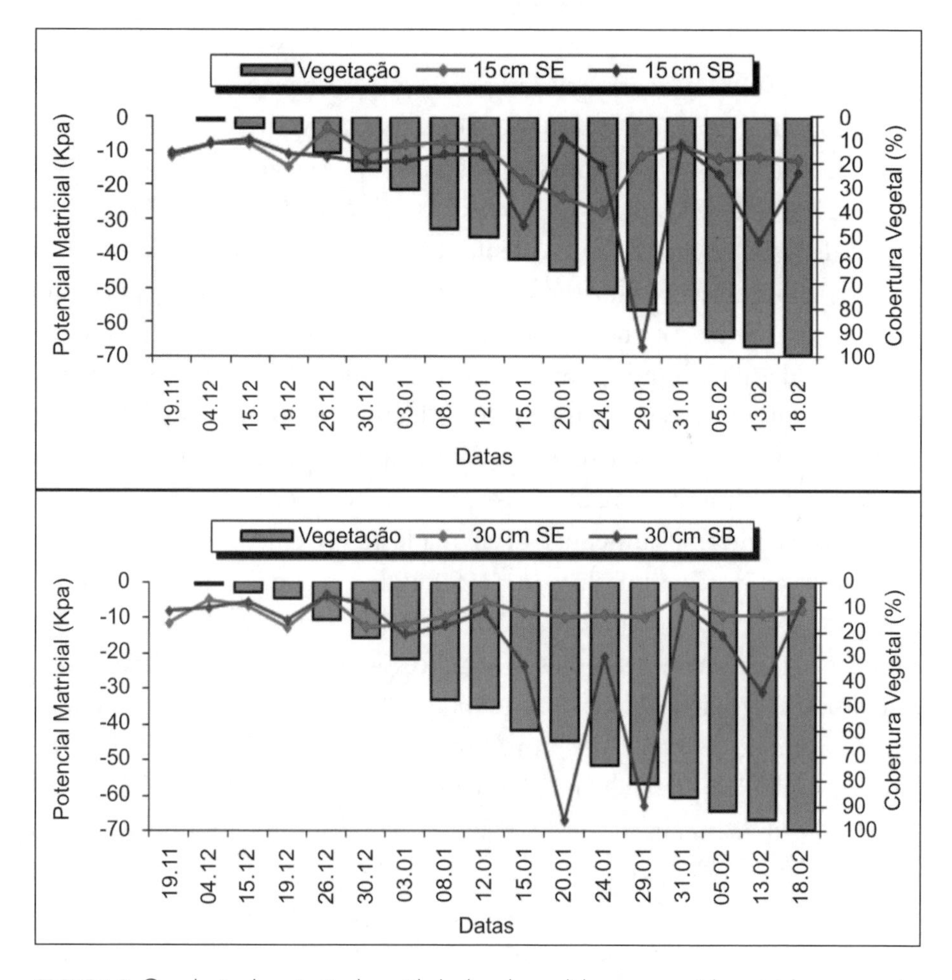

FIGURA 2. Correlação da variação de umidade do solo medida em potencial matricial entre parcela com cobertura de gramíneas (SB) em comparação com a parcela com solo exposto (SE).
Fonte: Rodrigues e Bezerra (2006).

um escoamento superficial de 2.991,6 l, para a parcela com solo exposto, enquanto que para a parcela com gramíneas os valores atingiram 1.289,2 l, para uma chuva total de 1.087 mm em um ano. Os resultados referentes à produção de sedimentos apresentaram taxas de 13,18 t/ha/ano para a parcela coberta com gramíneas e 197,25 t/ha/ano para a parcela de solo exposto.

1.2. Importância da forma do relevo e da declividade das vertentes como condicionante à erosão

As relações entre a ocorrência de processos erosivos e as características morfológicas e morfométricas são encontradas em vasto referencial bibliográfico para áreas em ambientes distintos do cerrado (Baccaro, 1999; Castro, 2005; Reis Alves, 2005; Rocha, 2005; Ávila, 2006; Alves, 2007). Do ponto de vista geométrico, as vertentes côncavas apresentam-se como elementos concentradores dos fluxos hídricos superficiais, sendo, portanto, áreas favoráveis à ação concentrada dos fluxos de água, em especial enxurradas geradas em eventos pluviométricos elevados. As áreas convexas funcionam exatamente ao contrário, trabalhando como áreas de dispersão de fluxos superficiais. A associação da morfologia com a declividade atua como potencializador das características descritas acima, pois a água ganha velocidade conforme aumenta a declividade da vertente.

Observações feitas por Baccaro (1999) indicam que as voçorocas encontram-se predominantemente associadas a feições côncavas do relevo, como anfiteatros e áreas de nascentes, que na região do Triângulo Mineiro são encontradas em declividades entre 8% e 12% predominantemente, dados semelhantes aos encontrados por Castro (2005) na área de cabeceiras de drenagem do Rio Araguaia, na divisa entre Goiás e Mato Grosso.

Em pesquisa realizada na porção sudeste do município de Anápolis (GO), Ávila (2006) encontrou correspondências entre a tipologia do relevo e a presença de voçorocas e ravinas. Nesse estudo, as ravinas foram identificadas como predominando sua ocorrência em superfícies aplainadas, particularmente em rampas com declividades inferiores a 10%, porém com grande comprimento, e em segundo plano nas proximidades de rebordos erosivos. Já as voçorocas foram identificadas somente em trechos superiores de unidades denominadas de relevo dissecado e escarpas erosivas, ambos com declividades mais acentuadas e menor comprimento de rampa. Nesse último caso, também foram identificadas feições do tipo ravina. Associado a isso, os autores salientam, nesse caso, o forte papel da ação antrópica, pois mais de 90% das ravinas e 100% das voçorocas foram mapeadas em área com presença de pastagem, ou associadas a áreas urbanas, chácaras e a áreas de empréstimo para mineração.

1.3. Importância da selagem do solo e a geração de escoamento superficial

A selagem e o encrostamento são condições superficiais do solo (Guerra, 1998). A selagem é feita por crostas secas e endurecidas criadas na superfície, que tendem a gerar capas de pequena espessura. As crostas estruturais são aquelas formadas pelo impacto das gotas de chuva, que desestruturam o solo, e são geralmente milimétricas, enquanto as crostas por deposição, formadas no processo de deposição de sedimentos transportados por água de chuva, ou de irrigação, tendem a possuir 1 ou 2 cm de espessura. Os materiais que compõem a zona selada da superfície possuem maior densidade, maior força de cisalhamento, a distribuição de poros é mais fina e há menor condutividade hidráulica saturada do que os solos das quais derivam (Shainberg, 1992). A ocorrência do selamento superficial do solo reduz a taxa de infiltração por conta da baixa porosidade e a falta de macroporos, bem como as trocas gasosas entre o solo e a atmosfera diminuem.

A partir do momento em que os solos ficam expostos e sem a proteção proporcionada pela vegetação natural, com a qual se encontrava em equilíbrio dinâmico, a força erosiva dos agentes climáticos passa a atuar diretamente sobre os mesmos, ou em maior proporção à medida que essa proteção natural da vegetação diminui em função da substituição da vegetação natural por cultivos, pastagens ou silvicultura.

Esse processo de selagem da superfície do solo propicia menor infiltração da água de chuva e disponibiliza um maior volume de água para geração de escoamento lateral nas vertentes. Esses excedentes podem gerar diferentes tipos de escoamento, desde pequenos fluxos em filetes, escoamentos concentrados e enxurradas (Guerra, 1994; Singer, 2006).

1.4. Escoamento subsuperficial

Em diferentes estudos realizados no domínio dos cerrados, verificou-se que o componente de escoamento subsuperficial tem papel extremamente importante na preparação de condições hidrodinâmicas favoráveis à ocorrência de processos erosivos, em especial no surgimento e evolução de voçorocas (Baccaro, 1999; Castro, 2005; Alves *et al.*, 2005).

A dinâmica da água subsuperficial pode ser desdobrada em dois componentes ou movimentos, um vertical, associado ao processo de infiltração e a força da gravidade, e um componente sub-horizontal, associado à presença do lençol freático suspenso, a ocorrência de descontinuidades texturais no solo, presença de crostas impermeáveis, ou com baixa permeabilidade, e a diferença de pressão entre as áreas mais altas e mais baixas dentro do sistema vertente-canal (Guerra, 1998). A presença desse fluxo subsuperficial lateral propicia a erosão em dutos (*piping erosion*), que compreende a remoção de material coloidal, e mesmo material fino do solo, através do processo de exfiltração em pontos específicos da vertente (*seepage erosion*).

Castro (2005) demonstra claramente o processo da dinâmica hídrica subsuperficial através de instrumentação de campo, com o uso de piezômetros, análise de solos e acompanhamento da evolução de voçoroca, na região da nascente do Rio Araguaia. Neste trabalho, a autora indica que a evolução de voçorocas está associada aos seguintes processos: presença de neossolos quatzarênicos, alta condutividade hidráulica na baixa vertente em contraste ao terço médio da mesma, baixa profundidade do nível freático, que o desmatamento e a adoção de pastagens em solos arenosos propiciam elevadas taxas de infiltração e fortalece o *piping*.

2. Tipologia e mensuração de taxas de erosão dos solos do cerrado

Uma das principais formas de erosão do solo dos cerrados é a chamada erosão laminar (*sheet erosion*), ou erosão entressulcos. Esse tipo de erosão geralmente é pouco percebido, pois atua lentamente sobre as vertentes, removendo parte da camada superficial do solo entre as áreas ocupadas por tufos de vegetação. Sua identificação se dá em função do aparecimento de raízes em superfície e, muitas vezes, pela total remoção dos horizontes superficiais orgânicos.

Esse tipo de erosão ocorre pela ação do impacto das gotas da chuva e também pela força de cisalhamento do escoamento. O processo de desprendimento de sedimentos gerados pelo impacto das gotas depende da intensidade da precipitação. O impacto gera fragmentos de solo que, por estarem soltos, serão arrastados pelo escoamento superficial, podendo ser transportados até os canais fluviais, ou ainda depositados ao longo da vertente. Segundo Santos *et al.* (2000), a expressão para se obter o fluxo de sedimento Φ é:

$$\Phi = eI + eR - d$$

onde:
eI — taxa de desprendimento de sedimentos pelo impacto da chuva;
eR — taxa de desprendimento de sedimentos pela força de cisalhamento, e
d — taxa de deposição de sedimentos.

Segundo Santos *et al.* (2000), o processo de salpicamento do solo depende de sua resistência ao impacto e do grau de agregação do material, fatores que estão associados à tipologia do solo. Segundo esses autores, a taxa de desprendimento eI ($kg\ m^{-2}\ s^{-1}$) é dada por:

$$eI = KI\ Ire$$

onde:
KI — é um parâmetro de destacamento do solo pelo impacto da chuva ($kg\ s\ m^{-4}$);
I — intensidade da chuva ($m\ s^{-1}$), e
re — intensidade de chuva efetiva ($m\ s^{-1}$).

2.1. Monitoramento de erosão laminar

A mensuração dos processos de erosão laminar no ambiente de cerrado ocorre desde a década de 1980, através das pesquisas realizadas por Baccaro

(1990), que adaptou o sistema de calhas de Gerlach para as condições de pluviosidade e volume de água escoado nos solos desse ambiente, já que as calhas de Gerlach foram projetadas, originalmente, para uso em ambiente florestal, onde os volumes gerados eram pequenos. Os primeiros estudos realizados na região da Reserva Ecológica do Panga (Baccaro, 1993) buscavam demonstrar o limiar mínimo de chuva necessária para que ocorresse escoamento pluvial, sendo encontrados valores para áreas de cerrado degradado de 4 a 8 mm diários, para rampas côncavas coluviais e de 7 a 10 mm, para setores convexos. Para áreas de planície aluvial recobertos por mata de galeria, esses valores sobem para 14 mm.

Recentemente, estudos realizados por Pinese Jr. *et al.* (2008), utilizando parcelas construídas exclusivamente para a mensuração de escoamento laminar, em diferentes tratamentos da superfície, puderam avaliar a relação entre a pluviosidade, a taxa de escoamento, a produção de sedimentos e as variações da umidade do solo (Figuras 3, 4 e 5).

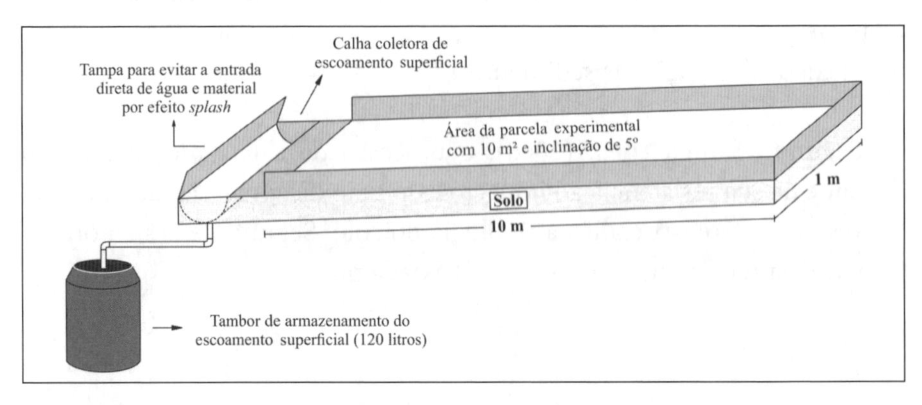

FIGURA 3. Esquema ilustrativo de uma parcela de erosão. Fonte: Pinese *et al.* (2008).

Nessa pesquisa, os autores trabalharam com parcelas de 10 m^2, sendo que o escoamento e os sedimentos produzidos foram coletados semanalmente, posteriormente mensurados em laboratório, chegando-se, assim, a valores referentes ao total de escoamento superficial, à taxa de sedimentos produzida e à taxa de escoamento superficial por área. Também foram utilizados tensiômetros, para se medir o potencial matricial do solo, possibilitando avaliar modificação nos teores de sucção e estimar mudanças na umidade do solo, em função do processo de infiltração da água da chuva.

FIGURA 4. Situação das parcelas logo após o plantio a partir da preparação do solo e semeadura (Pinese Jr., 2007).

FIGURA 5. Recipientes para o armazenamento do escoamento superficial proveniente das parcelas e calhas de captação do escoamento superficial (Pinese Jr., 2007).

Os resultados encontrados são apresentados na Figura 6. O valor de sedimentos erodidos por metro quadrado (M) em cada uma das parcelas é obtido pela seguinte fórmula (Pinese Jr. *et al.*, 2008):

$$M = \frac{s \times f}{a \times c}$$

onde:

M — Relação de sedimento transportado por metro quadrado (g/m²)
s — Total de sedimentos transportados por parcela (g)
f — Total de escoamento superficial por parcela (L)
a — Área da parcela experimental (m²)
c — Quantidade de amostra coletada (L)

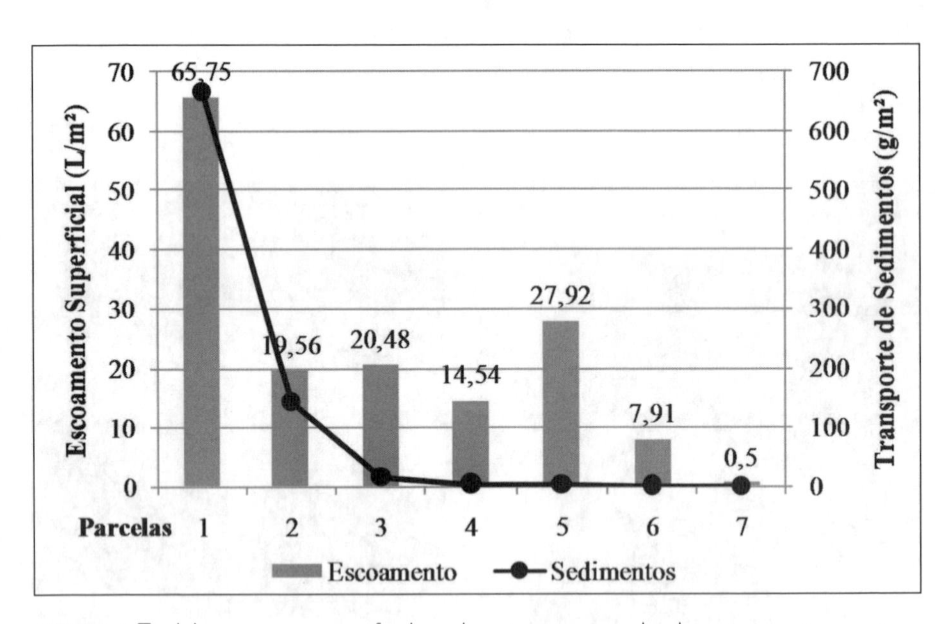

FIGURA 6. Total de escoamento superficial e sedimentos transportados durante o monitoramento das parcelas experimentais. 1-Solo Exposto; 2-Milho; 3-Soja; 4-Sorgo; 5-Revegetação Natural; 6-Pastagem; 7-Mata Mesofítica. Fonte: Pinese *et al.* (2008).

2.2. Erosão em sulcos e ravinas

Uma forma mais agressiva do que a erosão laminar é a erosão por sulcos. Essa tipologia engloba processos derivados da ação de fluxos concentrados que ocorrem nas vertentes. Sulcos e ravinas são incisões rasas e alongadas que ocorrem no solo em função de fluxos concentrados devido à rugosidade do terreno, sendo comuns em áreas não vegetadas ou em terras agrícolas, pastagens e estradas (Figuras 7 e 8).

FIGURA 7. Sulco formado por fluxo concentrado sobre pavimento detrítico exposto. Fazenda Experimental do Glória, Uberlândia (MG). (LAGES, 2008.)

A erosão por sulcos ocorre em áreas sem proteção do solo pela vegetação, onde condições, como o comprimento da rampa, inclinação, tipo de solo, impermeabilização da superfície ou construções humanas podem acelerar o processo erosivo. Esse tipo de erosão pode ser eliminado por agricultores ao utilizarem medidas simples, como barragens, valas e cultivo em curvas de nível. O uso de implementos agrícolas pode remover os sulcos e trazer de volta a forma original da superfície do solo.

FIGURA 8. Sulco raso formado por fluxo concentrado. Notar a presença de material depositado no interior do sulco, demonstrando que o mesmo é removido por fases sucessivas de erosão, transporte e deposição. (LAGES, 2008.).

Nas áreas de cerrado, a formação de sulcos está associada à área onde o manejo do solo não segue a prática correta. A ocorrência de sulcos e ravinas é comum à beira de estradas vicinais e vertentes, onde práticas de conservação do solo não são adotadas (Figura 9).

2.3. Voçorocas

A voçoroca é um canal inciso, relativamente profundo, de paredes verticais, recém-formado em uma vertente, onde nenhum canal bem definido anteriormente existia. Na área dos cerrados, as voçorocas variam de 3 a mais de 20-30 m de profundidade, chegando, em alguns casos, a mais de 1 km de extensão (Castro, 2005; Vrieling *et al.*, 2007, e Vrieling *et al.*, 2008). As voçorocas de áreas tropicais possuem paredes quase verticais e podem conter afloramento do lençol freático em seu fundo. Esse fluxo pode sofrer

FIGURA 9. Ravina em beira de estrada formada por fluxo concentrado sobre pavimento endurecido e impermeabilizado na superfície de rodagem e sem a presença de bacias coletoras às margens. (Foto: Rodrigues, 2002.)

variações extremas de vazão ao longo do ano, devido à exfiltração do lençol d'água, e, principalmente, nos eventos de chuva mais intensa. Esse tipo de erosão é natural no domínio do cerrado, mas, após a intervenção humana, torna-se um grande problema para os agricultores, necessitando de um alto custo para a sua prevenção ou reparação da superfície atingida pelos mesmos.

Em áreas planas do bioma cerrado, a geração de voçorocas geralmente está associada à limpeza da vegetação natural e ao aumento da atividade agrícola, com a diminuição da infiltração e, consequentemente, o aumento do escoamento superficial. O principal fator associado ao desenvolvimento desse tipo de erosão é o escoamento subsuperficial, gerado por processos de canalização interna de fluxos, gerados por descontinuidades texturais no solo, ou presença de crostas lateríticas, fenômenos que dificultam a percolação e favorecem o escoamento lateral (Figura 10). Esse escoamento lateral pode interceptar a superfície do terreno, gerando exfiltração e ponto de ruptura e abatimento do terreno.

FIGURA 10. Voçorocas desenvolvidas em superfície plana e sobre solos arenosos na bacia do Ribeirão Douradinho, município de Uberlândia (MG). (Foto: Rodrigues, 2004.)

2.3.1. MECANISMOS DE EVOLUÇÃO DE VOÇOROCAS E POSSIBILIDADES DE MENSURAÇÃO

As voçorocas evoluem basicamente pelo recuo de suas paredes, seja na cabeceira ou nas paredes laterais. Isso pode ocorrer pela mudança repentina das condições de estabilidade das paredes, seja em períodos de chuvas fortes por efeito de cachoeira atuando na base das mesmas ou pela ação contínua de fluxos de exfiltração (*seepage*). Ocorre em menor proporção o recuo de cabeceira não ligado diretamente à ação da água, sendo essa modalidade associada a deslizamento das paredes, semelhantes a quedas de blocos. O recuo das paredes varia em magnitude e intensidade, dependendo de vários fatores, como intensidade da chuva, tempo de ação do escoamento na base e características físicas do material.

Resultados das medições realizadas em uma voçoroca por Rocha (2005) em condições de vertentes suaves de relevo indicam que o recuo máximo das bordas de voçorocas variou de 0 a 147 cm/ano, no período chuvoso de 2004/2005 e 0-198 cm/ano, no período chuvoso de 2005/2006 (Figura 11). Essas pesquisas revelam que o desenvolvimento é mais rápido nas paredes localizadas em áreas desprotegidas, sem estrato herbáceo e mais lento, ou inativo, em áreas onde há medidas de controle do escoamento superficial, ou onde a vegetação do cerrado está preservada. Neste capítulo, observou-se que o recuo das paredes ocorre principalmente no início dos períodos chuvosos, quando o efeito combinado do solo desprotegido com eventos pluviais de alta magnitude cria colapsos nas bordas das paredes.

FIGURA 11. Borda de voçoroca em momento de chuva intensa, demonstrando como os fluxos concentrados geram pequenas cachoeiras nas suas cabeceiras. (Foto: Rocha, 2005.)

FIGURA 12. Área assoreada por material proveniente de voçoroca. Detalhe das árvores mortas pelo aterramento da porção inferior do tronco e modificação das condições hidrodinâmicas do solo. (Foto: Rodrigues, 2004.)

O material erodido em voçorocas gera assoreamento de canais fluviais, atingindo, em especial, canais de pequena ordem. Em alguns casos, a vegetação ripária pode ser atingida, ocasionando degradação ambiental, como o ocorrido em área periurbana no município de Uberlândia (MG) (Figura 12).

2.3.2. *Mensuração da perda total de material*

O processo de evolução de voçorocas em ambiente de cerrado depende da situação geomorfológica e do estágio de evolução do processo. Avaliando voçorocas urbanas em estágio avançado de crescimento, Reis Alves (2005) utilizou técnicas de perfilamento de seções transversais para avaliar o recuo de paredes laterais e modificações no perfil transversal.

Esse estudo levou em consideração indicadores, como a largura, profundidade e a geometria do canal, para obter dados sobre a área da seção transversal e o volume do material erodido, baseando-se nas premissas de Hudson (1993) (Figura 13). O método utilizado consiste no cálculo aproximado de superfícies irregulares, elaborado conforme metodologia desenvolvida pelo autor, como pode ser visto na fórmula:

$$V = \sum (A1 + A2 /2 \times L) + (A2 + A3/2 \times L) + ..., (4)$$

onde:
V = volume, A = área e L = distância lateral).

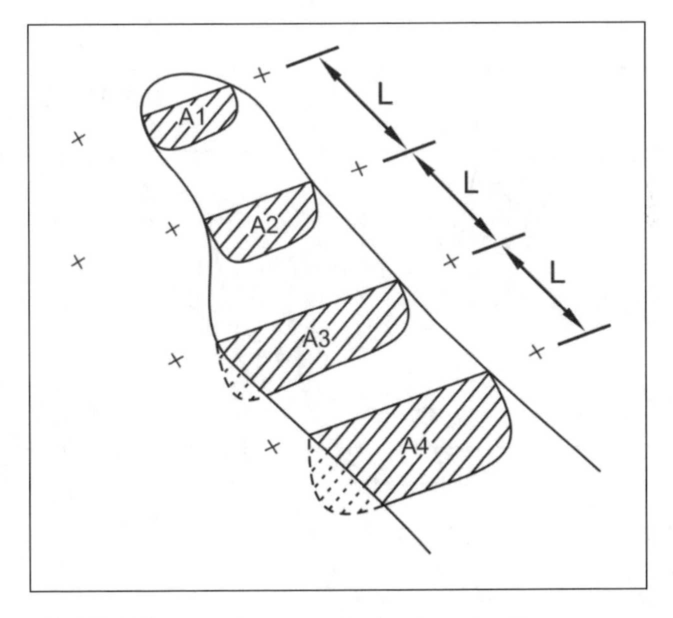

FIGURA 13. Esquema de mensuração de volume de voçorocas.
Fonte: Adaptada de Hudson (1993).

A pesquisa focou o monitoramento de três seções transversais monitoradas no período entre 2/2/2002 e 26/4/2004. Os dados coletados possibilitaram formular perfis transversais da evolução do processo erosivo, permitindo compreender a dinâmica evolutiva nos períodos de seca e de chuva, verificando os efeitos da sazonalidade. Os produtos resultantes desse processo são perfis que permitem visualizar o avanço, tanto em profundidade quanto lateralmente, como pode ser visto na Figura 14.

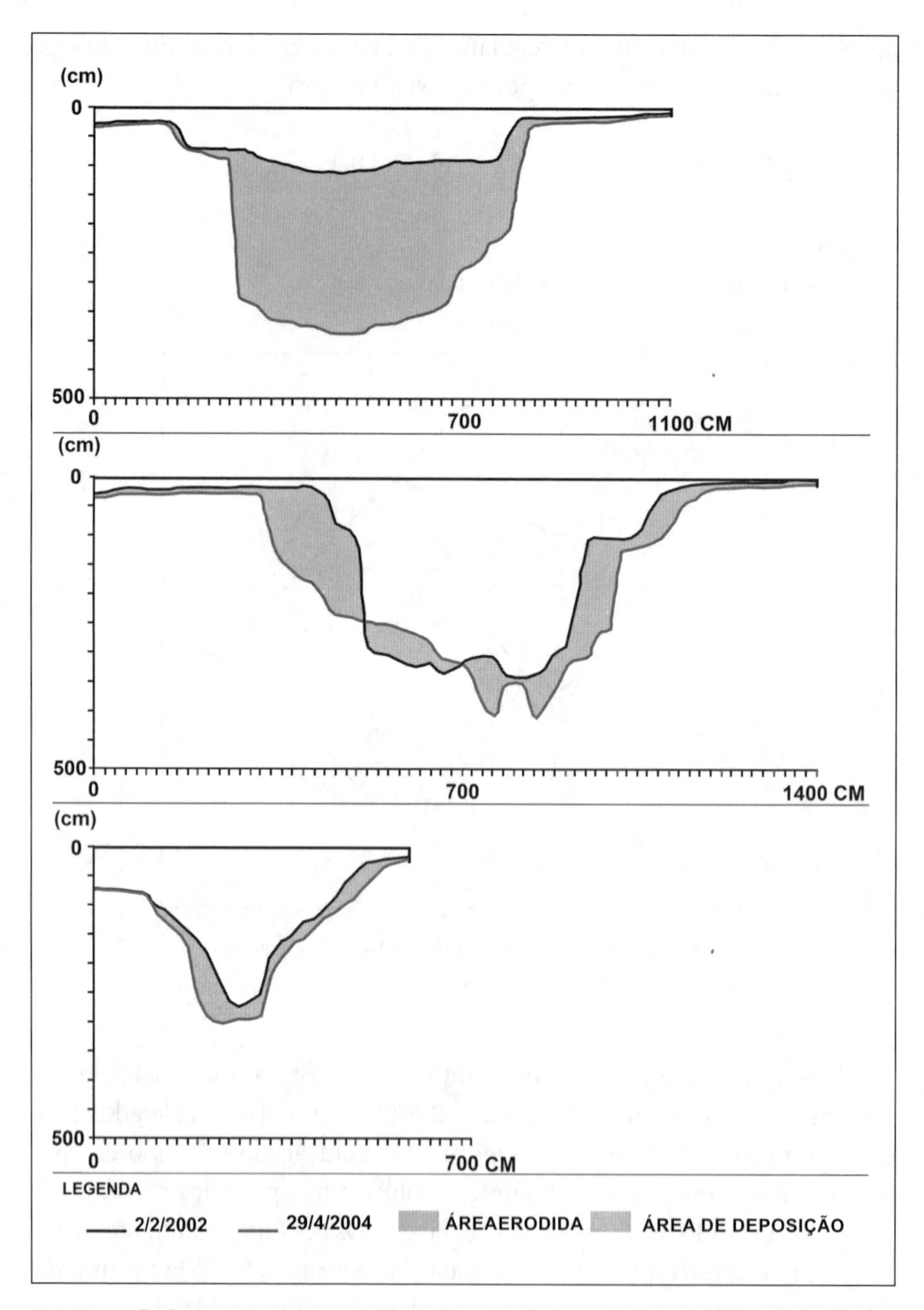

FIGURA 14. Perfis reconstruídos através de perfilamento de voçoroca (largura x profundidade) em três seções transversais (montante, intermediário e jusante). Adaptada de Reis Alves (2005).

Outro tipo de visualização pode ser feito por meio da análise da evolução da área, do perímetro do perfil transversal e do volume da voçoroca. A evolução do processo erosivo foi acompanhada e permitiu 49 medições, a partir das quais se verificou quantitativamente a perda de sedimentos em cada um dos três perfis.

A maior modificação na área da seção transversal ocorreu no perfil a montante, com um aumento de 13,42 m^2. O perímetro de maior variação foi o da seção intermediária, onde se observa que houve também um crescimento no perímetro da seção da montante, evoluindo de 23,24 m para 27,58 m, com uma variação de 4,34 m. Na seção da jusante não ocorreram modificações tão significativas na área e nem no perímetro; a modificação da área foi de 1,46 m^2 e o perímetro, 1,34 m.

A mensuração do volume de material erodido indica que a saída de material ocorre continuamente, mas existem impactos importantes associados a chuvas intensas. Dessa forma, o volume da área erodida variou de 245,96 m^3 a 257,59 m^3, no período de 10 dias, no início das medições em período chuvoso. Poucas modificações ocorreram na estação seca, com retorno da atividade erosiva a partir do início do período chuvoso subsequente, quando o volume evoluiu de 274,11 m^3 em meados do mês de setembro de 2002 para 309,16 m^3 em abril de 2003 e para 329,40 m^3 no fim do mês de abril de 2004, sendo que foram mensuradas uma variação total ao longo dos 26 meses de 83,44 m^3. Esses dados e as observações da evolução do perfil mostram que essa voçoroca encontra-se em um estágio no qual seu desenvolvimento depende de fluxos superficiais e da ação do efeito de cachoeira na base das paredes para que as mesmas desabem.

2.3.3. Mensuração da vazão e produção de sedimentos

Uma outra possibilidade de avaliação em relação à erosão por voçorocamento é a avaliação do processo de remoção de sedimentos por fluxos de base nos canais incisos. Poesen *et al.* (2003) demonstraram que as voçorocas podem ser consideradas como canais caracterizados por uma largura média, que varia de tamanho entre as características dos sulcos e o de pequenos cursos fluviais. Nesses canais, a seção transversal, ou largura do canal, parece ser essencialmente controlada pelo pico da vazão (Q) e a relação entre esses dois parâmetros pode ser expressa pela equação:

$W = a.Q^b$ (1)

onde:

W = largura do canal;
Q = vazão.
a e *c* são coeficientes empíricos que dependem das características do canal.

Utilizando-se dessa proposição, Torri e Borselli (2003) indicam que um coeficiente *a* e um expoente *b* encontram-se próximos a 0,3 para ravinas, um valor de 0,4 para voçorocas temporárias e um valor de 0,5 para pequenos córregos. Para as voçorocas, essa relação só pode ser utilizada se as características do material se mantiverem homogêneas, em relação à erodibilidade dos solos durante todo o perfil do solo erodido.

A quantidade de sedimentos no canal e o volume de água dentro do mesmo, em um dado intervalo de tempo (Figura 15), se dão de acordo com a seguinte fórmula:

$$\Delta Q_{STO} = Q_{IN} - Q_{OUT} + Q_L + Q_S + Q_B - Q_{SED}$$

onde:

Q = vazão;
STO = variação temporal do sedimento momentaneamente suspenso na água passando pela seção do canal escolhida;
IN = vazão de entrada;
OUT = vazão de saída;
L = comprimento da seção;
S = sedimentos que provêm das paredes da voçoroca;
B = sedimentos alocados do fundo da voçoroca;
SED = acumulação de sedimentos por unidade de comprimento do canal.

Em pesquisa realizada por Alves (2007), identificou-se que o lençol freático exfiltra em vários pontos no interior das voçorocas. A zona próxima a sua cabeceira mais elevada é onde ocorre a maior parte das ressurgências, porém a linha de umidade chega a alcançar mais de 2 m de altura a partir da base do canal, possibilitando a exfiltração de água pelas paredes da voçoroca. A maior frente de exudação perene localiza-se na cabeceira do canal, onde existe a erosão por dutos e também a formação de poças em sua base.

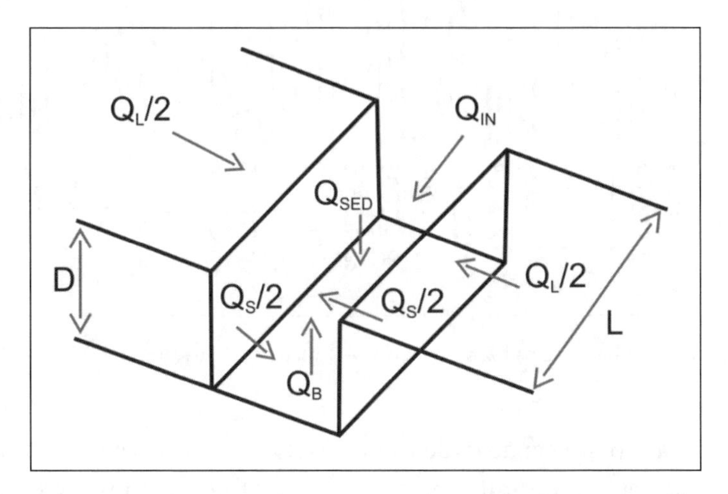

FIGURA 15. Esquema de seção transversal numa voçoroca com passagem de sedimentos (adaptada de Torri e Borselli, 2003, p. 452).

A variação influenciada diretamente pelo escoamento subterrâneo apresentou um valor de 65,53% entre a vazão máxima e a mínima (Figura 16). O escoamento subterrâneo influencia de tal forma a vazão que, no início de outubro de 2004, foi evidenciado em campo a ativação de uma nova erosão por duto, com exudação do freático. Esse novo duto ficou ativo somente por uma semana e elevou a vazão média de 103 x $10^{-5}m^3/s$ para 110 x $10^{-5}m^3/s$, ou seja, um incremento de quase 10%.

Algumas medições de vazão também foram realizadas durante eventos chuvosos. Em um desses casos, houve uma precipitação de 17 mm em 45 minutos. Ao decorrer de 40 minutos de chuva intensa, a vazão máxima foi alcançada, tendo o valor de 719 x $10^{-5}m^3/s$. Após 35 minutos desse pico de vazão, o fluxo ainda refletia os efeitos da chuva, apresentando uma vazão de 280 x $10^{-5}m^3/s$. Esse dado comprova, mais uma vez, a grande influência que as chuvas têm sobre a dinâmica hidrológica do canal e, consequentemente, sobre o desenvolvimento da erosão.

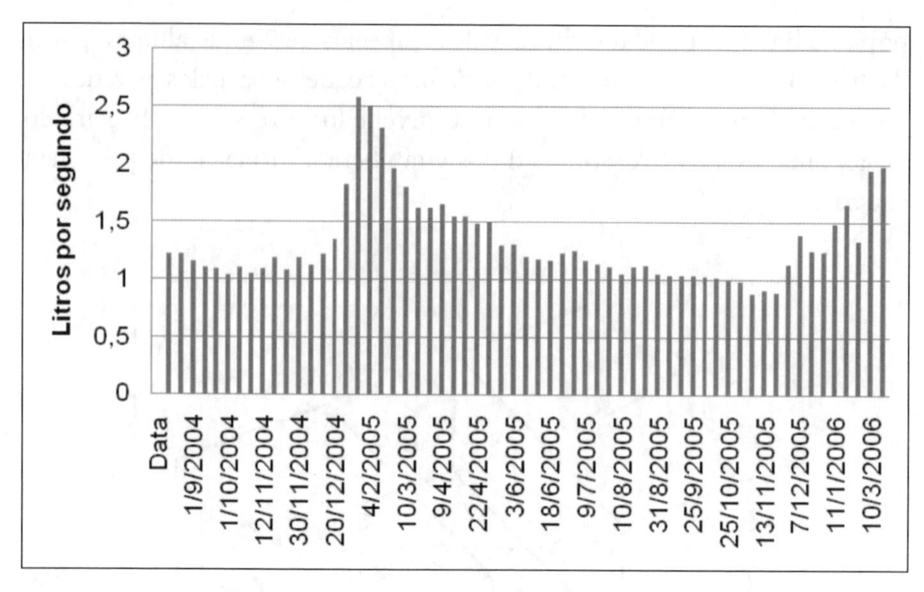

FIGURA 16. Variação da vazão na foz da voçoroca. Adaptada de Alves (2007).

Esse canal possui capacidade e competência variáveis ao longo do ano. Se for considerado o período seco, quando o ritmo de transporte é ditado pelo fluxo exudante do escoamento subterrâneo, a maior parte dos detritos transportados possui granulometria pequena, variando de 2 mm a 0,053 mm. Os maiores detritos nessa ocasião possuem dimensões máximas de 10 mm. Porém, durante a estação chuvosa, a capacidade e a competência do canal são alteradas, devido ao acréscimo de energia proporcionado pelas chuvas, e a capacidade passa a ser representada por sedimentos que variam de 0,210 mm a 20 mm, enquanto que os maiores detritos carregados pelo fluxo passam a ter até 450 mm de diâmetro (Figura 17).

3. Experiências de recuperação de áreas degradadas

Nas áreas de cerrado, os procedimentos de recuperação de áreas degradadas por erosão são raros. Experiências nessas áreas têm sido levadas a cabo por equipes multidisciplinares, com a presença de geógrafos, agrônomos, biólogos e engenheiros, dentre outros. Isso se deve à complexidade dos fenômenos envolvidos no entendimento dos processos erosivos, bem

FIGURA 17. Vertedouro construído na foz da voçoroca. Observa-se a diferença de dimensão entre os seixos carreados e o material fino mais a montante. (Foto: Alves, 2007.)

como nas intervenções necessárias para recuperar áreas degradadas, que podem variar de simples processos de formação de sulcos em áreas rurais à ocorrência de voçorocas em áreas urbanas.

Do ponto de vista conceitual, as medidas visam em um primeiro momento a contenção do crescimento da erosão através da divergência e não propagação de escoamento concentrado superficial, retenção de sedimentos no interior das áreas afetadas, ou seja, não permitir que as condições que favorecem a propagação da erosão se mantenham. A segunda ação visa o estabelecimento das condições de equilíbrio da superfície do terreno, visando o estabelecimento de vegetação e interrupção da ação erosiva. Logicamente, cada caso deve ser estudado isoladamente, e a tipologia e intensidade das ações possíveis dependem dos objetivos a serem alcançados.

Do ponto de vista prático, a adoção das medidas de recuperação pode ser sistematizada em dois grupos: medidas físicas e medidas vegetativas.

As medidas físicas visam a contenção do avanço da erosão, a retenção de sedimentos e o redirecionamento de fluxos hídricos. Fazem parte dessa tipologia técnicas, como a construção de terraços, bolsões para acúmulo de água e barreiras físicas para a retenção de sedimentos. Dentre as medidas vegetativas, predominam a implantação de espécies herbáceas, arbustivas e arbóreas, que têm a função de proteger a superfície contra o impacto da chuva, reter a umidade na superfície do solo, ou seja, retomar condições ecológicas alteradas pela erosão.

Pesquisas levadas a cabo na Fazenda Experimental do Glória demonstram que medidas simples e eficazes podem ser tomadas na recuperação de áreas degradadas. As experiências realizadas nessa localidade visam o restabelecimento de condições ecológicas em uma voçoroca com várias ramificações. Os estudos demonstram que apesar de as técnicas adotadas serem eficientes, o fator tempo é muito importante na consolidação da situação final das áreas atingidas, demandando, em determinadas situações críticas, o intervalo de anos, ou mesmo décadas, para o processo erosivo retornar em uma área em equilíbrio.

4. Conclusões

Os processos erosivos, nos diferentes ambientes do cerrado, apresentam-se como problemas de degradação ambiental de grande monta, pois atingem áreas rurais e urbanas indistintamente, causando perdas de terras agrícolas e prejuízos financeiros a produtores rurais e gastos enormes para o poder público em diversas esferas. Os mecanismos responsáveis por esses processos são conhecidos, em sua maioria. São fenômenos naturais, fortemente influenciados pela ação antrópica.

A dinâmica sazonal desse ambiente, como apontado por Reis Alves (2005), Alves (2007) e Rodrigues *et al.* (2009), permite claramente diferenciar os momentos em que processos erosivos são mais atuantes, a saber, no início do período chuvoso, quando as condições da superfície do terreno são propícias, por apresentarem menor proteção por parte da vegetação natural, pastagens ou mesmo em áreas de cultivo agrícola que se encontra em estado de dormência vegetativa, em função da falta de umidade e parcelas significativas de solos estarem expostas à ação das chuvas.

A erosão do solo em todas as modalidades (laminar, ravinas e voçorocas) tem como base o funcionamento do sistema hidrogeomorfológico das áreas do cerrado. A combinação da tipologia dos solos (textura, estrutura, profundidade e mineralogia) com as características da topografia (diferenças altimétricas, inclinação das vertentes, morfologia do terreno), bem como a intensidade e duração das chuvas são os principais elementos que interferem no surgimento da erosão. Atenção especial deve ser dada também às áreas inclinadas com intervalos entre 6% e 20% e com solos arenosos, onde a erosão pode ser acelerada (Castro, 2005; Ávila, 2006).

Fica claro, através de diversos estudos realizados até o momento, como o de Pinese *et al.* (2008), a importância do grau de antropização do terreno, pois a mudança de uso da terra, com retirada da vegetação natural do cerrado, pode gerar processos de degradação quase que de forma imediata. Atenção especial deve ser dada ao processo de mecanização da agricultura, pois o mesmo contribui para a formação de processos erosivos, pois pode ocorrer compactação do solo, diminuindo a capacidade de infiltração na sua camada superficial, aumentando o escoamento superficial.

Os resultados sobre a participação essencial da cobertura vegetal na proteção do solo contra a erosão pluvial demonstram a importância das espécies herbáceas (Rodrigues e Bezerra, 2010) e, principalmente, das consorciadas com espécies arbustivas e arbóreas na proteção do solo, garantindo a interceptação das chuvas, infiltração e a diminuição do escoamento superficial.

Nas áreas de agricultura, o uso do sistema de plantio direto garante uma proteção inicial, formando uma "barreira" contra o efeito de salpicamento, diminuindo o escoamento superficial e a produção de sedimentos. É preciso ter cuidado no manejo do solo em áreas plantadas, buscando equilibrar o uso às fragilidades do ambiente.

O contínuo monitoramento das características e do funcionamento dos processos de degradação dos solos no ambiente de cerrado nos últimos 20 anos tem demonstrado que ainda existem muitos processos que ainda são pouco claros, pois a cada estudo realizado descobrem-se novos elementos, ou correlações. A aplicação desses conhecimentos passa a ser de interesse em procedimentos de recuperação de áreas degradadas, onde se associa conhecimentos geográficos, ecológicos e de engenharia.

Existem três etapas na abordagem para a minimização dos processos de recuperação das vertentes (Rodrigues, 2008). A primeira refere-se a medidas físicas de controle dos fluxos de escoamento superficial, como terraços em nível e criação de bolsões. A terceira etapa leva em conta o uso da vegetação, sendo indicado o consórcio de diferentes estratos vegetativos no local. Como primeira etapa, devem ser inseridas as leguminosas, que cobrem rapidamente o solo, em seguida utiliza-se o plantio das gramíneas, que vão agir na contenção do escoamento superficial, e posteriormente com a vegetação arbustiva e arbórea, que irá propiciar ao local uma sucessão ecológica adequada e um equilíbrio ambiental, aumentando a proteção do solo com as copas das árvores e a serrapilheira produzida.

Para áreas extremamente degradadas, os experimentos realizados por Bezerra e Rodrigues (2006) demonstram a possibilidade de recuperação rápida das características do solo superficial e a criação de condições de instalação de vegetação, bem como a quase supressão da geração de sedimentos, com correspondente formação de pouca serrapilheira na superfície, aumento da infiltração e maior tempo de retenção da umidade nas camadas superficiais do solo.

5. Referências Bibliográficas

AB'SÁBER, A.N. (1967). Domínios morfoclimáticos e províncias fitogeográficas do Brasil. *Orientação*, São Paulo, v. 3, pp. 45-8.

______. (1977). Os domínios morfoclimáticos na América do Sul, primeira aproximação. *Geomorfologia*. Universidade de São Paulo, Instituto de Geografia, v.52.

ADÁMOLI, J.; MACEDO, J.; AZEVEDO, L.G. e MADEIRA NETO, J.S. (1986). Caracterização da região dos cerrados. *In:* GOEDERT, W.J. (Org.) Solos dos Cerrados: tecnologias e estratégias de manejo. Planaltina: Embrapa — CPAC; São Paulo: Nobel, pp.53-74.

ALVES, R.R. (2005). *Monitoramento evolutivo de seções transversais: análise estatístico-morfométrica de perda de solo e da qualidade da água em Voçoroca no município de Uberlândia - MG. Dissertação de Mestrado.* Uberlândia: PPGEO/UFU, 125p.

______. (2007). *Monitoramento dos processos erosivos e da dinâmica hidrológica e de sedimento de uma voçoroca: estudo de caso na Fazenda do Glória na zona rural de Uberlândia — MG. Dissertação de Mestrado em Geografia.* Uberlândia: PPGEO/UFU, 109p.

ALVES, ROBERTO R.; ALVES, RICARDO R. e RODRIGUES, S.C. (2005). Gully's monitoring: morphometric and sediments study at Brazil's Savanna. *Sociedade & Natureza*, Special Issue, pp. 295-304.

ARRUDA, M.B.; MARTINS, E. de S.; RODRIGUES, S.C. e PROENÇA, C. (2008). Ecorregiões, unidades de conservação e representatividade ecológica do bioma cerrado. *In:* SANO, S.M.; ALMEIDA, S.P. e RIBEIRO, J.F. (Orgs.). *Cerrado: ecologia e flora.* Brasília: Embrapa Informação Tecnológica, v. 2, pp. 233-76.

ASSUNÇÃO, W.L.; LIMA, S. do C, e ROSA, R. (1991). Abordagem preliminar das condições climáticas de Uberlândia. *Sociedade & Natureza.* Uberlândia: EDUFU, v. 5/6, pp. 91-108.

ÁVILA, F.F. (2006). Diagnóstico dos acidentes geomorfológicos da porção sudoeste de Anápolis (GO) em decorrência dos aspectos físicos e antrópicos. *In:* Goiânia: *VI Simpósio Nacional de Geomorfologia. Anais.* União da Geomorfologia Brasileira, CD, 11p.

BACCARO, C.A.D. (1990). *Estudo dos processos geomorfológicos de escoamento pluvial em área de cerrado — Uberlândia — MG. Tese de Doutorado.* São Paulo: EDUSP.

______. (1993). Os estudos experimentais aplicados na avaliação dos processos geomorfológicos de escoamento pluvial em área de Cerrado. *Sociedade & Natureza.* Uberlândia: EDUFU, v. 9/10, pp. 55-62.

______. (1999). Processos erosivos no domínio do cerrado. *In:* GUERRA, A.J.T.; SILVA, A.S. e BOTELHO, R.G.M. (Orgs). *Erosão e Conservação dos Solos: conceitos, temas e aplicações.* Rio de Janeiro: Bertrand Brasil, pp. 195-268.

BEHLING, H. (2002). South and Southeast Brazilian grassland during late Quaternary times: a synthesis. *Palaeogeography, Palaeoclimatology, Palaeoecology*, v. 177, pp. 19-27.

BEZERRA, J.F.R. e RODRIGUES, S.C. (2006). Estudo do potencial matricial e geotêxteis aplicado a recuperação de um solo degradado, Uberlândia — MG. *Caminhos da Geografia*, v. 7, pp. 160-74. Disponível em: <http://www.seer.ufu.br/index.php/caminhosdegeografia/article/view/15500/8778>.

CASTRO, S.S. (2005). Erosão hídrica na alta bacia do rio Araguaia: distribuição, condicionantes, origem e dinâmica atual. *Revista do Departamento de Geografia — USP*, v. 17, pp. 38-60.

EMBRAPA (Empresa Brasileira de Pesquisa Agropecuária). A Embrapa nos Biomas Brasileiros. Disponível em <http://ainfo.cnptia.embrapa.br/digital/bitstream/item/82598/1/a-embrapa-nos-biomas-brasileiros.pdf>. Acesso em: 17 Jul. 2010.

FERRI, M.G. (1944). Transpiração das plantas permanentes dos cerrados. *Boletim da Faculdade de Filosofia, Ciências e Letras — Universidade de São Paulo* (*Botânica*, v. 4), pp. 159-224.

______. (1964). Informações sobre a ecologia dos cerrados e sobre a possibilidade de seu aproveitamento. *Silvicultura* (Ver. Téc. Serv. Flor. Est. São Paulo), v. 3.

______. (1969). *Plantas do Brasil — espécies do cerrado.* Edgard Blücher e EDUSP.

______. (1970). *Aspectos da Vegetação do Sul do Brasil.* De WETTSTEIN, R.R.V., supervisão. Edgard Blücher e EDUSP.

______. (1971). *Simpósio sobre o cerrado.* Edgard Blücher e EDUSP.

GUERRA, A.J.T. (1999). O início do processo erosivo. *In:* GUERRA, A.J.T.; SILVA, A.S. e BOTELHO, R.G.M. (Orgs.). *Erosão e Conservação dos Solos: conceitos, temas e aplicações.* Rio de Janeiro: Bertrand Brasil, pp. 17-55.

______. (2007). Processos erosivos nas encostas. *In:* GUERRA, A.J.T. e CUNHA, S.B. *Geomorfologia — uma atualização de bases e conceitos.* Rio de Janeiro: Bertrand Brasil, pp.149-209.

HEINE, K. (2000). Tropical South America during the Last Glacial Maximum: evidence from glacial, periglacial and fluvial records. *Quaternary International*, v. 72, pp. 7-21.

HUDSON, N.W. (1993). Reconnaissance methods. *In: Field Measurement of Soil Erosion and Runoff.* Food and Agriculture Organization of the United Nations. Disponível em: <http://www.fao.org/docrep/t0848e/t0848e00.HTM>. Acesso em: 23 Jun. 2003.

IBGE (Instituto Brasileiro de Geografia e Estatística). *Mapa de Biomas e de Vegetação.* Disponível em: <http://www.ibge.gov.br/home/presidencia/noticias/21052004biomashtml.shtm>. Acesso em: 17 Jul. 2010.

LEDRU, M.P. (1993). Late Quaternary environmental and climatic changes in central Brazil. *Quaternary International*, v. 39, pp. 90-8.

PINESE JÚNIOR, J.F.; CRUZ, L.M.; NOGUEIRA, T.C. e RODRIGUES, S.C. (2008). Monitoramento de processos erosivos em parcelas experimentais no município de Uberlândia, MG. *Revista de Geografia Acadêmica*, v.2, pp. 5-18.

PINESE JÚNIOR, J.F.; CRUZ, L.M. e RODRIGUES, S.C. (2008). Monitoramento de erosão laminar em diferentes usos da terra, Uberlândia — MG. *Sociedade & Natureza*, v. 20, pp. 157-75.

POESEN, J.; NACHTERGAELE, J.; VERSTRAETEN, G. e VALENTIN, C. (2003). Gully erosion and environmental change: importance and research needs. *CATENA*, v. 50, pp. 91-133.

RAWITSCHER, F. (1948). The water economy of the vegetation of the "campos cerrados" in southern Brazil. *Journal of Ecology*, v. 36, pp. 237-68.

REATTO, A.; CORREIA, J.R.; SPERA, S.T. e MARTINS, E.S. (2008). Solos do bioma cerrado: aspectos pedológicos. *In:* SANO, S.M.; ALMEIDA, S.P. e RIBEIRO, J.F. (Orgs.). *Cerrado: ecologia e flora*. Brasília: Embrapa Informação Tecnológica, v. 2, pp. 107-49.

ROCHA, E.A.V.; ALVES, R.R. e RODRIGUES, S.C. (2005). An erosion process study and the application of the devices to monitoring it: a case study in Ipameri — GO — Brazil. *Sociedade & Natureza*. Uberlândia: EDUFU, Special Issue, pp. 72-77.

RODRIGUES, S.C. (2002). Mudanças ambientais na região do cerrado. Análise das causas e efeitos da ocupação e uso do solo sobre o relevo. O caso da bacia hidrográfica do Rio Araguari, MG. São Paulo: GEOUSP — *Espaço e Tempo*, v. 12, pp. 105-124.

RODRIGUES, S.C. (2008). Geomorfologia e recuperação de áreas degradadas: propostas para o domínio dos cerrados. *In:* NUNES, J.O.R. e ROCHA, P.C. (Orgs.). *Geomorfologia — aplicações e metodologias*. Presidente Prudente: Expressão Popular, pp. 155-70.

RODRIGUES, S.C.; ALVES, ROBERTO R.; ALVES, RICARDO R; ROCHA, E.A.V. (2009). Evolução de voçorocas no ambiente do cerrado. Uma contribuição a mensuração e avaliação de processos erosivos. *In:* Associação Portuguesa de Geomorfólogos. (Org.). *Publicações da Associação Portuguesa de Geomorfólogos*. Braga: APGeom, v. 6, pp. 191-96.

RODRIGUES, S.C.; BEZERRA, J.F.R. (2010). Study of matric potential and geotextiles applied to the recovery of degraded soil, Uberlândia (MG), Brazil. *Environmental Earth Sciences*, v. 60, pp. 1281-9.

SALGADO-LABOURIAU, M.L. (1961). Pollen grains of plants of the "cerrado" I. *Anais da Academia Brasileira de Ciências*, v. 33, pp. 119-30.

SALGADO-LABOURIAU, M.L. (1998). BARBERI, M.; FERRAZ-VICENTINI, K.R. e PARIZZI, M.G. A dry climatic event during the Late Quaternary of tropical Brazil. *Review of Palaeobotany and Palynology*, v. 99, pp. 115-29.

SANTOS, C.A.G.; SUZUKI. K.; WATANABE, M. e SRINIVASAN, V.S. (2000). Influência do tipo da cobertura vegetal sobre a erosão no semi-árido paraibano. *Revista Brasileira de Engenharia Agrícola e Ambiental*. Campina Grande: DEAg/UFPB, v.4, pp. 92-6.

SHAINBERG, I. (1992). Chemical and mineralogical components of crusting. *In:* SUMNER, M.E. e STEWART, B.A. (Orgs.) *Soil Crusting Chemical and Physical Processes (Advances in Soil Science)*. Boca Raton: Lewis Publishers, pp. 33-53.

SINGER, M.J. (2006). Physical degradation of soils, *In:* CERTINI, G. e SCALENGHE, R. *Soils: Basic Concepts and Future Challenges*. New York: Cambridge University Press, pp. 224-34.

SILVA, F.A.M. da; ASSAD, E.D. e EVANGELISTA, B.A. (2008). Caracterização climática do bioma cerrado. *In:* SANO, S.M.; ALMEIDA, S.P. e RIBEIRO, J.F. (Orgs.). *Cerrado: ecologia e flora*. Brasília: Embrapa Informação Tecnológica, v. 2, pp. 70-88.

TORRI, D. e BORSELLI, L. (2003). Equation for high-rate gully erosion. *CATENA*, v. 50, pp. 449-67.

THOMAS, M.F. e THORP, M.B. (1995). Geomorphic response to rapid climatic and hydrologic change during the Late Pleistocene and Early Holocene in the Humid and Sub-Humif Tropics. *Quaternary Science Review*, v.14, pp. 193-207.

VRIELING, A.; RODRIGUES, S.C.; BARTHOLOMEUS, H. e STERK, G. (2007). Automatic identification of erosion gullies with ASTER imagery in the Brazilian Cerrados. *International Journal of Remote Sensing*, v. 28, pp. 2723-28.

VRIELING, A.; JONG, S M; STERK, G. e RODRIGUES, S.C. (2008). Timing of erosion and satellite data: a multi-resolution approach to soil erosion risk mapping. *International Journal of Applied Earth Observation and Geoinformation*, v. 10, pp. 267-81.

WWF (World Wildlife Fund Brasil). *Biomas Brasileiros.* Disponível em: <http://www.wwf.org.br/natureza_brasileira/questoes_ambientais/biomas/>. Acesso em: 17 Jul. 2010.

CAPÍTULO 3

DEGRADAÇÃO DOS SOLOS NO RIO GRANDE DO SUL

Roberto Verdum
Edemar Valdir Streck
Lucimar de Fátima dos Santos Vieira

Introdução

Analisar a degradação do solo exige, necessariamente, inserir essa análise no contexto geo-histórico de apropriação e uso desse componente da natureza essencial à sociedade humana. Assim, deve-se considerar desde os primórdios da ocupação do espaço e a utilização dos solos, a partir das primeiras formas de organização social, quando as comunidades praticavam uma exploração biológica deles. Isto é, as formas de intervenção eram pontuais, dependentes das dinâmicas do meio e de baixo impacto em termos de alterações dessas dinâmicas. Suas práticas eram, essencialmente, estilos de subsistência com cultivos diversos, a prática de rotação de terras, a coivara e, em alguns casos, o uso do arado de tração animal. Relacionada a essas práticas de cultivo, a criação animal extensiva provocava baixa pressão sobre os solos, assim, em conjunto, elas não podem ser consideradas como geradoras de degradações do solo (Costa, 1998).

Essa fase de exploração biológica do solo no Rio Grande do Sul rompe-se com a estruturação fundiária que projeta seu uso para uma economia de mercado a partir do século XIX. Instaura-se, gradativamente, a divisão do espaço agrário do estado e, consequentemente, do uso do solo: a sociedade de criadores em solos rasos, pedregosos ou arenosos e a de agricultores em solos de florestas que foram desmatadas (Costa, 1998, e Pesavento, 1977).

Além desses aspectos históricos, o conhecimento atual sobre os solos no estado revela uma diversidade pedológica como o resultado de componentes do meio e de processos naturais ao longo do tempo. Isto é, pode-se considerar essa diversidade em função do material de origem, da variabilidade climática, das formas de relevo e da diversidade dos organismos que nele vivem. Além disso, o solo deve ser considerado tanto pelas suas características como pela sua aptidão de uso por se tratar de um componente mutável em função de todas as intervenções a que é submetido.

1. Estabelecimento e organização do espaço rural — as fases de ocupação do território e utilização social dos solos

1.1. Comunidades indígenas e exploração biológica dos solos

As comunidades indígenas praticam uma forma de exploração biológica das riquezas naturais num espaço bastante extenso. Segundo Costa (1988), essa exploração tinha como característica particular uma relação muito próxima com o meio natural. As etnias Gê (Guainas e Caigangues), situadas no setor de florestas no centro e norte do atual estado do Rio Grande do Sul, praticavam a agricultura de subsistência. As etnias chana (minuanos e charruas), que habitavam os campos limpos, essencialmente praticavam a caça e os cultivos itinerantes sobre parcelas associadas às queimadas (coivara).

Mesmo que o número de documentos sobre essa forma de ocupação e exploração agrícola ainda seja limitado, pode-se pensar que essas comunidades não modificaram enormemente a paisagem original de seu tempo e, especificamente, o solo como um componente dela.

1.2. A tradição agropastoril e as missões jesuíticas

As atividades agropastoris foram desenvolvidas pelas missões jesuíticas, instaladas no atual território gaúcho a partir do século XVII. Foram fundados os "Sete Povos das Missões", na atual região das Missões e da Fronteira

Oeste do estado: Santo Ângelo, São Borja, São João, São Lourenço, São Luiz Gonzaga, São Miguel e São Nicolau (Figuras 1a 1b). A organização socioeconômica desse conjunto de povoados era caracterizada por uma população considerável, que, segundo Valverde (1956), quando do apogeu dessa organização, em 1732, contava 39.343 pessoas, formando 9.835 famílias.

Essas famílias cultivavam, sobretudo, milho, batata, mandioca, feijão, entre outros legumes, e algodão. Elas praticavam rotação de terras; após alguns anos de cultivo, o solo era deixado em repouso e uma vegetação herbácea secundária (capoeira) o cobria. Destaca-se que em algumas dessas comunidades, mais bem-equipadas, o arado de tração animal já era utilizado.

O gado, sobretudo bovino, era criado em pastagens extensivas em dois sistemas distintos: a) das "estâncias", onde os animais eram deixados nas pastagens nativas dos campos, limitados pelos acidentes geográficos (cursos d'água, florestas, elevações do terreno etc.) e b) das "vacarias", onde o gado selvagem e livre sobre os campos era caçado, não caracterizando um sistema de criação propriamente dito.

FIGURA 1a. Mapa do Rio Grande do Sul, Conselho Regional de Desenvolvimento — COREDE — Missões: Santo Ângelo, São João, São Lourenço, São Luiz Gonzaga, São Miguel e São Nicolau, segundo SEPLAG, 2014.

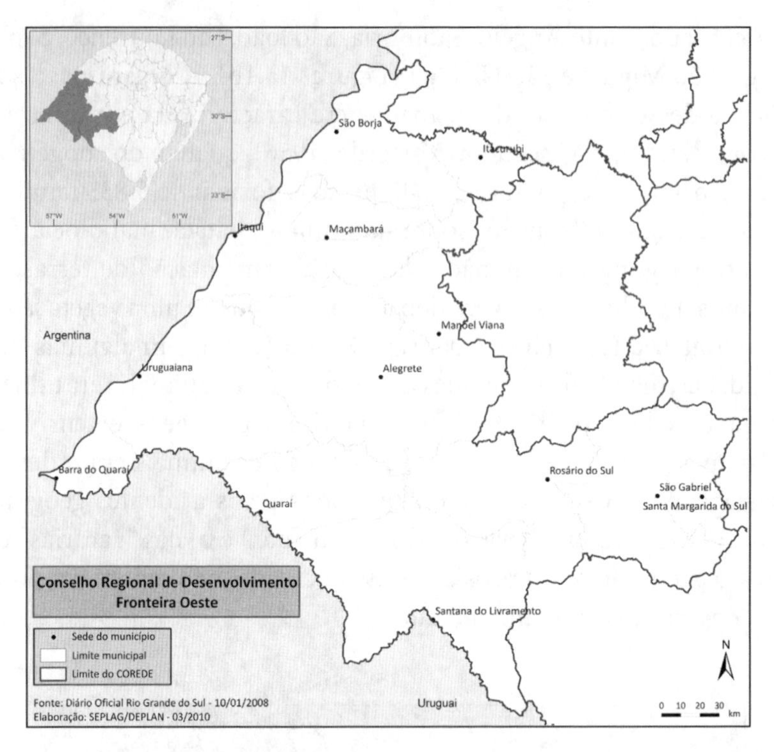

FIGURA 1b. Mapa do Rio Grande do Sul, Conselho Regional de Desenvolvimento — COREDE — Fronteira Oeste: São Borja, segundo SEPLAG, 2014.

Em relação à degradação dos solos nesse período histórico, verifica-se que esses sistemas de cultivo e de criação animal provocavam uma baixa pressão sobre os solos, podendo-se considerar que se tratava, ainda, de uma exploração biológica dos recursos naturais.

1.3 Estabelecimento da organização atual do espaço rural

A base da organização atual do espaço rural do Rio Grande do Sul remonta ao estabelecimento da fronteira política entre o Brasil e o Uruguai, que data do início do século XIX. A ocupação do solo tinha um caráter político e militar, baseado na concessão de títulos de propriedades chamadas "sesmarias", cuja superfície era de 13 mil ha. Essa estratégia é considerada como a primeira forma concreta de divisão fundiária do Rio Grande do Sul e foi ela que determinou a tradição de criação animal extensiva nos espaços amplos dos campos (Pesavento, 1977).

Segundo a autora, é a partir dessa fase de divisão fundiária do estado que a economia agrícola ultrapassa a fase de exploração biológica do solo e do rebanho. O latifúndio de criação extensiva representa o elemento fundiário que sustenta a estrutura espacial da formação do estado e a projeção de uma economia para o mercado nacional e internacional até os nossos dias.

Pebayle (1974) afirma que as propriedades situadas na porção entre os quadrantes oeste e sul do estado ainda são a herança de uma tradição da criação extensiva sobre imensas superfícies. Essa prática pastoril sobre a vegetação herbácea nativa e os solos arenosos, assim como pedregosos e pouco profundos, implica uma relação direta entre a rentabilidade e o número de hectares de exploração. Verdum (1997), analisando essa relação nos municípios de São Francisco de Assis e Manoel Viana, no sudoeste do estado, mostra a repartição das propriedades rurais com forte tradição pastoril, quando as propriedades com mais de 100 ha representavam, ainda, 23% do total das propriedades e 79% da superfície agrícola nesses municípios.

1.4. O APARECIMENTO DOS CULTIVOS NO SETOR TRADICIONAL PASTORIL

Em torno da segunda metade do século XIX é que a "fazenda" adquire a forma de uma unidade de exploração comercial mais rentável. É a demanda crescente dos produtos do Rio Grande do Sul (a carne-seca, o couro e o trigo) pelo mercado interno brasileiro que está na origem dessa evolução. Além disso, é a partir de 1870, com o processo de cercamento das propriedades rurais, que se reforça o estabelecimento dessas unidades produtivas (Laytano, 1945; Pesavento, 1978; Costa, 1988, e Osório, 1990).

O surgimento do cultivo do trigo representa uma nova fase de ocupação no estado, na sua porção centro-sul, pela migração de colonos vindos das Ilhas dos Açores no século XVIII. Esse cultivo representa o início da política de diversificação agrícola e da organização do espaço rural. Essa política conduz à ocupação de solos, ainda não utilizados, tanto associados aos campos como às florestas.

Essa estratégia se intensifica cada vez mais a partir da imigração de alemães (1842) e italianos (1875). Segundo Pesavento (1977), essas fases de imigração representam o início de uma economia de subsistência baseada na policultura e no regime de pequenas propriedades rurais. Os alemães se beneficiaram da concessão de uma superfície entre 48 e 77 ha, enquanto os italianos receberam concessões de 24 ha. Essas concessões se diferenciam tanto do ponto de vista econômico quanto do uso intensivo do solo, que se opõem à criação extensiva dos latifúndios. Esse elemento histórico induziu a uma divisão concreta de organização do espaço agrário do estado e do uso do solo. Pebayle (1974) coloca, assim, em evidência a existência de duas sociedades:

— de um lado, uma sociedade de criadores que desenvolvem suas atividades nos solos associados aos campos, denominado de Campanha e situados entre os quadrantes oeste e sul do estado;
— de outro lado, uma sociedade de agricultores que exerce a agricultura sobre um espaço que, originalmente, era constituído de florestas. Associados a essa característica pedológica, nesse setor de ocupação no estado o relevo é caracterizado por fortes declividades, a "serra" e suas "escarpas". Esse espaço, chamado de Colônia, é até hoje ocupado por pequenos e médios agricultores confinados em fortes declividades no centro e no norte do estado.

Assim, a organização dicotômica do espaço agrário do estado se caracteriza pelas diferenças de exploração agrícola (criação e cultivos), pela repartição da propriedade fundiária (latifúndio e minifúndio) e das relações geográficas que se revelam na gestão das propriedades e no uso do solo, capazes de gerar a sua potencialização para fins produtivos ou a sua degradação. Vale destacar que essa nova fase de organização do espaço agrícola do estado, a partir do estabelecimento da Colônia no setor norte do estado, coloca em evidência também o início da perda da predominância da sociedade de criadores. Inicia-se a diversificação da produção sobre solos florestais expostos pelo desmatamento e a sucessão de crises no setor de criação extensiva, caracterizando uma divisão regional do trabalho e da gestão do espaço agrícola, marcante até hoje (Costa, 1988).

A perda de hegemonia dos criadores coincidiu com a aparição de uma sociedade de agricultores, principalmente no norte do estado. A gestão das terras agrícolas foi colocada em questão, não necessariamente pela estrutura fundiária, mas pelo fato do aparecimento de fenômenos de degradação dos solos. Esses fenômenos de degradação foram apreendidos sob o aspecto da gestão das propriedades rurais pelos criadores no contexto de uma pecuária ainda muito dependente das condições naturais das pastagens.

Nesse sentido, é importante também analisar a gestão das pastagens nativas e a fragilidade da cobertura vegetal no domínio dos campos da Campanha.

2. Grandes unidades de solo no Rio Grande do Sul e suas características limitantes e produtivas na contemporaneidade

Os solos do estado do Rio Grande do Sul possuem uma diversidade em decorrência da complexidade da sua formação muito lenta, resultado de processos que atuaram, e continuam atuando, influenciados por fatores ambientais, como o material de origem do solo (rocha ou sedimento que fornecem a composição química), o clima (a temperatura e a pluviosidade que atuam nas reações de dissolução e remoção de material), o relevo (conformação da superfície do terreno, que condiciona o escoamento das águas que chegam ao solo), os organismos vivos (flora e fauna, que atuam na adição e transformação de materiais orgânicos e minerais), bem como o tempo de atuação desses fatores.

O processo lento da formação dos solos impede que se observem mudanças visíveis em curto prazo; no entanto, a ação humana é capaz de modificar de forma muito rápida certa característica do solo. Essa ação da sociedade humana pode ser benéfica quando as alterações são produzidas para incrementar a produção agrícola, tais como a correção da acidez, a reposição de nutrientes e o uso de práticas conservacionistas, mas, por outro lado, as ações que levam à degradação do solo e dos ecossistemas associados pelo mau uso agrícola, urbano ou industrial podem ser maléficas. Portanto, o uso do solo deve ser baseado na sua aptidão de uso, pois o "solo não é um recurso natural imutável, mas sujeito às mudanças de acordo com o tratamento recebido", conforme citado por Streck *et al.* (2008).

2.1. O conhecimento atual sobre as classes dos solos do Rio Grande do Sul

As principais classes e características dos solos do Rio Grande do Sul foram definidas a partir da base do Sistema Brasileiro de Classificação de Solos — SiBCS — (EMBRAPA, 2006) e das pesquisas realizadas por Streck *et al.* (2008).

a. Os **argissolos** são geralmente profundos a muito profundos, variando de bem drenados a imperfeitamente drenados. São originados do basalto, granito, arenito, argilito e siltito. Ocorrem em relevo, desde suave ondulado até fortemente ondulado, ocupando a maior parte do território gaúcho, sendo que há limitações quanto às características químicas e físicas. As características químicas referem-se à baixa saturação de bases (caráter distrófico) e fertilidade natural, forte acidez e alta saturação por alumínio. Os elevados teores de alumínio são tóxicos para as culturas anuais e frutíferas com sistema radicular profundo. As características físicas referem-se, principalmente, pela mudança textural abrupta do horizonte A para o B, resultando na saturação com água no horizonte superficial, dando início ao escoamento superficial, tendo como resultado a formação de voçorocas e, se a saturação ocorrer em períodos prolongados, pode ocorrer a morte da planta, devido à falta de oxigênio no solo. Os argissolos, por serem pobres em fertilidade, exigem altos investimentos em corretivos, fertilizantes e sistemas de manejo para alcançar rendimentos satisfatórios. São solos suscetíveis à erosão e degradação. Por isso, é recomendado seu cultivo com terraços, cordões vegetados e cultivos em faixas com plantio direto. No caso do plantio de árvores frutíferas, é aconselhável intercalar com plantas protetoras e recuperadoras do solo.

b. Os **cambissolos** são rasos a profundos, bem drenados a imperfeitamente drenados, dependendo da posição que ocupam no relevo. São solos em processo de transformação, ocupando uma classificação intermediária entre os neossolos regolíticos e argissolos, latossolos, nitossolos ou chernossolos. Ocorrem em todo o estado do Rio Grande do Sul, associados aos neossolos litólicos e neossolos regolíticos. Possuem aptidão para fruticultura, silvicultura e pastagens. Na microrregião de Caxias do Sul, apresentam aptidão para culturas anuais e fruticultura de pequena extensão e para silvicultura. Devido ao relevo acidentado, forte acidez e baixa disponibilidade de nutrientes, o uso agrícola exige práticas conservacionistas e o uso de fertilizantes. Pelo fato de ocorrerem em diversas condições de material de origem, clima e relevo, com fertilidade química variável, a aptidão agrícola deve ser avaliada caso a caso.

c. Os **chernossolos** são rasos a profundos, com razoáveis teores de material orgânico, o que confere cores escuras ao horizonte superficial, com alta fertilidade química. Os solos localizados em áreas com relevo ondulado a fortemente ondulado, como na região do Planalto, ocorrem associados aos neossolos regolíticos e litólicos, o que dificulta a mecanização, exigindo-se práticas conservacionistas intensivas. Oferecem condições para o uso com culturas anuais, fruticultura, pastagem e reflorestamento. Os chernossolos localizados na região da Campanha, em relevo plano a suavemente ondulado, possuem argilas expansivas, tornando-os duros, quando secos, e plásticos e pegajosos, quando úmidos, dificultando o manejo em sistemas de culturas anuais de sequeiro. Em períodos chuvosos, devido à baixa condutividade hidráulica, tornam-se saturados com água, inviabilizando a semeadura. Por outro lado, a coincidência da época do preparo e semeadura com períodos secos poderá inviabilizar a implantação das culturas ou pastagens, devido à excessiva dureza desses solos quando secos, o que impede a ação dos equipamentos de preparo e devido à deficiência de água para a germinação e crescimento das plantas. São solos que apresentam aptidão de uso com arroz irrigado, entretanto oferecem risco de degradação por tráfego excessivo de máquinas e suscetibilidade à erosão pela facilidade de dispersão das argilas. Esse tipo de solo tem aptidão para pastagem natural, porém a lotação excessiva de animais pode causar sua degradação acelerada.

Os chernossolos localizados em relevo plano a suavemente ondulado, nas várzeas dos rios, apresentam alto potencial para culturas anuais, entretanto têm risco de inundação ocasional. Em cotas mais baixas, são utilizados com arroz irrigado. Já aqueles localizados em relevo plano apresentam drenagem imperfeita e têm aptidão para arroz irrigado, exigindo práticas de drenagem mais eficientes quando utilizada com culturas anuais do arroz de sequeiro.

Os chernossolos que ocorrem na região da Campanha e que se situam em relevo suave ondulado a ondulado apresentam argilas expansivas, riscos de erosão e oferecem restrição para uso com culturas anuais, apresentando aptidão para pastagens.

d. Os **gleissolos** são pouco profundos a profundos, maldrenados, de cor acinzentada ou preta e ocorrem em depressões maldrenadas em todo o estado, nas várzeas de rios e nas planícies lagunares, geralmente associados aos planossolos. Também ocorrem em áreas de nascentes dos arroios e ocupam as pequenas depressões, as quais devem permanecer em preservação permanente. Nas áreas de várzeas de rios e planícies lagunares, são solos aptos para cultivo com arroz irrigado e, quando drenados, podem ser cultivados com culturas anuais, como milho, soja, feijão e campos de pastagens. O preparo do solo inundado para formação da lavoura no sistema de plantio de arroz pré-geminado favorece a dispersão e a suspensão da argila. Em longo prazo, pode haver uma remoção significativa de argila da camada submetida a esse tipo de preparo do solo, alterando as características originais desses solos, com prejuízo na produtividade da cultura, quando não ocorre a decantação das argilas suspensas na água.

e. Os **latossolos** são profundos a muito profundos, bem drenados, possuem pouco ou nenhum incremento de argila com a profundidade e apresentam uma transição difusa ou gradual entre os horizontes. Por isso mostram um perfil muito homogêneo, onde é difícil diferenciar os horizontes. Por serem solos muito intemperizados, têm predomínio de caulinita e óxido de ferro, acentuada acidez, uma baixa reserva de nutrientes e toxicidade por alumínio nas plantas. No Rio Grande do Sul, os latossolos e os nitossolos têm comumente características muito próximas, dificultando sua distinção no campo. Em função de suas propriedades físicas (profundos, bem drenados, muito porosos, friáveis, bem-estruturados) e condições de relevo suave ondulado, os latossolos possuem boa aptidão agrícola, desde que corrigida a fertilidade química. Os latossolos de textura mais arenosa são mais suscetíveis à erosão do que os de textura argilosa, exigindo práticas conservacionistas intensivas quando usados com culturas anuais.

f. Os **luvissolos** são pouco profundos, bem a imperfeitamente drenados e são originados do basalto, substrato de xisto, granito e substrato de siltito. Os originados de basalto, geralmente associados com plintossolos, localizam-se em relevo plano a suavemente ondulado, apresentando aptidão para culturas de verão; têm alta retenção de umidade na camada superficial nos períodos chuvosos, o que pode dificultar o seu uso para as culturas de inverno. Os solos originados dos granitos e gnaisses necessitam de maiores investimentos corretivos e em sistemas de manejo. Os originados dos argilitos e siltitos, que ocorrem em relevo ondulado e por apresentarem argilas expansivas na sua constituição, têm alta suscetibilidade à erosão e baixa condutividade hidráulica, dificultando o manejo e exigindo práticas conservacionistas intensivas. Os luvissolos possuem boa fertilidade química natural, mas com carência de fósforo, e apresentam potencial para culturas anuais, fruticultura, pastagem e reflorestamento.

g. Os **neossolos** são pouco desenvolvidos e normalmente rasos, de formação muito recente, desenvolvidos a partir dos mais diversos tipos de rochas e encontrados nas mais diversas condições de relevo e drenagem. Os neossolos litólicos são rasos e apresentam fortes restrições para as culturas anuais, devendo ser mantidos como áreas de preservação permanente, devido a sua pouca profundidade para o desenvolvimento de raízes e para o armazenamento de água e se localizarem em relevo forte ondulado e montanhoso, com pedregosidade e afloramento de rochas. Os neossolos regolíticos são um pouco mais desenvolvidos do que o litólicos e podem ser cultivados mediante práticas intensivas de conservação, com mínima mobilização do solo, como cordão em contorno, cobertura permanente do solo e plantio direto, principalmente para evitar a erosão, melhoramento das condições físicas e químicas do solo e a produtividade. Nas áreas com declividade entre 15% e 25%, podem ser usados para pastagens permanentes, e com declividade entre 25% e 45% devem ser utilizados com reflorestamento ou com fruticultura intercaladas com plantas de cobertura e recuperadoras de solo. As áreas de 45° são consideradas pela legislação ambiental como Áreas de Preservação Permanente.

Os neossolos quartzarênicos são originados do arenito e, por serem muito suscetíveis ao processo de arenização e à erosão hídrica e eólica, devem ser evitados para pastoreio excessivo. São solos com baixa fertilidade química e atingem rapidamente o déficit hídrico, limitando o desenvolvimento das plantas e a produção da cobertura vegetal.

Os neossolos flúvicos normalmente ocorrem em zonas de deposição, como, por exemplo, nas margens dos rios. São de uso agrícola limitado devido ao risco de inundação e estão localizados em Áreas de Preservação Permanente.

h. Nitossolos são profundos, com aparência similar aos Latossolos, diferindo em algumas características físicas por terem uma estrutura mais desenvolvida e com revestimento brilhante (cerosidade). São ácidos, com predomínio de caulinita e óxido de ferro na sua constituição. Em função da profundidade, boa drenagem, da porosidade, da estrutura e de condições do relevo, possuem, geralmente, boa aptidão agrícola para culturas anuais, desde que seja corrigida a fertilidade química.

i. Organossolos são formados por material orgânico, em grau variável de decomposição, acumulados em ambientes maldrenados, em depressões e nas proximidades das lagoas e lagunas. Em geral, têm baixo potencial para uso agrícola, preferencialmente devendo permanecer como áreas de preservação, pois estão sujeitos a mudanças significativas em suas características, tendendo a desaparecer.

j. Planossolos são imperfeitamente ou maldrenados, localizados em áreas de várzea, com relevo plano a suave ondulado. Normalmente, aparecem nas margens dos rios e lagoas, como nas regiões centro-ocidental e oriental rio-grandense, bem como na planície costeira. São solos aptos para o cultivo de arroz irrigado, e, com sistemas de drenagem eficientes, o milho e a soja podem ser cultivados, além de servirem para o uso de pastagens.

l. Plintossolos possuem drenagem moderada a imperfeita que ocorrem em posições entre as várzeas e o início das coxilhas, em relevo plano ou pouco a suave ondulado. Em períodos chuvosos, ocorre elevação do lençol freático, saturando-os e impedindo seu uso com cultivos anuais e pastagens cultivadas, mas durante o verão permitem que sejam utilizados com culturas anuais. São solos ácidos e necessitam de correção e adubação.

m. Vertissolos situam-se em áreas planas ou suavemente onduladas, imperfeitamente ou maldrenados e pouco profundos. Ocorrem, principalmente, na região da Campanha e são de difícil preparo e manejo para o cultivo, pois são solos muito duros, quando secos, e plásticos e pegajosos, quando úmidos. Apresentam boa fertilidade e são próprios para pastagem natural, podendo ser utilizados também com culturas de verão.

3. Uso e degradação das grandes unidades de solo no estado

A caracterização atual do uso e da degradação das grandes unidades de solo foi feita a partir da classificação do estado do Rio Grande do Sul, em regiões e microrregiões do IBGE (2009), como pode ser observado na Figura 1.

3.1. Planalto: regiões noroeste e nordeste rio-grandenses

As regiões noroeste e nordeste rio-grandenses compreendem 16 microrregiões: Santa Rosa, Três Passos, Frederico Westphalen, Erechim, Sananduva, Cerro Largo, Santo Ângelo, Ijuí, Carazinho, Passo Fundo, Cruz Alta, Não-Me-Toque, Soledade, Guaporé, Vacaria e Caxias do Sul.

Historicamente, os colonos alemães que chegaram ao Brasil, em 1824, e os italianos, em 1875, ocuparam essencialmente as áreas de mata do norte do estado, na região denominada Planalto, inicialmente nos seus vales e encostas. Assentados em pequenas propriedades agrícolas, ao longo do tempo foram gradativamente sendo inseridos no comércio para outras regiões do estado, o centro do país e, algumas vezes, para o exterior (Tambara, 1985).

O processo de colonização dessa região do estado ocupou um espaço que havia sido desprezado pelos produtores rurais da Campanha, o que gerou duas regiões com processos produtivos diferentes. Essa diferenciação dos aspectos produtivos, mais as dificuldades de comunicações, resultou, praticamente, em economias autônomas, com estruturas fundiárias diferenciadas, assim como na apropriação e uso do solo.

Para se ter um parâmetro dessa dicotomia espacial, Moreira e Costa (1982) apontam que no Rio Grande do Sul o módulo rural varia de 2 a 90 ha. Enquanto que na Campanha o módulo rural é de 70 ha para a atividade de pecuária, nas propriedades coloniais ele foi fixado em 25 ha no final do século XIX.

No que se refere ao processo de ocupação do Planalto, esses autores consideram que a evolução da agricultura pode ser concebida em três fases diferentes: a) o desmatamento e a agricultura de subsistência; b) a expansão agrícola e a comercialização de excedentes; e c) a especialização agrícola para a comercialização, que atinge os mercados interno e externo.

Na última década do século XIX e no início do século XX, há uma nova fase de expansão dessa colonização do Planalto para a sua porção norte e noroeste, principalmente pela escassez de terras e pelos sinais de degradação do solo. Segundo Brum (1983), esse processo de expansão da fronteira agrícola do estado se iniciou em 1890, tendo como características essenciais da atividade agrícola a pequena propriedade, o trabalho familiar, a utilização intensiva da fertilidade natural do solo e a prática da policultura. Nessa expansão agrícola desaparecem os últimos remanescentes florestais contínuos do estado, sendo eles recortados pelas pequenas propriedades rurais.

Algumas dessas características, como a pequena propriedade, a família que se amplia e impõe a partilha da propriedade por herança e a exploração contínua do solo provocaram o esgotamento da fertilidade natural e o declínio das culturas tradicionais, principalmente a partir da década de 1950. Moreira e Costa (1982) afirmam: "a região colonial, que já foi até mesmo modelo de estrutura fundiária para o país e seu celeiro, é hoje em sua maior parte uma área rural degradada, estando o colono numa situação comparável à do conhecido caboclo brasileiro."

Vários são os fatores que levaram a região colonial a esse estágio. Entre eles, podemos destacar:

— a excessiva divisão da terra na sucessão de pais para filhos, dando como resultado propriedades cada vez menores e antieconômicas;
— a superexploração dos solos daí advinda, embora nem sempre eles sejam próprios para a lavoura;
— a falta de cuidados técnicos, do que resulta uma intensa erosão e perda de fertilidade do solo.

Considera-se que a escassez de terras e sua exploração intensiva associada ao uso do arado de tração animal colocam em questão, inclusive, o modelo agrícola até então adotado. Esse modelo gerou o decréscimo contínuo das culturas tradicionais nessa porção do estado e foi o motor do movimento dos gaúchos na direção de outros estados da União, tais como Santa Catarina, Paraná, Mato Grosso do Sul, Mato Grosso, Goiás e Tocantins (Haesbaert, 1997).

A ruptura desse modelo tradicional surge com a emergência dos capitalistas na agricultura, de comerciantes e pequenos industriais proprietários de estabelecimentos transformadores de produtos agrícolas, segundo Frantz (1980), citado por Ruckert (2003). Essa ruptura manifesta-se pela incorporação de inovações técnicas tanto na adoção de preparo, cultivo do solo e colheita em que se utilizam máquinas e insumos industrializados como nas alterações que ocorrem na estrutura fundiária que desencadeiam a concentração de terras.

A pressão sobre os solos nesse período, que se inicia na década de 1960 na porção norte e na leste do estado, é caracterizada pelo uso de tratores que substituem a tração animal e mesmo humana, assim como a derrubada de remanescentes florestais na busca de ampliar a área produtiva. Gass (2010), ao pesquisar sobre a degradação do solo e das Áreas de Preservação Permanente (APP) que foram instituídas pelo Código Florestal, Lei Federal nº 4.771 de 15 de setembro de 1965, identifica que, mesmo com essa lei, nesse período da expansão das lavouras tecnificadas (arroz, trigo, milho e soja), houve supressão intensa das matas.

Até a década de 1950, no norte do estado, os pinheirais e as matas nativas eram os produtos mais procurados do que as terras em geral para a industrialização e comercialização da madeira. Porém, a existência da "mercadoria terra" a partir dessa década e a emergência dos "capitalistas granjeiros", arrendatários, no planalto são consideradas as condições prévias para o estabelecimento da média e grande lavoura mecanizada de trigo (com mais de 350 ha), nas terras de campos, que outrora eram de pecuária extensiva, e nas áreas de mata intensamente exploradas para a extração da madeira. Essas lavouras são áreas produtivas, tanto de proprietários que conjugam a sua atividade tradicional de pecuária com a agricultura, como desses arrendatários emergentes que veem no plantio de trigo uma forma de ganhos financeiros. Assim, aponta-se que a supressão dos remanescentes florestais, associada ao uso intensivo de máquinas agrícolas nas lavouras, foram as principais causadoras da erosão dos solos. Bertê (2004) destaca que, antes do período da colonização, o norte do estado (Médio e Alto Uruguai) possuía 70% do seu território coberto por vegetação florestal subtropical, mas que na década de 1990 essa cobertura era de menos de 5%.

Verifica-se que relacionado a esse processo de degradação dos solos, com o advento da modernização da agricultura, há uma lógica de concentração fundiária. Mantelli (2006) identifica que os médios e grandes produtores rurais representam 26% dos agricultores, enquanto que os pequenos correspondem a 74%.

Atualmente, os sistemas agrícolas produtivos dessas regiões estão centrados na produção de grãos, com ênfase para soja, milho e trigo, na suinocultura e na bovinocultura de leite. As culturas de soja e trigo predominam nas áreas formadas por latossolos e a cultura de milho, a suinocultura

FIGURA 2. Sobre latossolos, os sistemas agrícolas produtivos estão aqui representados pela produção de trigo e a bovinocultura de leite no município de Giruá (RS). (Foto: René Cabrales, 4/6/2005.)

e a bovinocultura de leite nas áreas formadas pelas associações de neossolos regolíticos, cambissolos e chernossolos (Figura 2).

Na atualidade, os solos dessas regiões, de modo geral, têm denotado nítidos problemas de degradação estrutural, com consequente redução da taxa de infiltração de água no solo e frequente ocorrência de erosão hídrica, em razão da adoção deficiente do complexo de tecnologias preconizadas pela agricultura conservacionista, como: rotação incipiente de culturas; cobertura insuficiente de solo; desuso de práticas mecânicas para manejo do deflúvio superficial; abandono da semeadura em contorno; manejo desregrado da integração lavoura-pecuária com baixa produtividade de biomassa e pastejo excessivo; e redução da vegetação ciliar. Em termos de erosão hídrica, a ausência de obras hidráulicas para manejo de enxurrada tem determinado a ocorrência de erosão em sulcos, com ênfase nos talvegues, onde converge o deflúvio superficial. Todos esses problemas, de certo modo, estão contribuindo para a degradação estrutural do solo, a redução da fertilidade, a elevação dos custos de produção e de manutenção de estradas vicinais, a poluição de mananciais de superfície e a redução da recarga do lençol freático.

FIGURA 3. Cambissolos são característicos por constituírem solos rasos que atingem déficit hídrico rapidamente e têm maior suscetibilidade à erosão. Verifica-se a presença de linhas de pedras que demarcam dinâmicas distintas na estruturação dos seus horizontes. Esses solos vêm sendo utilizados para o cultivo de espécies anuais e a pecuária extensiva no município de São Francisco de Paula (RS). (Foto: René Cabrales, 17/9/2005.)

Na região noroeste rio-grandense, por possuir uma temperatura mais quente, menor volume pluvial e maior irregularidade do regime ao longo do ano do que a região nordeste rio-grandense, é notória a menor cobertura de solo por resíduos culturais, menor estabilização da produção, menor produtividade de biomassa e maior frequência de erosão hídrica, determinando a necessidade de práticas conservacionistas mais complexas. Além disso, a intensidade de adoção de práticas conservacionistas deverá ser maior nos latossolos de textura menos argilosa, pois a suscetibilidade à erosão é maior.

As associações de neossolos regolíticos, cambissolos e chernossolos, por constituírem solos rasos, atingem déficits hídricos mais rapidamente do que os latossolos e têm maior suscetibilidade à erosão, exigindo a conjugação de práticas conservacionistas (Figura 3).

Além disso, áreas com declive acentuado vêm sendo utilizadas com o cultivo de espécies anuais e com a bovinocultura de leite. Para aprimorar a agricultura conservacionista nessas áreas, é primordial manter a prática de cordões vegetados e/ou terraços para auxiliar na contenção de enxurradas, desenvolver modelos de produção com espécies capazes de produzir uma quantidade abundante de biomassa e adequar equipamentos agrícolas eficientes e capazes de operar nesses solos cobertos por massa expressiva de resíduos culturais.

As atividades agrícolas nos neossolos deverão passar por um processo de reconversão dos sistemas de produção e cadeias produtivas para diminuir o uso intenso do solo na exploração de grãos, dando lugar à expansão da bacia leiteira, à fruticultura e à silvicultura. A fruticultura está em ascensão com as culturas de citros, uva, figo, pêssego, kiwi e noz-pecã, com cerca de 12 mil hectares de frutas, sendo que 8.148 hectares são de cítricos. A região está sendo divulgada como a "Nova Região Frutícola do Rio Grande do Sul".

Nos estabelecimentos rurais em que se desenvolve a bovinocultura de leite, a degradação dos solos é evidente, principalmente onde se concentram os animais e nas áreas de pastagem com lotação excessiva. No sistema de pastoreio rotativo, a lotação de animais em áreas de pastagem sobre latossolos é a mesma da associação de neossolos, evidenciando ausência de diferenciação tecnológica determinada pela condição edáfica, o que contribui para a degradação mais intensa dos solos com mais limitações. Com a expansão da atividade leiteira no estado do Rio Grande do Sul, se não houver manejo adequado de animais e a implementação de pastagens capazes de suportar o pisoteio, a degradação atualmente percebida poderá ser agravada e comprometer a sustentabilidade agrícola.

Outro problema é quanto ao destino final das excretas de origem animal, as quais, normalmente, são aplicadas na superfície do solo. Uma operação dessa natureza, em áreas sem obras hidráulicas para a contenção do deflúvio superficial, facilita o transporte de nutrientes contidos nos dejetos e a poluição de mananciais de superfície.

Atualmente, a cultura da soja representa a atividade agrícola de maior importância, onde 98% da área cultivada são realizadas no sistema de plantio direto. A cultura do milho é a segunda cultura em importância econômica, sendo cultivada na pequena, média e grande propriedade. A cada safra há um incremento de tecnologia na cultura. A maior parte do milho é utilizada na alimentação de suínos, aves, bovinos e também de humanos. O trigo é a principal cultura de inverno, que além de produzir grão, também é cultivado para cobertura do solo no inverno.

Na microrregião de Vacaria destacam-se as explorações econômicas do cultivo de grãos: milho e soja no verão, e trigo e aveia no inverno e pomares de maçã. O uso intensivo de agroquímicos no cultivo de grãos e de maçãs coloca em risco a qualidade do solo e da água de mananciais.

Como resultado desse processo de ocupação e uso dos solos associado ao desenvolvimento histórico de sistemas agrícolas, identifica-se a perda de horizontes férteis, a contaminação dos solos, a contaminação dos mananciais e o assoreamento dos cursos d'água. Num balanço de perda de solos no estado realizado por Schmidt (1989) e citado por Manzatto (2002), estimaram em termos médios uma perda de mais de 40 t/ha/ano em 6 milhões de hectares de áreas cultivadas no Rio Grande do Sul, sendo que entre as áreas mais afetadas por esse processo estão aquelas situadas na bacia hidrográfica do Uruguai e do Alto Jacuí, exatamente os antigos espaços florestais e que foram incorporados gradativamente aos sistemas produtivos coloniais e, mais recentemente, aqueles voltados à produção intensiva e tecnificada para atender as demandas do mercado interno e de exportação.

Os dados de perdas de solo e água em culturas anuais no planalto, já expressos por Cassol *et al.* (1982), indicam uma diferença substancial entre sistemas de manejo do solo em condições de chuva natural num latossolo vermelho distroférrico típico, SiBCS (2006), com 7,5% de declividade. Enquanto que no plantio de trigo e soja, em preparo convencional, as perdas de solo variaram entre 1,37 (1980/81) e 20,71 (1980/82) t/ha; em plantio direto, elas variaram entre 0,31 (1980/81) e 1,49 (1980/82) t/ha. Nota-se que os sistemas de manejo apresentam resultados diversos bem significativos, principalmente naqueles que são organizados para terem preparos reduzidos do solo e aproveitamento dos restos de cultivos sucessivos, o denominado plantio direto. Mesmo que esse sistema venha sendo questionado, devido ao uso de herbicida e sem controle amplo de suas consequências no solo e na água, bem como em relação à influência que esse sistema possa exercer no potencial erosivo do escoamento subsuperficial.

Castro *et al.* (1999), ao avaliarem o manejo do solo pelo sistema de plantio direto em área experimental no planalto, mostra que esse sistema resultou num relativo decréscimo do escoamento superficial nas vertentes, mas um aumento no fluxo subsuperficial, assim como uma diminuição de perda de solo por erosão laminar e linear.

Segundo Denardin *et al.* (2008), após aproximadamente 70 safras da adoção do sistema de plantio direto no Rio Grande do Sul e em Santa

Catarina, observa-se a degradação do solo que compromete a produção agrícola pelo "aumento da densidade do solo e da sua resistência à penetração, redução da porosidade e da taxa de infiltração de água, deformação morfológica de raízes e concentração destas na camada superficial do solo, ocorrência de erosão, com arraste de nutrientes, fertilizantes e corretivos pela enxurrada e prematura expressão de déficit hídrico, por ocasião de pequenas estiagens". Os autores avaliam que esse conjunto de processos é pela falta de adoção plena do complexo de processos tecnológicos que compõe o sistema de plantio direto.

Destacam-se como algumas lacunas na prática do plantio direto a redução da prática de rotação de culturas, a cobertura insuficiente do solo, a baixa adição de fitomassa ao solo, o manejo inadequado do sistema integração lavoura/pecuária e o descaso com práticas mecânicas para manejo de enxurrada. Esse descaso, segundo Denardin *et al.* (2008), tem favorecido a ocorrência de erosão hídrica, com arraste de nutrientes, fertilizantes e corretivos pela enxurrada, perdas econômicas e poluição ambiental. Nesse sentido, os autores avaliam que a adoção do sistema do plantio direto é apenas rudimentar e que esse sistema demanda "múltiplos processos tecnológicos veiculados e transferidos por serviços de assistência técnica e extensão rural".

3.2. Campanha: regiões sudoeste e centro-ocidental rio-grandenses

As regiões *sudoeste e centro-ocidental rio-grandense* são caracterizadas pela grande variedade de solos e baixa diversidade de sistemas agrícolas produtivos. Compreendem seis microrregiões: Campanha Ocidental, Campanha Central, Campanha Meridional, Santiago, Santa Maria e Restinga Seca.

Na microrregião da Campanha Central, as descrições de botânicos e viajantes que atravessaram o Rio Grande do Sul no início do século XIX já propunham algumas reflexões sobre os limites e a fragilidade dos solos, sob os campos da região centro-sul do estado. Podem-se notar também essas características na forma de como a sociedade ali instalada, organizava e explorava o território em vias de ocupação.

Mais recentemente, na década de 1970, a imprensa e as instituições governamentais incorporaram a ideia da existência de fenômenos de degradação de terras nessa região. Em relação à imprensa, há o reconhecimento de fenômenos que sublinham a destruição progressiva das pastagens por processos erosivos e a falta de entusiasmo e meios dos proprietários para propor soluções que viessem conter esses fenômenos. Os ravinamentos e voçorocamentos generalizados e a acumulação de areias foram processos identificados e julgados como capazes de influenciar enormemente as condições de produção agrícola da região.

Por outro lado, nesse período as ações governamentais foram desencadeadas pelas instituições que se interessavam diretamente pelos estudos dos recursos naturais do país. Essas ações foram reforçadas pela legislação específica de 1975, cuja ideia maior era a de proceder ao estudo da erosão dos solos em todo o território nacional. No Rio Grande do Sul, o estudo de Möller *et al.* (1975) identificou a presença da degradação de solos em dois municípios: Alegrete e Quaraí. O relatório técnico de Cordeiro e Soares (1977) assinalou a existência de "acumulação de areia" e ravinamentos em cinco municípios do sudoeste do Rio Grande do Sul: Alegrete, Cacequi, São Francisco de Assis, São Vicente e Quaraí. No que se refere à origem desses fenômenos de degradação de solos, os estudos até então desenvolvidos estabeleceram uma relação com as duas principais atividades econômicas praticadas na região: a criação extensiva e os cultivos do trigo e da soja.

As pesquisas realizadas a partir da década de 1980 sobre a degradação dos solos nessa região — a arenização — levaram não somente à avaliação dos agentes e inibidores das fragilidades do meio na perspectiva de um processo natural, mas também ao exame da pressão agrícola dos modelos de exploração exercida sobre eles, como atestam os trabalhos de Suertegaray (1987 e 1998), Verdum (1997), Suertegaray *et al.* (2001), Verdum (2004), Suertegaray *et al.* (2005) e Suertegaray e Verdum (2008). Para a avaliação dessa pressão agrícola é necessário que sejam analisadas as fases de ocupação do território e as atividades associadas a ela. Pode-se estabelecer uma diferenciação das formas de pressão agrícola relacionada à diversidade dos processos históricos, identificar a pertinência das heranças nas práticas agrícolas e examinar a intensificação dos processos produtivos das duas atividades principais: a criação extensiva e a agricultura mecanizada especulativa.

Desde a formação do estado até nossos dias, as fazendas da Campanha foram organizadas e exploradas desde sua definição como unidade fundiária. Na verdade, as pastagens nativas são ainda largamente dominantes nessa região do estado. Verdum (1997), ao analisar a porcentagem de pastagens artificiais em relação às nativas em Alegrete, Cacequi, Itaqui, Quaraí, São Borja e São Francisco de Assis, entre 1950 e 1985, verificou que a superfície daquelas pastagens artificiais não ultrapassava 2% do total em 1970. De 1970 a 1985, pode-se observar um aumento das pastagens artificiais, mas que não ultrapassavam 7% da superfície total das pastagens. A única exceção entre esses municípios é o de São Francisco de Assis, que atingia 13% em 1985.

As pastagens nativas são, em grande parte, compostas de herbáceas pertencentes à família das gramíneas, que compreendem diversas espécies reconhecidas, mas que merecem a ampliação de estudos (Araújo, 1971; Lindmann e Ferri, 1974; Freitas *et al.*, 2009). No que se refere à adaptação dessa vegetação herbácea natural às condições do meio e à presença da pecuária sobre os campos, destaca-se que uma grande parte delas se adapta aos solos arenosos e pedregosos de baixa fertilidade da Campanha.

Verdum (1997) verificou nos municípios de São Francisco de Assis e Manuel Viana um aumento expressivo da pressão da atividade pecuária sobre as pastagens nativas e os solos arenosos, principalmente entre 1971 e 1985. Observa-se que o efetivo bovino em relação à área destinada ao pastoreio aumentou, a tal ponto que essa relação dobrou, de 0,6 cabeças/ha em 1971 para 1,2 cabeças/ha em 1985. Essa densificação das atividades de pastoreio sobre os campos se deu tanto pelo aumento do plantel (35%) como pela redução drástica da área disponível (-33%). Destaca-se que essa diminuição de superfície disponível à pecuária significa o aumento da superfície reservada aos cultivos, até então não expressivos na Campanha.

Além dessa pressão agrícola, associada ao adensamento do pastoreio, a prática da queimada nos campos sempre foi justificada como uma necessidade de mantê-los para o desenvolvimento da pecuária. Graças às queimadas, todos os anos ou a cada dois anos os proprietários obtêm pastagens mais tenras e mais apreciadas pelos animais, além da eliminação das plantas não comestíveis. Assinala-se que essa prática é empregada durante o fim do inverno e no início da primavera, para eliminar a vegetação que atravessou todo o período invernal, eliminar certas espécies lenhosas de porte arbustivo e ativar o crescimento das novas ervas, quando da nova fase de florescimento, a partir dessa estação.

Mesmo que seja reconhecido que as queimadas apresentam algumas vantagens num curto espaço de tempo, as consequências mais importantes estão relacionadas ao empobrecimento da matéria orgânica, diminuição da capacidade de retenção capilar do solo, desenvolvimento de uma vegetação herbácea resistente ao fogo e diminuição da biomassa em até 75% em relação àquela que existia antes, diminuindo, assim, o papel de proteção dela em relação aos solos da região (Primavesi, 1984).

A partir da década de 1970, nota-se uma mudança importante do sistema de produção em quase toda essa região, exceção aos municípios onde o solo possui características de pedregosidade e pouco profundos, como o exemplo do município de Quaraí (Suertegaray, 1987 e 1998). As políticas de financiamento da agricultura e da industrialização dos cultivos do arroz, a partir da década de 1940, do trigo nas de 1950-1960 e da soja na de 1970, mudaram bruscamente a organização do espaço agrário dessa região. A expansão dos cultivos temporários na Campanha permitiu que ela se tornasse uma importante área de produção de plantas utilizadas na alimentação e na indústria, mais tardiamente que a região norte do estado — a Colônia (Figura 4).

Os estudos desenvolvidos em São Francisco de Assis e Manuel Viana por Verdum (1997) mostram que entre 1920 e 1950 há a predominância dos cultivos do milho, arroz e trigo. Entre 1950 e 1970, ocorre o *boom* do trigo com uma área em torno de 23 mil ha. Entre 1970 e 1985, ocorre o *boom* do cultivo da soja, com uma área em torno de 47 mil ha, com a redução drástica do trigo, que não ocuparia mais que 4.100 ha. A partir de 1985, há uma redução drástica de toda essa produção.

A introdução dos cultivos mecanizados, principalmente trigo e soja, provocou o desenvolvimento do maquinário agrícola, sendo que o número de arados de tração animal praticamente dobrou entre 1950 e 1970. Em relação aos tratores também, eles são multiplicados por 40 entre 1950 e 1970, na produção do trigo e do milho. Esse crescimento é impulsionado posteriormente, quando os tratores são associados ao impulso da produção da soja e do milho, tendo-se em média um trator/45 ha.

Assim, pode-se caracterizar essas mudanças como sendo uma verdadeira pressão agrícola sobre a vegetação e os solos dos campos a partir da década de 1970, com a implantação dos cultivos mecanizados. Ela foi facilitada pelo relevo plano das coxilhas da Campanha e solos leves,

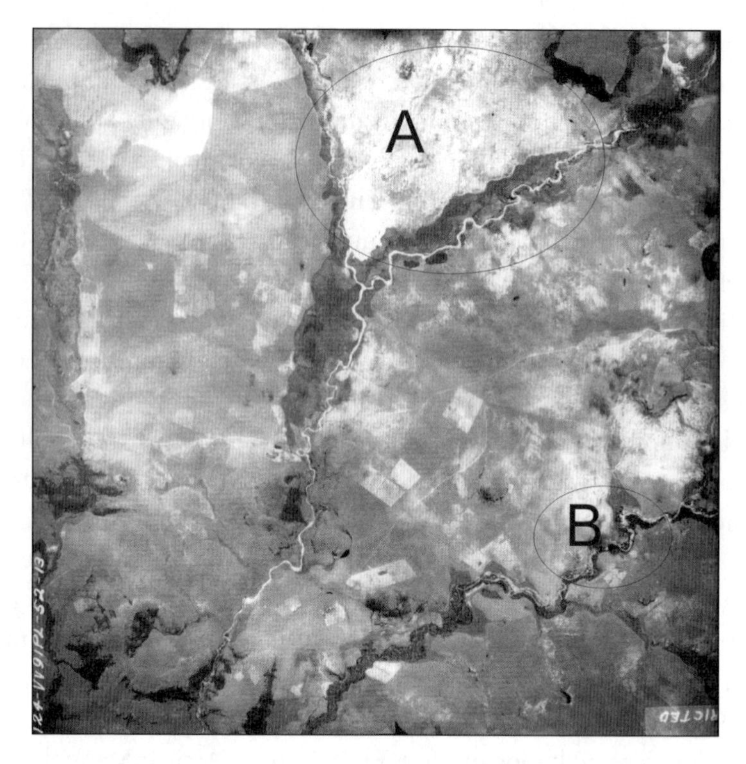

FIGURA 4. Areais no município de São Francisco de Assis (RS), sanga da Areia e arroio Miracatu (B), em 20 de maio de 1948, anterior à introdução das monoculturas de trigo (década de 1960) e soja (década de 1970).

essencialmente latossolos, de fácil manejo, cobertos pela vegetação herbácea típica do bioma Pampa.

O sistema de integração lavoura/pecuária, praticado nos latossolos de textura média, associados ou não a neossolos quartzarênicos e argissolos arênicos e espessarênicos é manejado, em parte dessas áreas, sob sistema de plantio direto, sem observância da semeadura em contorno, contudo ainda predomina o preparo convencional, mediante arações e gradagens, sem práticas conservacionistas complementares para o controle da erosão, como o terraceamento. Na sequência, após a cultura de soja é semeado o azevém, ou aveia preta, para a formação de pastagem de inverno. O pastejo é realizado com alta lotação de animais até a época de semeadura da próxima safra de soja, resultando em baixa cobertura de solo e sua exposição aos agentes erosivos. A baixa cobertura de solo também resulta da sua baixa fertilidade natural, associada às condições climáticas adversas. Esses condicionantes têm proporcionado erosão entre sulcos e em sulcos, formação de voçorocas e desencadeamento do processo de arenização (Figuras 5, 6 e 7).

FIGURA 5. Voçoroca no município de São Francisco de Assis (RS), dinâmica erosiva relacionada às chuvas torrenciais do fenômeno El Niño no ano de 1984 sob solos quartzarênicos. (Foto: Roberto Verdum, 20/6/2004.)

FIGURA 6. Areal no município de São Francisco de Assis (RS), dinâmica dos agentes hídrico e eólico em solos quartzarênicos que provoca a desestabilização das atividades de pecuária extensiva. (Foto: Roberto Verdum, 20/6/2004.)

FIGURA 7. Areal de rampa e voçoroca em fundo de vale no município de São Francisco de Assis (RS), dinâmica dos agentes hídrico e eólico em neossolos quartzarênicos que provoca a desestabilização das atividades de pecuária extensiva. (Foto: Roberto Verdum, 20/6/2004.)

Do exposto, depreende-se a necessidade de adequar o manejo de solo e de culturas com ênfase para a lotação de animais, considerando as características do solo e a baixa capacidade de suporte das pastagens nativas.

Especificamente em relação ao cultivo do arroz irrigado, ele ocorre sobre os planossolos, vertissolos, chernossolos e gleissolos, em todas as microrregiões. O principal problema na cultura de arroz irrigado é o preparo do solo sob condição de inundação, que vem sendo praticado sob o sistema de "semeadura de arroz pré-germinado". Esse sistema de preparo de solo favorece a dispersão e a suspensão da argila. Quando a água de inundação é movida entre quadros (canteiros separados pelas taipas), não é realizada a decantação do material em suspensão, podendo haver perda de argila e matéria orgânica, com consequente decréscimo da fertilidade do horizonte A. Em longo prazo, poderá haver perda significativa de argila, da camada submetida a esse tipo de preparo, alterando as características originais desses solos, com possível perda de produtividade e degradação ambiental.

FIGURA 8. Substituição da atividade de pecuária extensiva no bioma Pampa por monocultura de eucaliptos para fins industriais nos municípios de Pedras Brancas e Candiota (RS). (Foto: René Cabrales, 1/6/2005.)

Esses problemas se tornam ainda mais relevantes nas regiões da Campanha Ocidental e Central, que reúnem cerca de 3 mil famílias assentadas pelo Programa de Reforma Agrária, com lotes da ordem de 25 hectares cada uma, pelo uso intensivo da terra. O uso inadequado do solo dessas áreas está acelerando os processos erosivos, perda de fertilidade das terras e assoreamento das redes de drenagem.

Mais recentemente, o plantio de eucaliptos tem sido incrementado e pouco se conhece em referência aos impactos ambientais e econômicos que poderá gerar nessas regiões. O desenvolvimento e a validação de sistemas agrosilvipastoris sustentáveis requerem especial atenção (Figura 8).

Na microrregião de Santiago, os sistemas agrícolas produtivos estão centrados na pecuária e na cultura da soja. A pecuária é praticada sobre neossolos regolíticos associados a cambissolos, enquanto que a cultura da soja se estende, predominantemente, sobre argissolos e latossolos. Os problemas de conservação do solo nessa região são idênticos aos observados nas regiões noroeste e nordeste rio-grandense, como ausência de práticas mecânicas para controle da erosão hídrica, abandono da semeadura em contorno, rotação de culturas incipiente, entre outros.

Na microrregião de Santa Maria e Restinga Seca, além da cultura de arroz irrigado, ocorrem modelos de produção que contemplam as culturas de soja, milho, batata, feijão e fumo, bem como fruticultura e pecuária de corte e leite. Nos argissolos, predominam as culturas de soja e milho, integradas com a pecuária. As culturas de milho, feijão, batata e fumo, predominantes nos pequenos estabelecimentos rurais, são cultivadas sobre argissolos, bem como nas microrregiões de relevo acidentado, onde predominam neossolos regolíticos associados aos cambissolos e a argissolos. O cultivo da batata e, principalmente, do fumo são realizados sem rotação de culturas e sob excessiva mobilização de solo com arações e gradagens, expondo o solo aos agentes erosivos. Esse sistema de cultivo tem proporcionado perda de matéria orgânica e de argila da camada superficial, reduzindo consideravelmente o nível de fertilidade dessas terras. A perda de solo, por erosão da camada superficial dos argissolos, principalmente nas toposequências caracterizadas pela convergência do deflúvio superficial, vem reduzindo a espessura do horizonte A, dificultando a drenagem e a infiltração de água no solo. Esse fenômeno também é perceptível nos neossolos regolíticos associados aos cambissolos. Problema igualmente preocupante nessas microrregiões é o cultivo esporádico de áreas de encosta sem aptidão agrícola para cultivos anuais. O cultivo dessas áreas é procedido mediante a derrubada e queima de capoeirões.

Além das culturas de arroz irrigado, soja e sorgo, estão sendo introduzidas a fruticultura e as culturas destinadas à agroenergia, como girassol, mamona, canola e cana-de-açúcar. A maior preocupação nessa microrregião é quanto aos sistemas de manejo de solo para o cultivo dessas espécies, que vem sendo, predominantemente, o preparo convencional, pois os solos dominantes são argissolos, originários do siltito e arenito, principalmente da Formação Botucatu, que possuem camada superficial espessa, de textura arenosa ou franca e subsuperficial argilosa, caracterizando a presença de gradiente textural, que determina elevada suscetibilidade à erosão.

Na região da Campanha, o trabalho da pecuária familiar é realizado em sistema extensivo na exploração de bovinos de corte e ovinos, em exploração de pequenas plantações de subsistência e, em muitos casos, como prestadores de serviço rural. A atividade pecuária baseada em pastagem natural apresenta baixo impacto ambiental e tem contribuído para a manutenção dos recursos naturais da região. A pecuária leiteira da Campanha é atividade tradicional e vem apresentando crescimento significativo em pequenas, médias e grandes propriedades. A necessidade de renda contínua e o menor risco da atividade podem ser considerados os primeiros fatores que levam ao desenvolvimento da criação de bovinos leiteiros na região, contribuindo para o aumento da demanda de leite. A ampla divulgação desse quadro tem levado muitos produtores a investir no setor e, além disso, a região apresenta boas condições naturais para essa atividade.

Nos últimos anos, principalmente após a implantação do Programa da Fruticultura Irrigada da Metade Sul do Rio Grande do Sul, a fruticultura vem se tornando uma alternativa viável na diversificação da matriz produtiva, como forma de potencializar a comercialização e a qualificação do sistema produtivo, gerando novos empregos e agregando renda aos produtores. Essa região apresenta o melhor conjunto de condições climáticas para a produção de frutas, com destaque para as seguintes atividades de produção: produção de uvas viníferas, para a obtenção de vinhos finos de alta qualidade; produção de citros de mesa sem sementes; produção de pêssegos e produção de azeitonas.

Alguns municípios têm se destacado no uso de tecnologias, como irrigação por gotejamento, fertirrigação, produção de mudas, utilizando bandejas e substrato, e à produção em ambiente protegido. Essas tecnologias estão contribuindo para aumentar substancialmente a produtividade e a qualidade de muitas olerícolas, como o tomate, o pimentão e o melão.

A olericultura está presente em todos os municípios, com o objetivo de atender os hábitos alimentares da população, que nos últimos anos têm se transformado, havendo a incorporação das hortaliças com uma parcela maior na sua dieta alimentar. Por outro lado, outras características regionais têm restringido a atividade, quais sejam: um pequeno produtor familiar descapitalizado e com dificuldades de acesso ao crédito, a falta de maior experiência, informação e acesso nas questões de mercado e comercialização, bem como a falta de uma visão mais profissional e empreendedora por parte da grande maioria dos agricultores que desenvolvem a atividade, apresentando deficiências na apresentação dos produtos ao mercado, o que restringe a comercialização, tanto pela falta de escala como de diversidade de produção, principalmente nas feiras livres da região.

3.3. Regiões centro-oriental rio-grandense e metropolitana de Porto Alegre

As regiões *centro-oriental rio-grandense e metropolitana de Porto Alegre* compreendem as microrregiões de Santa Cruz do Sul, Lajeado-Estrela, Cachoeira do Sul, Montenegro, Gramado-Canela, São Jerônimo, Porto Alegre, Osório e Camaquã. Os sistemas agrícolas produtivos estão centrados nos cultivos de arroz irrigado, fumo, milho, soja, fruticultura e olericultura e na suinocultura e bovinocultura de leite.

Nas microrregiões de Santa Cruz do Sul, Lajeado-Estrela, São Jerônimo, Porto Alegre e Camaquã predominam a fumicultura sobre argissolos e nas encostas onde ocorrem neossolos regolíticos associados a cambissolos, chernossolos e argissolos. O sistema de manejo de solo é predominantemente convencional, sem terraços ou cordões vegetados, ausência de rotação de culturas e de cobertura de solo, incidência frequente de doenças e nematoides e ocorrência de erosão. Após a colheita do fumo, o milho é cultivado para a produção de silagem e grãos. Esse complexo de práticas inadequadas de manejo de solo está reduzindo o seu teor de matéria orgânica, promovendo perda de argila e de nutrientes da camada superficial, o que tem resultado em incrementos na demanda de doses de fertilizantes na cultura do fumo, concorrendo para a poluição de mananciais. A erosão nas estradas e, principalmente, nas lavouras da região do granito (microrregião de Camaquã e metropolitana de Porto Alegre), está ocasionando o assoreamento dos rios, os quais facilmente extravasam a calha, causando alagamentos em áreas ribeiras. A cobertura de solo com aveia é uma prática conservacionista pouco utilizada. O cultivo de fumo, que ocorre em meados de setembro, impede o cultivo de milho para grãos, proporcionando produção de material orgânico insuficiente para manter o nível original de matéria orgânica no solo.

O cultivo de milho é realizado em todas as microrregiões, porém concentrando-se nas microrregiões de Lajeado-Estrela e Santa Cruz do Sul, onde se encontram chernossolos e nitossolos. O sistema de preparo de solo predominante é convencional, com aração e gradagem e com enxada rotativa, sem cobertura de solo no período de inverno. Esse sistema atualmente vem reduzindo o teor de matéria orgânica do solo, degradando a estrutura original, reduzindo a capacidade de infiltração de água e incrementando perdas por erosão.

A produção de olerícolas, principalmente foliosas, concentra-se no vale do Rio Caí, predominantemente nos solos próximos aos mananciais hídricos, nos chernossolos, devido à facilidade de obtenção de água para irrigação. O sistema de preparo do solo é praticado de forma intensiva e com elevada fertilização química e orgânica. Na microrregião metropolitana de Porto Alegre, concentra-se a produção de batata-doce, principalmente no entorno do município de Barra do Ribeiro. O sistema de preparo do solo para essa cultura é convencional, uma lavra e uma ou duas gradagens, seguido pela construção de camalhões para o plantio. Os camalhões, normalmente, são construídos, em alguns locais em desnível acentuado, proporcionando erosão e, em outros, em nível, acumulando água com risco de rompimento, quando da ocorrência de chuvas intensas ou excessivas. Para essa cultura há a necessidade de adequação do sistema de manejo do solo que promova melhoria da fertilidade e reduza a erosão.

Na microrregião de Cachoeira do Sul, concentra-se o cultivo de soja, milho e trigo, com e sem o sistema de integração lavoura/pecuária. Os problemas de conservação do solo assemelham-se aos das regiões noroeste e nordeste rio-grandense.

A suinocultura e a bovinocultura de leite concentram-se nas microrregiões de Estrela-Lajeado e Montenegro. Os dejetos produzidos por esses animais, normalmente, são mal-acondicionados nas propriedades, gerando impacto ambiental por extravasamento, mas a principal preocupação é quanto aos locais do destino final desses resíduos, que, normalmente, são lançados na superfície do solo, sem barreira física de contenção de enxurrada, permanecendo expostos ao transporte pela enxurrada, causando contaminação de mananciais.

As microrregiões de Caxias do Sul (região nordeste rio-grandense) e Gramado-Canela (região metropolitana de Porto Alegre) se diferenciam das outras microrregiões pelo sistema agrícola produtivo ser centrado na fruticultura e na olericultura. O cultivo das olerícolas é realizado em neossolos regolíticos e cambissolos, sob intensa mobilização de solo, com enxada rotativa, na construção de canteiros e camalhões, no sentido do declive, favorecendo o processo de erosão hídrica, o que pode, com o tempo, comprometer a profundidade efetiva desses solos.

O preparo excessivo é realizado no cultivo de cebola, alho, cenoura, beterraba e batata-inglesa. Esse sistema de manejo vem sendo praticado por não haver disponibilidade técnica regional de sistemas alternativos. Esse aspecto evidencia a necessidade de promoção de ações de capacitação teórico-práticas e a conscientização dos produtores rurais, mediante a introdução de inovações tecnológicas de manejo do solo e de culturas praticadas em outras regiões do país.

A fruticultura (uva, pêssego, kiwi, maçã, figo, goiaba, nêspera, amora, mirtilo e ameixa) encontra-se em fase de expansão e a cobertura do solo é uma prática atualmente em uso. Mas o manejo das espécies de cobertura do solo requer ajustes com especificidade para cada condição local, com o intuito de prevenir a produtividade e a qualidade dos produtos. Exemplificando: as espécies cultivadas como cobertura de solo apresentam taxas variadas de decomposição, o que pode influenciar na disponibilidade de nitrogênio às frutíferas e, em decorrência, promover excessivo desenvolvimento vegetativo, com sombreamento indesejado, e assim diminuir a produtividade e a qualidade dos frutos.

O cultivo de frutíferas em "patamares", em muitas situações com cobertura de proteção do solo insuficiente e o cultivo de hortaliças no sistema convencional com grande revolvimento do solo, muito pouca rotação de culturas, uso excessivo de enxada rotativa, preparo excessivo e plantio no sentido do declive representa os principais problemas na conservação do solo nessas regiões, tendo-se como consequência a erosão em sulcos e laminar, caracterizada pelo transporte junto da água superficial de sedimentos, de nutrientes e de resíduos de agroquímicos das lavouras. Na área cultivada com grãos, a erosão e a compactação do solo ainda são bastante comuns, principalmente nas lavouras em plantio convencional e/ou utilizadas no pastejo de gado de leite sobre aveia durante o inverno.

3.4. Região sudeste rio-grandense

A região *sudeste rio-grandense* compreende as microrregiões Serra do Sudeste, Pelotas, Jaguarão e litoral lagunar. Os sistemas agrícolas produtivos são centrados no cultivo das culturas de arroz irrigado, pecuária, milho, fumo, olericultura e fruticultura e, mais recentemente, soja e silvicultura.

Lima (2006), ao pesquisar a dinâmica histórica dos sistemas de produção e as principais transformações da agricultura na porção leste do estado, junto à Lagoa dos Patos, também verifica a redução da capacidade produtiva das propriedades rurais que obrigaram os agricultores a recorrerem ao cultivo de plantas menos exigentes em fertilidade, assim como migraram para outras regiões.

A partir da década de 1970, nessa porção leste do estado, houve a implantação de sistemas produtivos integrados ao arroz, ao fumo e à soja, assim como a extensão rural que determinam modificações substanciais nos sistemas produtivos. O cultivo do arroz, consorciado com o gado bovino, está integrado à unidade de paisagem da planície costeira. Na unidade de paisagem de colinas, que caracterizam o relevo da borda leste do planalto sul-rio-grandense, destaca-se a desestruturação da produção da batata por perdas produtivas dos solos, a partir da década de 1990, e o crescimento do cultivo do fumo.

Pieper e Koester (2007), ao pesquisarem nessa porção leste do estado, identificaram as principais atividades que têm gerado degradação dos solos. Para eles, a agricultura também é considerada um dos principais fatores, já que o cultivo do arroz tem provocado a erosão. A silvicultura, na forma de monoculturas arbóreas em áreas extensas (acácia, eucalipto e pinus), tem sido identificada como um problema em potencial de conservação dos solos, em função do desenvolvimento do sistema radicular e a consequente fragmentação do solo, deixando-os mais vulneráveis a erosão hídrica.

Em relação às atividades agrícolas, os maiores problemas de erosão são observados na região do granito, onde existem neossolos regolíticos distróficos, cambissolos e argissolos, no entorno da microrregião de Pelotas. Nessa região, estão centradas as culturas de fumo, milho, fruticultura e olericultura, principalmente a batata-inglesa, sob preparo convencional de solo. Esses solos, por serem pobres em fertilidade natural, requerem investimentos elevados para a correção da acidez e do teor de nutrientes. Além disso, possuem textura franca arenosa e cascalhenta e são muito vulneráveis ao processo de erosão hídrica, necessitando de práticas conservacionistas mais rigorosas em relação aos solos argilosos, como os das regiões noroeste e nordeste rio-grandenses.

A fragilidade desses solos aos processos de erosão hídrica, a prática do preparo convencional, a ausência de terraços ou de cordões vegetados, a inexistência de cobertura permanente do solo por resíduos culturais e de rotação de culturas são algumas causas que contribuem para a aceleração do processo da degradação dos agroecossistemas. Para tanto, há necessidade de desenvolver, validar e difundir sistemas de manejo de solo para essas culturas nessa região do estado, objetivando reduzir a degradação do solo, o assoreamento de rios e a poluição ambiental.

Verifica-se ainda que a atividade agrícola é pouco diversificada na região. A produção de milho e a pecuária leiteira foram maiores, cedendo espaço para a fumicultura. Constata-se que o cultivo de fumo é realizado muito tardiamente, impedindo o cultivo de culturas de verão subsequentes, como milho para produção de grãos. O milho é cultivado após o fumo para fins forrageiros. Em decorrência, há a necessidade de aprimoramento de sistemas de manejo que viabilizem modelos de produção mais intensivos, mais econômicos e que reduzam impactos ambientais.

Pieper e Koester (2007) destacaram ainda que, além das atividades iminentemente agrícolas, a mineração é identificada também como atividade geradora de degradação dos solos. As extrações minerais de granito, areia e argila têm sido realizadas pela retirada dos horizontes de solos que provoca impactos negativos não só aos solos, mas às drenagens e à própria paisagem da região.

4. Conclusões

Ao se pesquisar sobre a degradação do solo num espaço geográfico definido, destaca-se que é fundamental se levar em conta o contexto histórico da sua apropriação, uso e práticas conservacionistas. No caso do estado do Rio Grande do Sul, observa-se que os contextos geológicos diversos, as dinâmicas climáticas e as diferentes coberturas vegetais existentes compõem a essência da diversidade pedológica. Mas, além disso, é importante considerar que a supressão das florestas, a prática da queimada, o uso intensivo de máquinas agrícolas nas lavouras foram e são as principais causadoras da erosão dos solos. O modelo de modernização da agricultura, implementado a partir da década de 1960 no estado, sem preocupação quanto à conservação e melhoria dos solos, deve ser considerado como uma referência geo-histórica fundamental quando se quer analisar as degradações e as práticas agrícolas na atualidade. Somente nas últimas décadas é que se impôs uma lógica conservacionista, consciente por parte de alguns produtores no sentido da conservação ambiental, mas necessária por parte de outros que viram suas terras desgastadas e degradadas pelos usos intensivos. Identificou-se um passivo ambiental que se caracteriza pela degradação estrutural do solo e redução de sua fertilidade, capaz de elevar os custos da produção agrícola.

Atualmente, numa escala estadual, constata-se que há a consolidação dos sistemas agrícolas intensivos centrados na produção de grãos (soja, milho e trigo), principalmente sobre os latossolos. Já a pecuária, tanto extensiva como intensiva, é essencialmente desenvolvida sobre os neossolos regolíticos, cambissolos e chernossolos. O cultivo do arroz, que guarda as suas especificidades relacionadas às grandes planícies aluviais no estado, é desenvolvido sobre os chernossolos e os planossolos. Nesse sentido, é possível afirmar que os problemas ambientais estão presentes em todas as regiões. Para tanto, há necessidade de se desenvolver sistemas de manejo de solo, de água e de culturas com especificidade para cada local, considerando o tipo de solo, clima e sistema agrícola produtivo.

Verifica-se que há a tendência, em alguns municípios, do uso de tecnologias de irrigação e técnicas de produção com o solo protegido. Essas tecnologias estão contribuindo para aumentar substancialmente a produtividade e a qualidade dos produtos, e diminuir os impactos negativos ao solo.

Além disso, é fundamental o apoio ao produtor, principalmente da produção familiar em diversas formas: sua capitalização através de instrumentos de acesso ao crédito ou de programas de incentivo à produção, acesso às informações relativas ao mercado e à comercialização, assim como o fortalecimento do caráter empreendedor dos produtores na valorização de seus produtos para a comercialização e o consumo na perspectiva associativa.

5. Referências Bibliográficas

ARAÚJO, A.A. de. (1971). *Principais Gramíneas do Rio Grande do Sul.* Porto Alegre: Sulina, 255p.

AZEVEDO, A.C. de e DALMOLIN, R.S.D. (2004). *Solos e Ambiente: uma introdução.* Santa Maria: Pallotti, 100p.

BERTÊ, A.M.A. (2004). Problemas ambientais no Rio Grande do Sul: uma tentativa de aproximação. *In:* VERDUM, R.; BASSO, L.A. e SUERTEGARAY, D.M.A. (Orgs.). *Rio Grande do Sul — paisagens e territórios em transformação.* Porto Alegre: UFRGS, 319p.

BRUM, A.J. (1983). *Modernização da Agricultura no Planalto Gaúcho.* Ijuí: Fidene, UNIJUI, 204p.

CASSOL, E.A.; ELTZ, F.L.F. e GUERRA, M. (1982). Conservação e manejo do solo para a cultura da soja. *Ipagro Informa*, v. 25, pp. 25-35.

CASTRO, N.M. dos R.; AUZET, A.V.; CHEVALLIER, P. e LEPRUN, J.C. (1999). Land use change effects on runnof and erosion from plot to catchment scale on the basaltic plateau of southern Brazil. *Hydrological Process*, v. 13, pp. 1621-28. *In*: VIERO, A.C. *Análise da geologia, geomorfologia e solos no processo de erosão por voçorocas: bacia do Taboão, RS. Dissertação de Mestrado.* Porto Alegre: Instituto de Pesquisas Hidráulicas, Programa de Pós-graduação em Recursos Hídricos e Saneamento Ambiental/UFRGS, 119p.

CORDEIRO, C.A. e SOARES L. de C. (1975). A erosão nos solos arenosos da região sudoeste do Rio Grande do Sul. *Revista Brasileira de Geografia*, v. 4, pp. 32-50.

COSTA, R.H. da. (1988). *Latifúndio e Identidade Regional.* Porto Alegre: Mercado Aberto, 104p.

DENARDIN, J. E.; FAGANELLO, A. e SANTI, A. (2008). Falhas na implantação do Sistema Plantio Direto levam à degradação do solo. *Revista Plantio Direto*, Edição 108. Disponível em: <http://www.plantiodireto.com.br/index.php?body=cont_int&id= 900>. Acesso em: 06 Jun. 2010.

EMBRAPA (Empresa Brasileira de Pesquisa Agropecuária). Centro Nacional de Pesquisa de Solos. (2006). *Sistema Brasileiro de Classificação de Solos.* Rio de Janeiro: Embrapa-SPI, 2ª Edição, 306p.

FRANTZ, T.R. (1980). *Las granjas de ble et soja. Genese et evolution d'une groupe d'agriculteurs capitalistes sur le plateau du Rio Grande do Sul, Brasil.* Paris: Université de Paris-Sorbonne, 407p.

FREITAS, E.M. de; BOLDRINI, I.I.; MÜLLER, S.C. e VERDUM, R. (2009). Florística e fitossociologia da vegetação de um campo sujeito à arenização no sudoeste do Estado do Rio Grande do Sul, Brasil. *Acta Botanica Brasilica*, v. 23, pp. 414-26.

GASS, S.L.B. (2010). *Áreas de Preservação Permanente (APPs) e o planejamento do seu uso no contexto das bacias hidrográficas: metodologia para adequação dos parâmetros legais. Dissertação de Mestrado.* Porto Alegre: Programa de Pós-graduação em Geografia, Instituto de Geociências, UFRGS, 147p.

HAESBAERT, R. (1997). *Des-territorialização e identidade: a rede "gaúcha" no Nordeste.* Niterói: EDUFF, 320p.

LAYTANO, D. de. (1945). *Propriedades das primeiras fazendas do Rio Grande do Sul, fronteira do Rio Pardo.* Porto Alegre: Separata dos Anais da Faculdade Católica de Filosofia de Porto Alegre, 16p.

LIMA, M.I.F. (2006). *Paisagem, terroir e sistemas agrários: um estudo em São Lourenço do Sul. Dissertação de Mestrado.* Programa de Pós-graduação em Desenvolvimento Rural/UFRGS, 151p.

LINDMANN, C.A.M. e FERRI, M.G. (1974). *A vegetação do Rio Grande do Sul.* Belo Horizonte: Itatiaia e São Paulo: EDUSP, 377p.

MANTELLI, J. (2006). O processo de ocupação no Noroeste do Rio Grande do Sul e a evolução agrária. Rio Claro: *Geografia*, v. 31, pp. 269-78.

MANZATTO, C.V.; FREITAS JUNIOR, E. de e PERES, J.R.R. (Orgs.). (2002). *Uso agrícola dos solos brasileiros.* Rio de Janeiro: Embrapa Solos, 174p.

MÖLLER, O. *et al.* (1975). *Diagnóstico sobre a presença de manchas de areia na região sudoeste do Rio Grande do Sul.* Porto Alegre: SUDESUL, Departamento de Recursos Naturais.

MOREIRA, I. e COSTA, R.H. da. (1982). *Espaço e sociedade no Rio Grande do Sul.* Porto Alegre: Mercado Aberto, 110p.

OSORIO, H. (1990). *Apropriação da terra no Rio Grande de São Pedro e a formação do espaço platino. Dissertação de Mestrado.* Porto Alegre: Programa de Pós-graduação em História do Instituto de Filosofia e Ciências Sociais/UFRGS, 255p.

PEBAYLE, R. (1974). *Eleveurs et agriculteurs Du Rio Grande do Sul. Tese de Doutorado.* Paris: Université de Paris I, 531p.

PESAVENTO, S.J. (1977). Considerações sobre a evolução da agricultura gaúcha até 1930. *In: Informativo do SEITE.* Porto Alegre: Fundação de Economia e Estatística do Estado do Rio Grande do Sul, v. 2, pp. 28-38.

_____. (1978). *Charqueadas, frigoríficos e criadores: um estudo sobre a República Velha Gaúcha. Dissertação de Mestrado.* Porto Alegre: Programa de Pós-graduação em História da Cultura/PUC, 414p.

PIEPER, C.I. e KOESTER, E. (2007). Degradação dos solos em Pelotas, RS. XVI Congresso de Iniciação Científica, UFPel, pp. 1-5.

PRIMAVESI, A. (1984). *Manejo Ecológico do Solo*. São Paulo: Nobel, 184p.

RÜCKERT, A.A. (2003). *Metamorfoses do Território: a agricultura de trigo/soja no planalto médio rio-grandense 1930-1990*. Porto Alegre: UFRGS, 223p.

SCHMIDT, A. V. (1989) Terraceamento na região sul. *In:* Campinas: *Simpósio sobre terraceamento agrícola. Anais*. Campinas: Fundação Cargill, pp. 23-25.

STRECK, E.V.; KÄMPF N.; DALMOLIN, R.S.D.; KLAMPT, N.; NASCIMENTO, P.C. do; SCHNEIDER, P.; GIASSON, E. e PINTO, L.F.S. (2008). *Solos do Rio Grande do Sul*. Porto Alegre: EMATER/RS — ASCAR, 2ª Edição Ampliada, 222p.

SUERTEGARAY, D.M.A. (1987). *A trajetória da natureza: um estudo geomorfológico sobre os areais de Quaraí, RS. Tese de Doutorado*. São Paulo: Departamento de Geografia Programa de Pós-graduação em Geografia Física/ IFCH/ Universidade de São Paulo, 243p.

SUERTEGARAY, D.M.A. (1998). *Deserto Grande do Sul*. Porto Alegre: UFRGS, 2ª Edição, 109p.

SUERTEGARAY, D.M.A.; GUASSELLI, L e VERDUM, R. (2001). *Atlas da Arenização — sudoeste do Rio Grande do Sul*. Porto Alegre: Centro Estadual de Pesquisas em Sensoriamento Remoto e Meteorologia e Governo do Rio Grande do Sul, 84p.

SUERTEGARAY, D.M.A.; VERDUM, R.; BELLANCA, E.T. e UAGODA, R.S. (2005). Sobre a gênese da arenização no sudoeste do Rio Grande do Sul. *Revista Terra Livre*, v. 1, pp. 135-50.

SUERTEGARAY, D.M.A. e VERDUM, R. (2008). *Desertification in the Tropics*. Paris: Encyclopedia of Life Support Systems — UNESCO Plubishing, pp. 1-17.

TAMBARA, E. (1985). *RS: modernização & crise na agricultura*. Porto Alegre: Mercado Aberto, 2ª Edição, 95p.

VALVERDE, O. (1956). Plateau meridional. *In:* Rio de Janeiro: *XVIII Congresso Internacional de Geografia*. União Geográfica Internacional. Livro guia nº 9.

VERDUM, R. (1997). *L'approche géographique des "déserts" dans les communes de São Francisco de Assis et Manuel Viana, État du Rio Grande do Sul, Brésil. Tese de Doutorado*. Toulouse: UFR de Géographie et Aménagement, Université de Toulouse Le Mirail, 211p.

_____. (2004). Depressão periférica e planalto: potencial ecológico e utilização social da natureza. *In*: VERDUM, R. e SUERTEGARAY, D.M.A. (Orgs.). *Rio Grande do Sul — paisagens e territórios em transformação*. Porto Alegre: UFRGS. pp. 39-57.

_____. (2009). A paisagem de Maquiné. *In*: CASTRO, D. de (Org.). *História Natural e Cultural de Maquiné*. Porto Alegre: Via Sapiens, pp. 31-42.

VERDUM, R. e SOARES, V.G. (2010). Dinâmica de processos erosivos/deposicionais e microformas de relevo no interior dos areais, sudoeste do Rio Grande do Sul, Brasil. *In*: Recife: *Anais do VIII Simpósio Nacional de Geomorfologia — SINAGEO, UFMG*, pp. 1-12.

VERDUM, R.; VIEIRA, L. de F. dos S.; PINTO, B.F. (2009). Caracterização das unidades de paisagem da Estação Ecológica Estadual Aratinga — Rio Grande do Sul — Brasil. *In*: Montevideo: *Anales del XII Encontro de Geógrafos da América Latina*, pp. 1-11.

VERDUM, R.; VIEIRA, L. de F. dos S.; PINTO, B.F. e SILVEIRA, C.T. (2008). Caracterização e diagnóstico ambiental por unidades de paisagem da Reserva Biológica da Serra Geral e do entorno, Maquiné/RS. *In*: Belo Horizonte: *Anais do VII Simpósio Nacional de Geomorfologia — SINAGEO, UFMG*, pp. 1-11.

CAPÍTULO 4

SOLOS DO AMBIENTE SEMIÁRIDO BRASILEIRO: EROSÃO E DEGRADAÇÃO A PARTIR DE UMA PERSPECTIVA GEOMORFOLÓGICA

Antonio Carlos de Barros Corrêa
Jonas Otaviano Praça de Souza
Lucas Costa de Souza Cavalcanti

Introdução

Os mantos de intemperismo que ocorrem no semiárido brasileiro refletem em sua distribuição espacial a marcada azonalidade desse domínio de paisagens tropicais, diferenciado dos demais componentes dos mosaicos regionais do país; marcadamente úmidos ou subúmidos. Em decorrência da azonalidade, a distribuição das classes de solos está à mercê direta dos controles litológicos e, estes, da compartimentação morfoestrutural da paisagem. Não obstante, as heranças paleoclimáticas e paleoambientais e a compartimentação geomorfológica do semiárido, que justapõem maciços residuais cristalinos e fragmentos de planaltos sedimentares a superfícies rebaixadas (depressões), em diversos níveis de dissecação, contribuem para a grande complexidade da distribuição de classes de solo na escala de delimitação de unidades de paisagem, sobretudo para fins de uso e planejamento do território (Cardoso da Silva, 1986; Monteiro, 1988).

A proposta aqui apresentada, portanto, será a de tratar os solos do semiárido brasileiro, e sua sensitividade a mudanças nos controles ambientais, que, entre outras características, irá apontar a suscetibilidade dos solos à degradação, em face dos processos da superfície terrestre, a partir de uma abordagem sistêmica, que possibilite a integração dos mantos de intemperismo com as unidades de paisagem, que os mesmos contribuem para definir. Nesse sentido, serão propostas catenas típicas de distribuição espacial desses solos, ao longo de perfis transversais do relevo, que compreendam a maior sobreposição possível de unidades de paisagem de significação regional.

A interação entre solos e relevo, segundo Gerrard (1995), pode ser tratada em diversos níveis. No caso desta abordagem, as interações serão conduzidas por meio de relações topográficas e litológicas, modificadas pelos fatores climáticos e bióticos, ao longo do transcurso de um determinado intervalo de tempo.

1. Catenas típicas no semiárido brasileiro

Os mantos de intemperismo do Nordeste semiárido são pouco espessos e resultam do saldo de um balanço denudacional que favorece a erosão sobre os agentes pedogenéticos. Mabesoone (1984) aponta que nesse sistema ambiental as precipitações são escassas — médias abaixo de 800 mm anuais —; no entanto, a estação chuvosa é concentrada, e as temperaturas, elevadas o ano inteiro. Para o autor, isso resulta em um sistema morfogenético especial, no qual a desagregação mecânica inicia-se com a intensidade da insolação e o gradiente térmico diuturno sobre os afloramentos de rocha. A baixa umidade subterrânea conduz à fraca alteração por hidrólise, sendo predominante a ação do escoamento superficial difuso com forte intensidade, o que resulta na suavização do modelado das rampas (pedimentos). A evapotranspiração é intensa e a infiltração, pouco profunda (Tricart e Cardoso da Silva, 1969).

Como consequência das condições acima enunciadas, os segmentos de rampas que dominam a paisagem semiárida nordestina — pedimentos

— formam encostas limitadas pelo intemperismo, apresentando solos rasos que se refletem na paisagem morfológica sob a forma de seções curtas de rampa, interrompidas por ângulos marcados de inflexão — *knick-points* (Figura 1).

FIGURA 1. Rampa pedimentar com cobertura de argissolo, de origem coluvial, limitada por *knick-point* bem marcado, sob vegetação de caatinga arbustiva densa e pastagem. Serra Talhada, Pernambuco. Fonte: Autores.

No entanto, faz-se pertinente questionar quando foram iniciadas as condições ambientais que levaram à organização da distribuição dos mantos de intemperismo atuais do Nordeste semiárido. Na escala histórica de observação, os conjuntos pedológicos da região podem ser tomados como "constantes", ou seja, os fatores exógenos responsáveis pela pedogênese seriam estáveis, ou apresentariam pouca oscilação dos seus parâmetros de operação. No entanto, oscilações de grande escala normalmente produzem ciclicidade na distribuição dos sistemas morfológicos (Gerrard, 1995), como potenciais sequências de solos, geneticamente diferenciadas, associadas a posições topográficas distintas (cimeiras regionais x pedimentos).

De fato, os eventos desestabilizadores da paisagem ocorridos ao longo do Cenozoico — soerguimento e flexura da borda do continente e/ou mudanças drásticas no regime das precipitações — não criaram condições de preservação de quaisquer mantos de intemperismo reliquiais subordinados a outros regimes climáticos que são muito assemelhados aos atuais no *core* semiárido do Nordeste. As variações hoje encontradas decorrem muito mais da própria heterogeneidade dos *stocks* litológicos subjacentes e de eventos localizados de sedimentação, climaticamente induzida, nas encostas e planícies aluviais dos maiores rios.

Dentro dessa perspectiva, sobre um arcabouço de rochas cristalinas predominam na paisagem do semiárido brasileiro neossolos (litólicos e regolíticos), ou perfis mais desenvolvidos, como luvissolos e planossolos, formados pelo acúmulo de argila decorrente da estagnação, ou baixa taxa de circulação da água, em função dos largos interflúvios, sobretudo nas áreas de depressões. Assim podem-se identificar duas categorias de catenas, a saber, catenas com pedimentos e "catenas com inselbergs e pedimentos", ambas sem a presença de relictos importantes de intemperismo prévio (Gerrard, 1995).

No caso do Nordeste, por vezes há uma sequência de rampas que se alternam desde os divisores até as proximidades dos canais. Pontos de inflexão ou afloramentos de rocha separam os segmentos de rampa com fina cobertura de alteração, podendo o segmento final estar cortado pela drenagem principal, fazendo aflorar na incisão a própria estrutura rochosa e cobertura eluvial *in situ*, sem qualquer unidade deposicional (Figura 2). Nesse caso, os sedimentos estão restritos à calha do canal, sob a forma de barras ou depósitos de carga de fundo, inertes durante a maior parte do ano.

As controvérsias sobre a idade dessas formas são muitas, e normalmente giram em torno do tempo necessário para a sua elaboração. De fato, os cenários são diversos, pois há casos em que a rampa é nitidamente um pedimento detrítico, resultante do transporte pela erosão laminar dos fragmentos de mantos de intemperismo a montante. Nessa situação, as idades obtidas para as coberturas remobilizadas não ultrapassam o pleistoceno final (Corrêa *et al.*, 2008), o que ainda não resolve as indagações sobre a origem e a idade das superfícies inumadas por esses capeamentos delgados. A seguir, apresentam-se os tipos de catenas características dos modelados em rocha cristalina, fortemente influenciadas pela rocha subjacente e pelos processos pedogenéticos, à mercê da topografia.

FIGURA 2. Aspecto do trecho confinado do Riacho Salgado, Belém do São Francisco, Pernambuco. A calha do rio trunca diretamente a estrutura rochosa do pedimento, sem interveniência de uma unidade deposicional fluvial. Fonte: Autores.

O primeiro tipo, **catenas em pedimentos**, ocorre nas áreas onde os maciços residuais não são comuns. O relevo é plano ou suavemente ondulado e geralmente a migração das substâncias no perfil do solo está sujeita a uma inundação sazonal, que favorece o processo de bissialitização. De acordo com Thomas (1994), a bissialitização ocorre quando a maior parte da sílica é retida na fração de argila, levando à formação de argilas 2:1 e à retenção de alguns cátions liberados da rocha mãe no processo de intemperismo. A bissialitização é comum nas áreas com drenagem deficiente, como aquelas submetidas ao regime semiárido, e geralmente dá origem a planossolos e luvissolos (Figura 3).

O segundo tipo, **catenas com inselberg e pedimentos**, desenvolve-se comumente sobre terrenos cristalinos e granitoides, com ângulos de encosta ao menos em parte controlados pela superfície basal de intemperismo. As encostas se apresentam como pedimentos íngremes, com

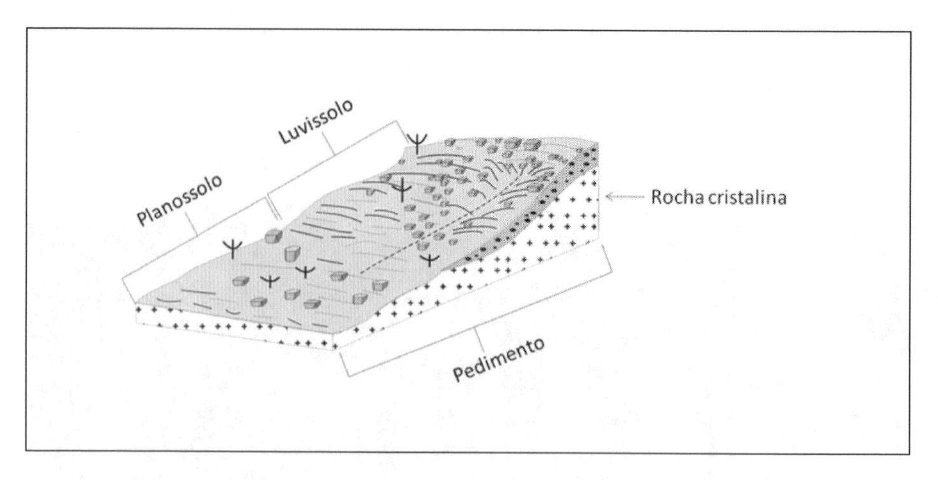

FIGURA 3. Catena típica de áreas com vastos pedimentos na depressão sertaneja. Exemplo obtido na localidade do Amaro, município de Buíque (PE). Fonte: Autores.

até 10 graus de inclinação, nas quais a parte final da catena nem sempre apresenta um membro aluvial, o que vai depender dos diversos contextos geomorfológicos regionais. No caso do Nordeste brasileiro, esse tipo de catena é comum no contato entre pedimentos e maciços residuais, comumente desenvolvidos sobre plútons neoproterozoicos, que emergem de um domínio metamórfico mais antigo, característica típica dos ambientes de depressões. Em geral, os solos são pouco desenvolvidos (neossolos e cambissolos); todavia, podem ocorrer solos mais desenvolvidos (argissolos), sendo que os afloramentos rochosos são comuns (Figura 4).

Outras catenas típicas ainda podem ser identificadas para o semiárido brasileiro, uma vez que, além das depressões, essa região fisiográfica possui planaltos desenvolvidos, tanto sobre rochas cristalinas como sedimentares.

Em planaltos de rocha cristalina, nas estruturas sedimentares homoclinais e áreas similares, com maior exposição à umidade (como os inselbergs e *inselgebirge* das depressões), podem ser encontrados solos mais desenvolvidos, como argissolos e até latossolos, como se observa na Chapada do Araripe (PE/CE), ou nos latossolos acinzentados encontrados no planalto sedimentar do Jatobá, Pernambuco. Todavia, esses solos ocorrem sempre em associações com outros menos desenvolvidos, como cambissolos ou neossolos. No caso dos planaltos em rochas cristalinas, como o Planalto da Borborema, o relevo é ondulado a forte ondulado, com encostas de

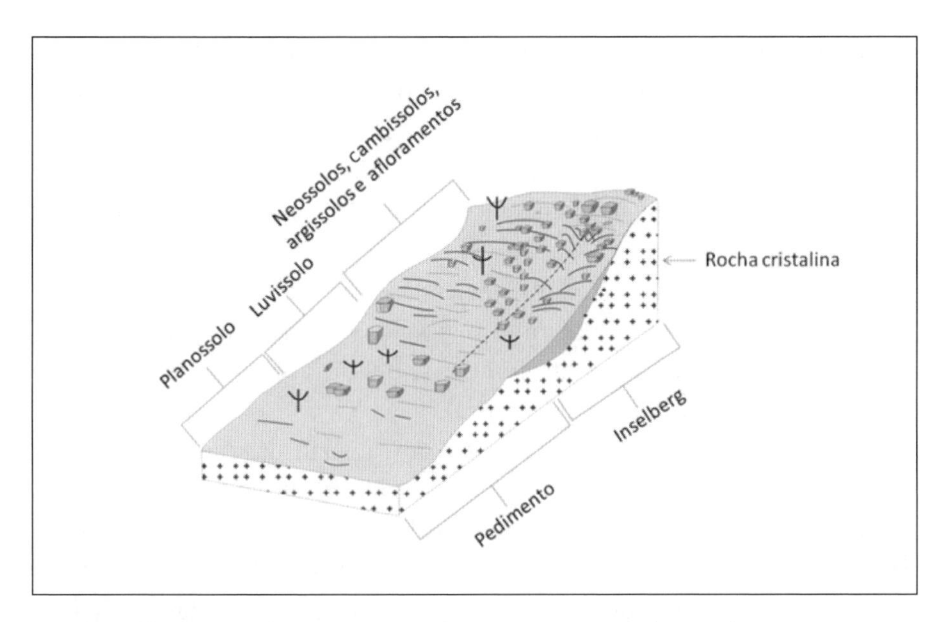

FIGURA 4. Catena típica do contato entre pedimentos e maciços residuais na depressão sertaneja. Exemplo obtido na Serra do Poço, município de Poço das Trincheiras, Alagoas. Fonte: Autores.

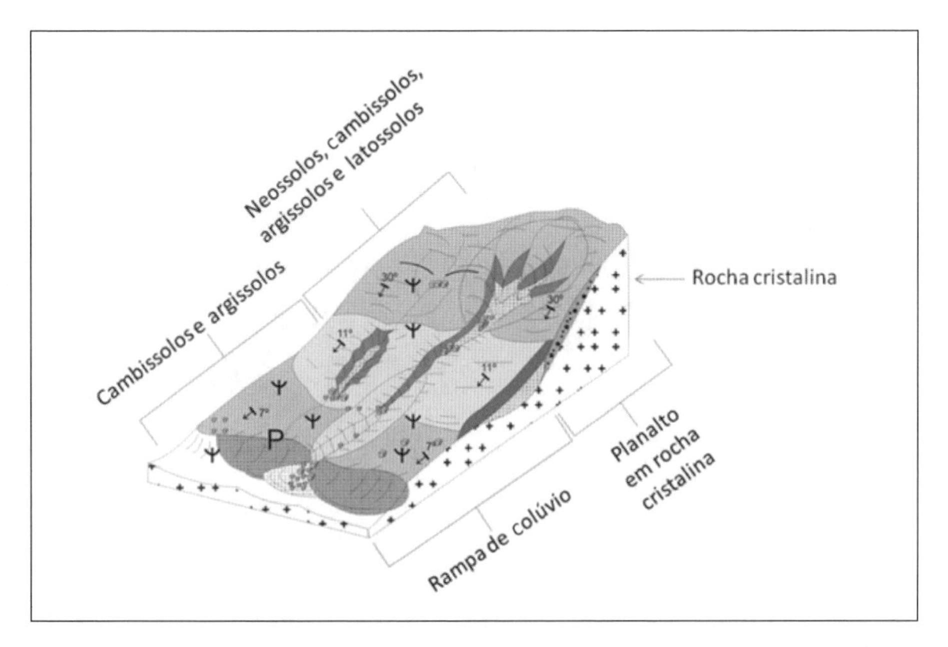

FIGURA 5. Catena típica de planaltos em rocha cristalina. Exemplo obtido no município de Santa Cruz da Baixa Verde, Pernambuco. Fonte: Autores.

retilíneas a convexas, que tendem a acumular leques coluviais no sopé das encostas, materiais que são, por sua vez, produto do retrabalhamento de depósitos e mantos de alteração de um nível hipsométrico superior. Esse material remobilizado dá origem ora a argissolos, ora a cambissolos, dependendo do tempo transcorrido para o desenvolvimento do perfil (Figura 5) (Corrêa *et al.*, 2008).

Em planaltos de rocha sedimentar, em áreas de *front* da *cuestas* ou sobre estruturas homoclinais predomina neossolo, sobretudo a subordem dos quartzarênicos. Nesse ambiente, podem-se definir dois tipos de catena: "do *front* da *cuesta*" e do "reverso da *cuesta*".

No primeiro caso, a catena se desenvolve a partir das escarpas do *front*, que em função da erosão remontante resultam em pequenas soleiras, onde sedimentos se acumulam. Encosta abaixo, a granulometria dos sedimentos diminui gradativamente, variando de blocos sobre o *knick-point* da encosta, resultantes do acúmulo de depósitos gravitacionais (tálus) até o predomínio da fração areia, para além do sopé da encosta (domínio dos neossolos quartzarênicos) (Figura 6).

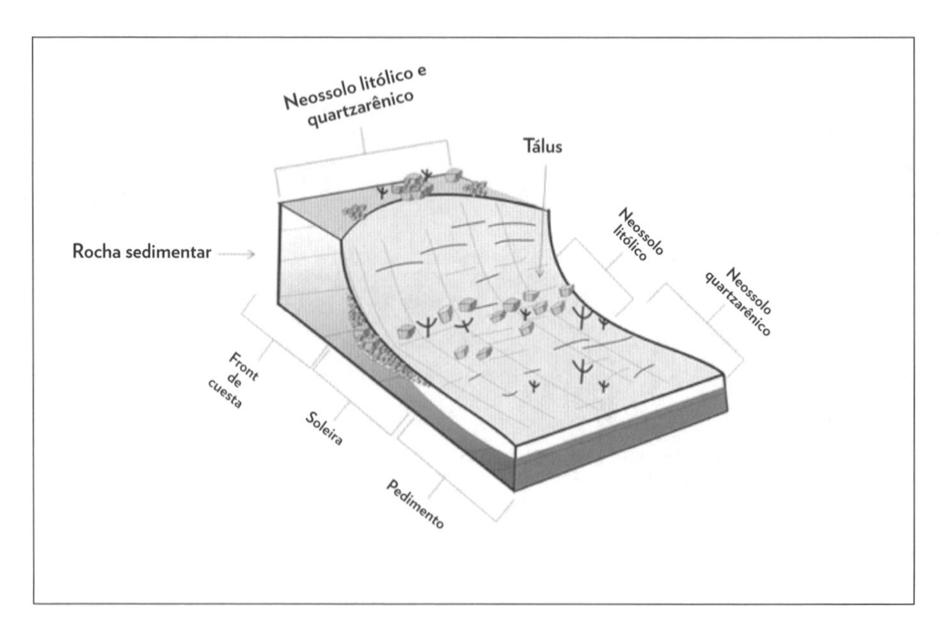

FIGURA 6. Catena de *front* da *cuesta*. Exemplo obtido nas proximidades do Sítio Arqueológico Alcobaça, no Parque Nacional do Catimbau, Planalto do Jatobá, Pernambuco. Fonte: Autores.

No caso das catenas de reverso da *cuesta*, dominam os neossolos quartzarênicos, todavia a presença dos neossolos litólicos também é comum. Nas áreas de planaltos sedimentares, o material resultante do intemperismo dependerá da granulometria da rocha matriz. Os arenitos, ao serem degradados, acabam resultando em vastos lençóis de areia (neossolos quartzarênicos), muito comuns sobre a cimeira dos planaltos sedimentares, quando essas coincidem com o afloramento de camadas espessas de arenito, como a Formação Tacaratu (siluro-devoniano) no Planalto do Jatobá, Pernambuco, ou o a Formação Exu (cretáceo), no Planalto do Araripe, Pernambuco e Ceará. A maior infiltração garante a essas áreas a manutenção de variedades de caatinga de maior porte, e até mesmo a formação de vegetação ripária ao longo das zonas de exudação nos vales. Em geral, essas áreas, quando possuem cobertura vegetal original, estão mais protegidas do escoamento difuso e concentrado, uma vez que tanto a cobertura fornecida pelo dossel quanto a produção de serrapilheira garantem a proteção do solo contra o *splash* (Maia, 2004; Guerra e Mendonça, 2007).

Essas catenas típicas fornecem uma ideia da condição funcional dos geossistemas do semiárido nordestino. Cada tipo de catena identificado define um conjunto de relações possíveis entre os componentes da paisagem (incluindo a fauna e a flora), mas isso não significa que os limites de uma determinada catena são limites para os processos naturais da superfície terrestre, mas que as relações que ocorrem *no* âmbito de uma dada catena são mais homogêneos que as relações entre catenas. Isso faz com que a aplicação desse conceito se assemelhe, para fins de mapeamento de geossistemas, dos conceitos de *Sítio* (Isachenko, 2007), *Invariante* (Sochava, 1978), *Campo geoestacionário* (Dyakonov, 2007), que recomendam definir os limites dos geossistemas, primeiramente pelos limites identificados nas relações entre relevo e substrato, uma vez que estes variam com uma intensidade temporal menor que outros componentes (comunidades vegetais, estados atmosféricos etc.).

Todavia os geossistemas estão sujeitos a eventos desestabilizadores, causados por mudanças nas entradas ou nos componentes que absorvem e/ou transformam a matéria e energia que passa no sistema. Esses eventos, que podem ser naturais ou antropogênicos, tendem a alterar a trajetória, conduzindo-o a uma mudança. Essa mudança pode acontecer no nível da própria catena ou em algum de seus segmentos.

No âmbito da conservação do solo, o estudo das mudanças (evolução) dos geossistemas ganha extrema importância, uma vez que permite predizer as alterações na trajetória do sistema e julgar se as mudanças serão positivas ou negativas do ponto de vista do uso da terra.

Nesse ponto, é necessário enfocar as peculiaridades dos sistemas erosivos em climas semiáridos e conceitos associados que possuem aplicação mais direta no âmbito das intervenções antrópicas nos geossistemas de áreas semiáridas, a saber: as noções de sensitividade e de estilos fluviais.

2. Relação mantos de intemperismo/substrato rochoso

Sob o regime climático semiárido do Nordeste brasileiro, a pedogênese atuando sobre os distintos substratos geológicos resulta em materiais superficiais distintos, sobre os quais os fenômenos erosivos e de degradação atuarão de maneira própria. Em linhas gerais, segundo Mabesoone (1984), nas rochas cristalinas, sobretudo granitoides, as microfraturas e a textura fanerítica favorecem uma desagregação granular inicial, em virtude dos diferentes coeficientes de dilatação dos minerais. As micas colaboram com o rompimento da estrutura cristalina dos granitoides, em função de sua clivagem laminar, liberando os feldspatos, quartzos e demais minerais para compor as *arenas*, muito comuns nas áreas de ocorrência de granitos pórfiros, por exemplo.

Os gnaisses, mais sujeitos à descamação, formam produtos de intemperismo físico compostos por fragmentos de rocha de diversos calibres, inclusive blocos. A ação da infiltração e do escoamento difuso sobre as rochas metamórficas gera perfis de alteração de até dois metros de espessura. Embora os feldspatos, sobretudo a microclina, sejam menos afetados pela caulinização em condições semiáridas, as micas, principalmente a biotita, sofrem alteração em grande escala. A paisagem resultante alterna bolsões aplainados de material alterado com pontões protuberantes de rochas mais resistentes, muitas vezes recobertos de pátinas formadas pela segregação superficial dos óxidos de ferro e manganês. A desintegração das pátinas por termoclastia resulta na produção de mais fragmentos de rocha nesses ambientes. A dificuldade de infiltração induz ao escoamento acelerado e concentrado, quando da ocorrência dos poucos episódios chuvosos responsáveis pelos totais anuais de precipitação. Nas rampas de maior gradiente a formação de solo fica impedida pelo ataque contínuo da erosão laminar, o que desencadeia a exposição de vastas superfícies rochosas, sobretudo ladeando as baixas encostas de inselbergs e maciços residuais.

Sobre as litologias sedimentares, o material resultante do intemperismo dependerá da granulometria e composição da rocha matriz. Os arenitos, ao serem degradados, acabam resultando em vastos lençóis de areia (neossolos quartzarênicos), muito comuns sobre a cimeira dos planaltos sedimentares, quando essas coincidem com o afloramento de camadas espessas de arenito. Por vezes a maior altitude desses planaltos sedimentares também induz maior umidade, com totais anuais de precipitação aumentados, gerando ilhas de climas subúmidos. Sob essas condições é comum encontrar associações de neossolos quartzarênicos com latossolos amarelos, muito arenosos, e particularmente sensíveis à ação da erosão linear.

A relação entre o tempo e a taxa de infiltração, sob diferentes estruturas superficiais da paisagem, em ambiente semiárido encontra-se bem-ilustrada em Langbein e Schumm (1958) e se aplica bem às diferentes respostas erosivas encontradas sobre solos residuais formados sobre substrato cristalino e sedimentos areno-cascalhosos, no caso do semiárido brasileiro (Figura 7).

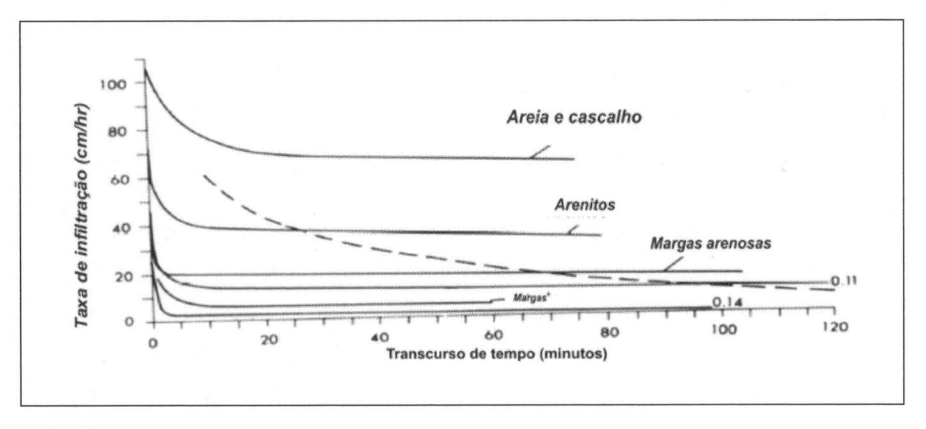

FIGURA 7. Relação entre o tempo de infiltração sob diversas estruturas superficiais em ambiente semiárido (modificada de Langbein e Schumm, 1958).

3. Noção de sensitividade da paisagem aplicada ao ambiente semiárido do Nordeste do Brasil

As relações entre os processos funcionais e pretéritos, estes últimos visualizados a partir da estrutura superficial da paisagem, e as respostas morfológicas do modelado definem os graus de estabilidade dos compartimentos geomorfológicos. No caso do suporte abiótico da caatinga, Monteiro (1988) propôs uma sequência de eventos que levariam à retomada da ação morfodinâmica nos ambientes semiáridos, sejam estes condicionados unicamente pela ação humana, ou pela atuação solidária entre as flutuações intrínsecas à circulação atmosférica regional e às formas tradicionais de uso da terra na região. Para o autor, uma interferência sobre a cobertura vegetal do semiárido, seja pela sua remoção total ou degradação parcial, desencadearia a seguinte sequência de eventos potencialmente desestabilizadores:

- mudança na resiliência potencial da vegetação;
- aumento do intemperismo mecânico e da produção de cascalho que sobrecarrega o escoamento decorrente dos aguaceiros da estação chuvosa;
- perturbação dos ecossistemas a jusante pela ação das corridas de lama e da acumulação de cascalho proveniente das enxurradas.

A ideia da sensitividade da paisagem é um elemento-chave da proposição fundamental de estabilidade da paisagem, assim como sugerida por Brunsden (1996 e 2001). Neste trabalho, a proposta é tida como sendo a probabilidade de que uma mudança nos controles do sistema ou nas forças aplicadas sobre ele venha produzir respostas sensíveis, reconhecíveis, sustentáveis, contudo complexas; sendo caracterizada pela propensão à mudança e à capacidade de absorção da energia pelo sistema (Brunsden e Thornes, 1979; Brunsden, 1996 e 2001), sendo a sensitividade de um sistema definida pelas suas especificações, que caracterizarão sua propensão à mudança e sua habilidade para absorver forças desestabilizadoras (Brunsden, 2001).

Outro ponto a ser levado em consideração é a temporalidade da sensitividade, que pode variar ao longo do tempo, assim como pelo espaço (Thomas, 2001). A temporalidade da sensitividade é observada anualmente no semiárido por causa de seu regime de chuvas mal distribuído, que altera periodicamente suas forças de resistência, que são um dos principais controles do limiar de estabilidade do sistema.

As principais forças de resistência são: resistência de materiais, a formação geológica constituinte e as características geoquímicas da massa rochosa; resistência morfológica, distribuição da energia potencial ao longo do sistema; resistência estrutural, distribuição dos elementos do sistema e as características de transmissão entre eles. A resistência de filtro é a capacidade do sistema em controlar e remover a energia da paisagem; enquanto que a resistência do estado do sistema são as características herdadas pelo sistema a partir da sua história, que indicarão o seu estado atual.

Alguns trabalhos assinalam a necessidade de se aplicar o conceito de sensitividade da paisagem para o semiárido nordestino; alguns utilizando o termo "sensitividade ambiental" (Corrêa e Azambuja, 2005; Corrêa, 2006; Silva e Corrêa, 2007; Souza, 2008; Souza *et al.*, 2008; Corrêa *et al.*, 2009) e outros utilizando sensitividade da paisagem (Vasconcelos *et al.*, 2009), tradução literal do termo original — *landscape sensitivity*.

4. Compartimentação geomorfológica do domínio semiárido brasileiro a partir da morfodinâmica

Em escala regional, a principal feição geomórfica do domínio morfoclimático semiárido do Nordeste do Brasil define-se a partir da ocorrência de vastas superfícies planas, pouco dissecadas, articuladas entre si, estruturadas sobre rochas cristalinas proterozoicas e arqueanas. Morfologicamente, esses setores da encosta podem ser designados como pedimentos ou pediplanos. Essas superfícies delimitam na paisagem vários níveis topográficos que ascendem suavemente a partir das drenagens coletoras principais, na maioria das vezes sem quebras de gradiente notáveis, pontilhadas de relevos residuais, cristalinos e/ou remanescentes de fragmentos sobrelevados e erodidos da cobertura sedimentar pré-cenozoica.

O domínio das encostas é também marcado por mudanças bruscas de gradiente entre os pedimentos e os divisores, que se exprimem sob a forma de *knick-points* bem definidos. Os perfis das encostas variam de retilíneos a côncavos, e algumas vezes essas podem estar recobertas por colúvios grossos (tálus), decorrentes de movimentos de massa não canalizados.

Dentre os processos superficiais vigentes nas encostas semiáridas destaca-se a ação do escoamento superficial difuso não canalizado, *sheet-flow*, marcado pela sua rapidez e forte energia geomórfica. Esse processo conduz ao truncamento dos mantos de alteração preexistentes, remobilizando, sobretudo, as frações granulométricas mais finas. Os materiais carreados se concentram formando coberturas de areia grossa e grânulos nas calhas dos rios secos, ou mesmo silto-argilosas nas depressões fechadas, esculpidas sobre o embasamento cristalino (tanques, cacimbas etc.). Nas áreas fontes de material resta sobre os planos erosivos uma concentração de cascalho (seixos, calhaus e até blocos), cuja espessura varia em função da disponibilidade da litologia subjacente em fornecer clastos, e da efetividade da ação erosiva da lâmina d'água.

Os leques aluviais, comuns em outros domínios áridos e semiáridos do globo, não estão totalmente ausentes da região, ocorrendo, sobretudo, no contato entre as escapas recuadas dos planaltos sedimentares e as depressões circunjacentes (Figura 8). No entanto, sua dinâmica é nitidamente pleistocênica, estando atualmente sob a ação da dissecação vertical por processos de retomada da erosão linear, na maioria decorrente das formas de uso da terra. Sua relativa ausência balizando escarpas dos maciços residuais cristalino talvez ateste a falta de material pré-intemperizado, disponível à erosão, nessas áreas.

FIGURA 8. Leques aluviais mistos pleistocênicos, balizando o *front* da *cuesta* do Parnaíba, Parque Nacional Serra da Capivara, Piauí. Fonte: Autores.

A distribuição em escala local de superfícies pedregosas (pavimentos detríticos ou "malhadas") está também na dependência de discretos *knick-points* (pontos de inflexão) sobre a paisagem, que conduzem e redinamizam a erosão laminar, chegando mesmo nas menores quebras de gradiente topográfico, por vezes centimétricas, a formar redes de fluxo canalizado, desencadeando pequenos, mas ativos, ravinamentos, que contribuem para truncar os perfis de solo. Dessa forma, uma característica do recobrimento superficial da caatinga é a distribuição irregular dos perfis de alteração em manchas topograficamente condicionadas, e facilmente atacadas pela erosão quando sobrevêm eventos de desestabilização ambiental, como por ocasião da antropização generalizada da paisagem, associada à retirada efetiva ou parcial da cobertura vegetal.

5. Morfodinâmica nos domínios interfluviais

Os processos erosivos no semiárido brasileiro estão à mercê dos controles climáticos, da cobertura da terra e das características dos tipos de solos da região. A vegetação esparsa e xerofítica apresenta alta sensitividade à variação de umidade, ou seja, pequenas alterações no volume de precipitação trazem grandes mudanças nas comunidades vegetais. Do ponto de vista da erosão, a distribuição espacial da precipitação é tão importante quantos os totais (Sampaio *et al.*, 2003).

Em relação à assertiva acima, se pode, por exemplo, tomar o evento máximo de precipitação de expressão regional a atingir o *core* semiárido do Nordeste, com período de retorno de 40 anos, tendo sido registrado em janeiro de 2004, com a presença excepcional da ZCAS (Zona da Convergência do Atlântico Sul), por mais de duas semanas sobre a região, registrando totais de precipitação mensais acima de 600 mm em muitos postos. No entanto, apesar da ubiquidade espacial dessa perturbação atmosférica, verificou-se uma concentração espacial das chuvas sobre Belém do São Francisco, com um acréscimo dos totais em até 100% em relação ao observado nos demais postos. O resultado dessa concentração sobre os sistemas erosivos da área em questão se expressou sob a forma de rompimento generalizado dos barramentos artificiais, redistribuição dos sedimentos a jusante das barragens e acelerada erosão laminar nos interflúvios. Dessa forma, constatou-se uma dificuldade de estabelecer uma sincronia espaço-temporal dos eventos desencadeadores de processos geomorfológicos, mesmo que sob a atuação de sistemas de circulação de alcance regional (Figura 9).

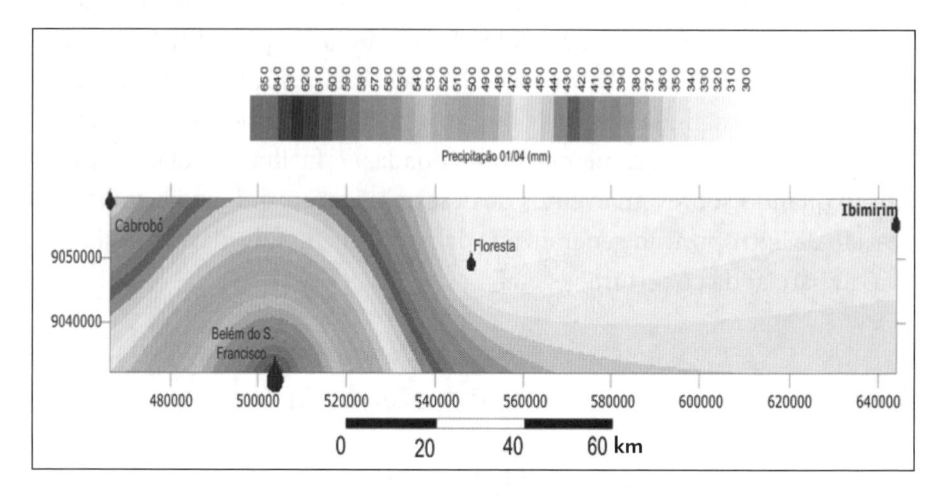

FIGURA 9. Distribuição espacial do evento de precipitação de maior magnitude com recursividade de 40 anos sobre o *core* semiárido no Nordeste (01/2004) evidenciando a concentração das chuvas sobre Belém do São Francisco, Pernambuco. Fonte: Autores.

No caso peculiar do semiárido brasileiro, onde poucas são as heranças pedológicas de fases climáticas pretéritas mais úmidas, os solos em geral se apresentam delgados e imaturos, com pouca matéria orgânica, textura grosseira limitada pelo intemperismo, forte oxidação e prevalência da capilaridade ascendente e dos processos de concentração dos produtos da decomposição química, sobretudo nas áreas de substrato rochoso cristalino.

Outra característica dos sistemas erosivos do semiárido brasileiro é o predomínio dos processos fluviais e de erosão hídrica. Os processos eólicos são reliquiais e atestam a vigência de condições de aridez extremada, ao longo do pleistoceno, com algumas retomadas no holoceno (Barreto, 1996), estando fortemente concentrados entre o médio e o submédio São Francisco.

Sobre os pedimentos prevalece o escoamento rápido não canalizado (fluxo hortoniano), com alta taxa de produção de clastos para os canais de drenagem e reservatórios de água (açudes, barragens etc.). Nesse sentido, a produção de sedimentos no semiárido nordestino pode ser compreendida a partir do modelo proposto por Langbein e Schumm (1958), no qual a maior taxa de produção de sedimentos ocorre entre 300 e 500 mm de precipitação efetiva, desencadeada por chuvas convectivas sob vegetação esparsa (Figura 10).

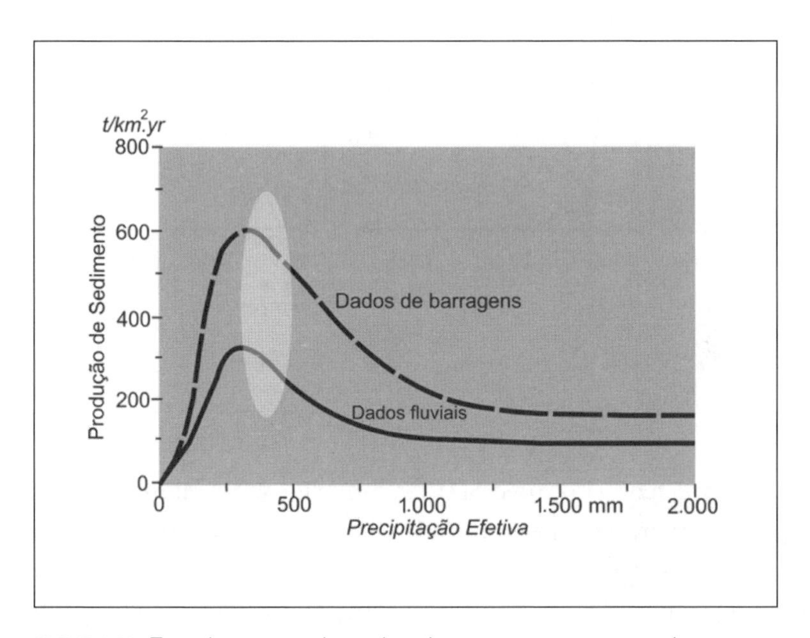

FIGURA 10. Zona de maior produção de sedimento em regiões semiáridas, sombreada, a partir do gráfico proposto por Langbein e Schumm (1958).

Avaliando a precipitação seguida de escoamento e produção de sedimentos numa bacia hidrográfica do sertão paraibano, Srinivasan *et al.* (2003) verificaram que tipicamente a vazão máxima tende a ser atingida na primeira meia hora de precipitação e geralmente relaciona-se a eventos de grande magnitude e baixa recorrência (Figura 11).

Esses autores ainda avaliaram o papel da cobertura vegetal e da declividade na produção de sedimentos e perceberam que, em áreas cobertas pela caatinga, precipitações de até 30 mm não geravam escoamento superficial. O efeito protetor da cobertura vegetal foi verificado inclusive para áreas com mata em regeneração. No tocante à avaliação de áreas com cultivo de palma, verificou-se que o plantio em curvas de nível é menos prejudicial que o plantio morro abaixo. Srinivasan *et al.* ainda verificaram que o aumento da declividade é acompanhado do aumento da erosão.

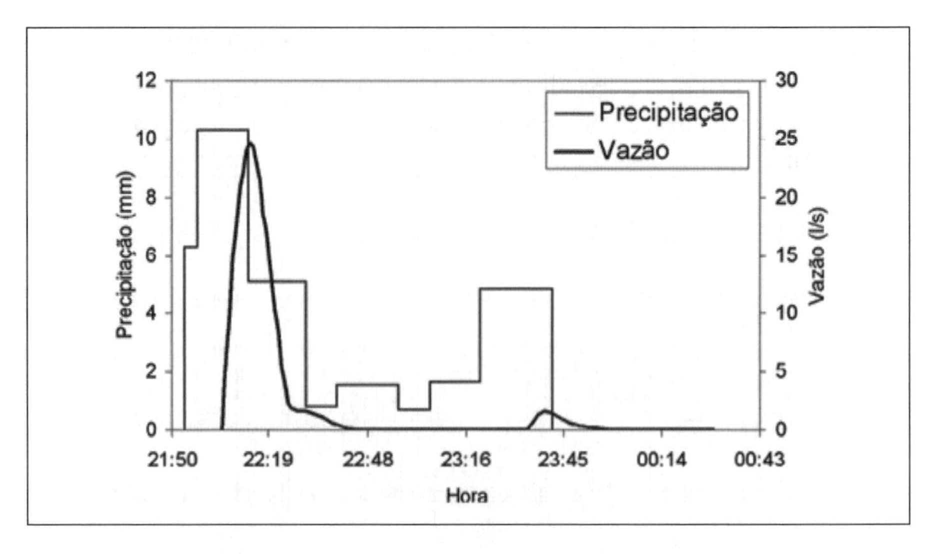

FIGURA 11. Relação entre hidrograma e histograma para um evento típico de precipitação no semiárido. Fonte: Srinivasan *et al.* (2003).

Alguns pré-requisitos precisam ser cumpridos, no entanto, para validar os esquemas anteriormente enunciados, sendo os principais a ocorrência de precipitações concentradas, de alta intensidade, típicas de sistemas convectivos, e a existência de uma superfície com baixa capacidade de infiltração. Ambas as condições são válidas para o Nordeste semiárido, nas áreas de ocorrência de substratos rochosos cristalinos, que correspondem a mais de 75% de toda a região considerada. Quanto às precipitações, com exceção das raras chuvas frontais e das instabilidades ocasionadas pela passagem de cavados associados às frentes frias, que atingem, sobretudo, a borda oriental do semiárido brasileiro, essas são em sua maioria convectivas e intensas.

As respostas processuais, ao quadro acima exposto, são a formação de fluxos não canalizados e a chegada rápida destes aos níveis de base locais — plainos fluviais, provocando mudanças rápidas na geometria dos canais (Figura 12).

O principal produto do fluxo hortoniano sobre os pedimentos semiáridos nordestinos é a forte erosão laminar diferencial que resulta na remoção generalizada das frações finas. Esse fenômeno torna-se mais intenso sobre arcabouços litológicos gnáissicos, que tendem a liberar bastante quartzo na fração silte, como produto da pedogênese semiárida (Mabesoone, 1984). A evacuação dos sedimentos finos produz o acúmulo de cascalho sobre as rampas de pedimentos, dando origem aos pavimentos detríticos que de certa forma acabam produzindo um efeito de armadura (*armouring*) sobre o material subjacente, protegendo-o dos efeitos da incisão da erosão remontante que acomete os plainos fluviais e as áreas recobertas por solos de menor pedregosidade natural.

FIGURA 12. Retrabalhamento das barras cascalhosas do Riacho Salgado, Belém do São Francisco, após evento de precipitação convectiva. Fonte: Autores.

6. Erosão no domínio fluvial

A fim de compreendermos as particularidades da erosão fluvial no Nordeste semiárido, é necessário considerar os regimes fluviais encontrados na região, os quais podem ser considerados com base na fonte de alimentação hídrica das bacias:

Efêmero: flui breve e raramente, retornando à condição seca em seguida. Depende inteiramente da precipitação (ex.: pequenas bacias com área inferior a 30 km² geralmente sobre arcabouço cristalino);

Intermitente: flui ocasional e irregularmente; combina a vazão do lençol freático sazonal com a chuva (principais bacias da região, com áreas maiores do que 100 km² e planícies aluviais em forma de bolsões);

Perene exótico: tem suas cabeceiras situadas fora da região semiárida (ex.: curso do Rio São Francisco).

As características das enchentes nos rios intermitentes e efêmeros dependem do regime de precipitações. Normalmente, as chuvas de verão e outono na região são condicionadas por células convectivas, localizadas com 10 a 15 km de diâmetro, atuando de forma localizada sobre as bacias. Já eventos regionais de origem frontal ou ciclônica englobam toda a bacia, embora sejam mais raros, sobretudo no setor setentrional do semiárido.

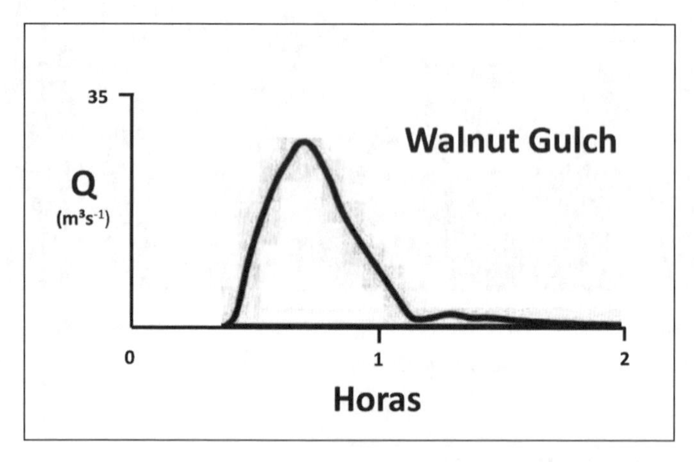

FIGURA 13. Monitoramento de vazão de uma enchente-relâmpago (*Flashflood*) em uma drenagem efêmera, Walnut Gulch, ~10 km², Índia (modificada de Reid e Frostick, 1997).

Como existe uma relação direta entre o tamanho da bacia e os sistemas produtores de tempo associados às precipitações, a dimensão das enchentes depende da área da bacia; sendo que enchentes em bacias maiores dependem de sistemas de precipitação regionais, produzindo cheias mais longas.

Obviamente, a geometria da bacia também influi, bem como em outros sistemas climáticos, e aquelas alongadas em planta também têm cheias mais prolongadas. Monitorando bacias tropicais semiáridas na Austrália e na Índia, Reid e Frostick (1997) observaram a relação direta entre o tamanho da bacia e a duração da enchente; desde uma enchente-relâmpago, em uma bacia de aproximadamente 10 km² com duas horas de duração (Figura 13), até uma enchente com mais de um mês de duração em uma bacia de 150 mil km² (Figura 14).

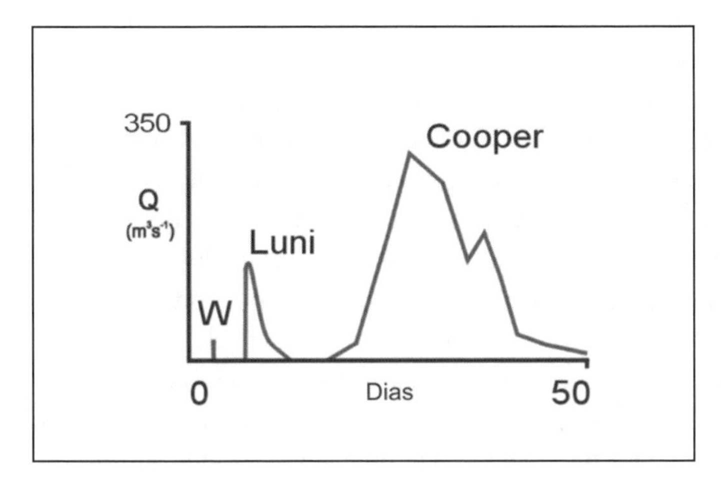

FIGURA 14. Monitoramento de enchentes em bacias semiáridas de diversos tamanhos: Walnut Gulch, ~10 km², Luni, ~ 1.000 km², Índia, e Cooper Creek, ~ 150.000 km², Austrália (modificada de Reid e Frostick, 1997).

Fora dos domínios interfluviais, é interessante notar a particularidade do funcionamento da drenagem no domínio semiárido do Nordeste do Brasil. Inicialmente, o fluxo canalizado na maior parte dos drenos limita-se aos meses chuvosos, geralmente de novembro a abril, e mesmo assim aos episódios chuvosos de maior intensidade. A falta de um lençol freático de abrangência regional reduz a disponibilidade hídrica no leito do rio à duração do próprio evento chuvoso, havendo pouco retardo entre a precipitação, a formação do escoamento superficial difuso e a enchente propriamente dita (fluxo superficial hortoniano).

Na maioria dos casos, a sedimentação está restrita ao leito fluvial, não definido, onde os fluxos lineares espraiam-se e convergem, depositando barras arenosas e cascalhosas. Apenas alguns rios de maior extensão apresentam trechos com planícies aluviais *stricto senso*, definidas por terraços das quais estas se separam do leito. Na maioria dos casos, existe apenas um entalhe fluvial sobre o pedimento rochoso, ao longo do qual se acumulam clastos grosseiros. Ab'Saber (1990) alerta que no domínio dos sertões secos a somatória dos vales fluviais e suas planícies estreitas não alcança mais do que 2% do espaço total da região. A acumulação de sedimentos porosos ao longo do leito favorece o armazenamento sazonal de água em subsuperfície; no entanto, sua qualidade e utilização estão na dependência da litologia subjacente, podendo a água ao longo da estação seca concentrar um nível elevado de sais que inviabiliza sua utilização até mesmo para os animais. Não é raro encontrar crostas salinas aflorando ao longo dos canais instalados sobre rochas cristalinas ricas em minerais calco — sódicos, durante a estação seca. De maneira geral o crescimento de cristais de sais é mais importante em áreas onde ocorrem ciclos de umedecimento e secagem, como nas margens de reservatórios e nos canais fluviais.

Pode-se argumentar que a concentração eventual de crostas de sal dentro do leito fluvial deriva da posição mais elevada do lençol freático naquela situação geomorfológica; todavia, a acumulação de sal também pode refletir certo padrão local da drenagem, de comportamento largamente endorreico (Corrêa e Azambuja, 2005). Tais padrões de drenagem centrípeta e impedida não estão comumente associados com o regime hidrológico do semiárido do Nordeste do Brasil e, portanto, não estão referenciados na literatura geomorfológica mais comumente citada sobre a região, que predominantemente concentra o seu foco de análise sobre os padrões espaciais em escala regional, logo não adequada aos estudos de detalhes dos processos funcionais e, portanto, de maior viabilidade de aplicação na escala do planejamento local em microbacias de drenagem intermitente.

7. Relação interflúvio/rede de canais no semiárido

Para analisar a relação entre os interflúvios (fluxos não canalizados) e a rede de drenagem (fluxos canalizados) no semiárido nordestino, deve-se compreender como os integrantes do sistema fluvial interagem. Segundo

Schumm (1977), o sistema fluvial compreende o comportamento dos rios, a rede de canais, os interflúvios e as características associadas aos depósitos sedimentares, que são divididas em três zonas relacionadas aos sedimentos: zona de produção, zona de transferência e zona de acumulação (Schumm, 1977).

Dessa forma, a escolha da bacia de drenagem como unidade básica para as pesquisas leva em consideração a relação entre os processos fluviais e os interflúvios, com ênfase na cobertura pedológica. A análise apresentada baseia-se na perspectiva proposta por Brierley e Fryirs (2005), onde cada trecho do canal de drenagem apresenta um conjunto próprio de atributos, definidos em planta, assim como unidades geomórficas e de sedimentação no leito.

A proposta denominada de "estilos fluviais" registra as características e o comportamento de um rio focando na sua bacia de drenagem (Brierley e Fryirs, 2005), e convém aos estudos sobre a interação entre os interflúvios e a rede de canais no semiárido, levando em consideração dois aspectos importantes: a diferenciação do comportamento do rio em relação à distribuição irregular anual da chuva (Corrêa *et al.*, 2009) e a relação de conectividade lateral (Brierley e Fryirs, 2005, Brierley *et al.*, 2006, Fryirs *et al.*, 2007).

Ao se avaliar o comportamento de um rio no semiárido nordestino pela metodologia dos estilos fluviais (Brierley e Fryirs, 2005), devem-se levar em consideração os diferentes comportamentos do rio em relação à disponibilidade irregular de água, o que possibilita novos usos para o canal fluvial, como a escavação do leito, nos anos de baixa vazão, em busca de água (Souza, 2008; Corrêa *et al.*, 2009). A consideração dessas interações de ordem antrópica faz com que seja necessário adaptar a metodologia dos estilos fluviais para a realidade semiárida do Nordeste, incluindo a variável "uso da terra" ao próprio canal.

A "conectividade da paisagem" é, segundo Brierley *et al.* (2006), a interação entre os compartimentos da paisagem, possibilitando ou não a circulação de energia e matéria entre eles. Dessa maneira, sobre um determinado recorte espacial podem-se observar elementos de conectividade ou desconectividade. A conectividade lateral é a relação do canal com a paisagem ao redor, entre a encosta e o canal, ou entre as planícies de inundação e o canal (Brierley *et al.*, 2006; Fryirs *et al.*, 2007).

Dessa forma, ao considerar a dinâmica dos canais do semiárido, observa-se que a presença de barramentos pode ser de ordem natural ou artificial, ambas modificando as interações do sistema fluvial. O balanço de sedimentação é modificado e as alterações raramente são restritas às áreas adjacentes, podendo modificar relações a montante ou a jusante por quilômetros (Drew, 2005). A aplicação da metodologia dos "estilos fluviais" para setores das pequenas bacias de drenagem de primeira ordem, sobre estrutura geológica cristalina, possibilita a aferição detalhada das relações de transferência de material entre o trecho final dos pedimentos e os canais, demonstrando como os sistemas de superfície da terra interagem com as formações superficiais, produzindo formas erosivas e deposicionais.

Nas margens dos canais e nos trechos finais dos pedimentos com declividade inferior a 3 graus, a infiltração e a deposição eventual resultam em perfis de intemperismo mais espessos, com brusca variação de textura entre os horizontes A e E e o horizonte B, plânico, muitas vezes de caráter

FIGURA 15. Rede de ravinas sobre horizonte B plânico (planossolo nátrico sálico) na margem do Riacho Salgado Belém do São Francisco, Pernambuco. Fonte: Autores.

sódico, com grande concentração de argilas de alta atividade. Nesse caso, a formação de ravinas e voçorocas remonta até a transição lateral para perfis recobertos por pedregosidade superficial, a montante, nas áreas de maior declividade das rampas pedimentares (Figura 15). Sobre os baixos pedimentos cristalinos percebe-se um nítido controle entre as margens do canal e a distribuição dos processos erosivos, que não invalida a proposição de relação lateral entre os interflúvios mais longínquos e o canal, mas demonstram que no caso das margens fluviais recobertas por "planossolos" a conectividade entre os processos de remoção lateral e o aporte de sedimentos para o canal se estabelece, sobretudo mediante a presença de solos com forte descontinuidade textural e ausência de vegetação ripária. Esse contexto paisagístico é predominante sob o uso da terra com pecuária extensiva, sobretudo de caprinos, que fazem uso do leito do rio para dessedentação e da vegetação de suas margens como forragem.

O estudo da relação entre a posição geomorfológica, entre o pedimento e o canal, em uma área de arcabouço geológico dominado por rochas metamórficas, gnaisses, xistos e quartzitos, mesoproterozoicos, demonstra a capacidade de evacuação das fácies granulométricas mais finas, mesmo a curta distância (Corrêa e Azambuja, 2005). Da mesma forma, o trabalho confirma a assertiva de Mabesoone (1984), que atesta a elevada proporção relativa da fração silte, como resultante do intemperismo semiárido de rochas metamórficas, sobretudo gnaisses. A área estudada situa-se sobre a depressão são franciscana, no município de Belém do São Francisco, e foi alvo de um mapeamento de detalhe visando recompor a relação entre processos erosivos, mantos de intemperismo e propriedades sedimentológicas do material transportado e *in situ* (Figura 16).

8. Solos, paisagens e erosão no semiárido brasileiro

As classes de solo do semiárido brasileiro e sua relação com os processos erosivos podem ser divididas em dois grupos: o dos solos tipicamente do semiárido e o dos solos reliquiais, alguns em desequilíbrio biopedoclimático. Assim, as classes caracteristicamente associadas ao sistema climático vigente são os neossolos (litólicos, flúvicos e regolíticos), luvissolos, planossolos e vertissolos. As classes não diretamente relacionadas ao clima atual

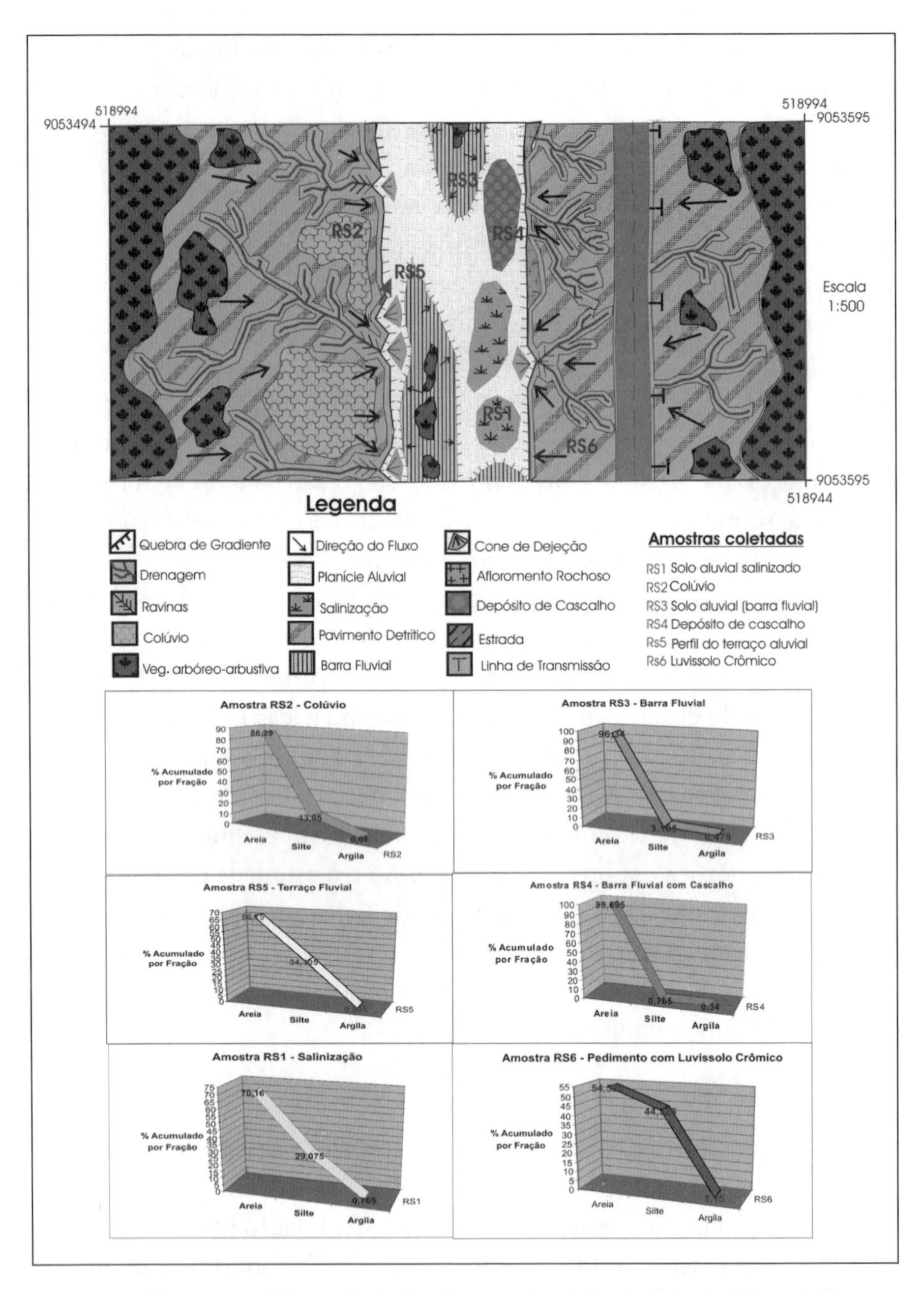

FIGURA 16. Mapa geomorfológico de detalhe de um trecho do Riacho Salgado, Belém do São Francisco, Pernambuco. Observa-se a relação granulométrica entre áreas erosivas e deposicionais, com nítida evacuação das frações silte e argila nas últimas. Fonte: Autores.

são os latossolos e argissolos. Sobre as encostas há também a ocorrência de cambissolos, com maior representatividade nos maciços residuais cristalinos.

Partindo dos pontos de inflexão do relevo próximos à rede de drenagem, a frente de ablação erosiva desencadeada pela erosão laminar avança sobre os luvissolos crômicos e neossolos litólicos dos trechos menos dissecados das rampas pedimentares, favorecendo o alastramento dos recobrimentos rudáceos (pavimentos detríticos). Vale ressaltar que o maior teor de argila dessas classes de solo em seus horizontes subsuperficiais não conduz à infiltração da água, o que favorece a dinâmica erosiva superficial (Figura 17).

FIGURA 17. Perfil de luvissolo crômico com cascalheira superficial em rampa pedimentar com inselberg ao fundo. Petrolina, Pernambuco. Fonte: Autores.

No entanto, a estrutura superficial da paisagem comanda em muitos aspectos a sintonia fina do processo erosivo, fato notável sobretudo quando há uma diferença textural marcante entre os horizontes superficiais e subsuperficiais dos solos. No semiárido, as áreas de baixadas e proximidades dos plainos aluviais são marcadas pela ocorrência de planossolos e vertissolos, ambos com forte translocação de argila para o horizonte B. Os primeiros, em face do marcado gradiente textural entre o horizonte superficial arenoso e o subsuperficial argiloso, favorecem a infiltração e o escoamento subsuperficial da água. No entanto, a exposição de perfis de planossolos ao longo dos cursos d'água, seja pela erosão fluvial espasmódica, ou pela retirada da vegetação nativa e do estrato herbáceo pelo sobrepastoreio e práticas tradicionais de manejo, conduz ao afloramento da linha de exudação, ainda que altamente sazonal, da drenagem hipodérmica, o que favorece a rápida perda do horizonte arenoso superficial desses solos pela erosão em sulcos, formando patamares bem marcados na paisagem, entre o horizonte superficial truncado e recuado e a soleira basal argilosa, e muitas vezes rica em sais, agora exposta à superfície (Figura 18).

FIGURA 18. Planossolo solódico com evidência de erosão hipodérmica (*piping*) na transição entre o pedimento e o canal de drenagem. Fonte: Autores.

No caso dos vertissolos, a erosão subsuperficial se processa a partir da densa rede de fendilhamentos que esses solos apresentam quando ressecados em função de alta concentração de argilas expansivas. Quando sobrevêm as chuvas torrenciais, a água penetra pelas fendas e age no sentido de alargá-las, sobretudo quando o pacote de solo encontra-se lateralmente desprotegido. Por ocorrerem geralmente nas áreas mais rebaixadas da paisagem, configurando verdadeiros níveis de base locais, esses solos não apresentam tantas situações topográficas que favoreçam a ruptura do seu equilíbrio morfodinâmico quanto às demais classes já citadas (Figura 19).

FIGURA 19. Vertissolo com estrutura prismática aflorando em incisão de drenagem sobre baixadas inundáveis em Cabrobó, Pernambuco. Fonte: Autores.

No entanto, a cobertura pedogenética do semiárido muitas vezes exibe mantos de alteração em desequilíbrio com o regime pedoclimático vigente, como ocorre com as relíquias de alterações ferralíticas (Cardoso da Silva, 1986) à moda dos argissolos e mesmo latossolos encontrados no oeste de

Pernambuco, ou em algumas áreas subúmidas de altitude (Garanhuns, Triunfo). Nesse caso, a porosidade dos mantos de alteração ricos em microagregados favorece inicialmente a infiltração, mas à medida que o fluxo superficial se processa lateralmente, seja por encontrar a frente de intemperismo subjacente, ou mesmo em decorrência de variações texturais e, portanto, de permeabilidade entre os horizontes, ocorrem circunstâncias favoráveis à exacerbação dos fluxos erosivos lineares, resultando na formação de redes densas de ravinamentos e voçorocas.

No caso dos latossolos e argissolos presentes no oeste de Pernambuco, sob condições atuais de semiaridez severa, os mesmos evoluem sobre coberturas sedimentares discordantes com o embasamento cristalino das faixas de dobramento regionais aplainadas. No entanto, sua posição na paisagem, muitas vezes no sopé de elevações residuais (inselbergs e inselgebirges), ou acima do nível de terraço atual do Rio São Francisco, mas nitidamente no domínio de sua planície, sugere que esses depósitos de grande relevância como suporte edáfico para a agra-indústria irrigada do submédio São Francisco, representam tanto fácies distais de leques coluviais provenientes da remoção de um antigo manto de intemperização monossialítico das elevações residuais, e/ou antigos depósitos de enchente, que preencheram depressões marginais ao largo do canal fluvial pretérito (Figura 20).

Em ambos os casos, tratam-se de coberturas herdadas de flutuações paleoclimáticas e hidrológicas do pleistoceno tardio e, portanto, em franca dissonância com os processos pedogenéticos ora vigentes no contexto ambiental em que se encontram. Em síntese, esses mantos de sedimentos latossolizados encontram-se em desequilíbrio, em face da morfogênese atual predominante no semiárido, na qual os fluxos superficiais não concentrados e uma baixa taxa de intemperismo químico, e produção de argilas, tende a adelgaçar a espessura dessas coberturas herdadas. A essas condições ambientais deve-se acrescentar a ruptura do equilíbrio decorrente do uso intensivo desses solos pela agricultura irrigada, devido ao seu fácil manejo e proximidade da lâmina d'água do Rio São Francisco.

Um exemplo notável de retomada erosiva ocorre com a cobertura de argissolos e latossolos do patamar topográfico onde se encontra o sítio urbano de Garanhuns, Pernambuco. No passado climático, a moderada declividade dos topos aplainados, aliada a uma precipitação de totais mais elevados e bem distribuídos, sob cobertura florestal, favoreceu a formação de espessos mantos de alterita monossialítica sobre o quartzito que aflora na área. As pulsações climáticas passadas, desdobrando-se em fases de maior agressão às encostas pela erosão, e fases de maior equilíbrio da cobertura vegetal, esculpiram várias cabeceiras de drenagem, atualmente não canalizadas, algumas com profundidades de dissecação superiores a 100 metros, formando verdadeiras cicatrizes na paisagem. Essas cabeceiras encontravam-se em equilíbrio morfodinâmico, mesmo sob a cobertura de caatinga arbórea/mata subcaducifólia da fase climática atual (Azambuja, 2007).

FIGURA 20. Latossolo amarelo sobre pedimento — antigo depósito de enchente do Rio São Francisco. Petrolina, Pernambuco. Fonte: Autores.

Nas últimas décadas, a expansão da mancha urbana de Garanhuns, por quase todos os interflúvios planos disponíveis, alcançando a quebra de gradiente entre topo e encosta, nas bordas das antigas cicatrizes erosivas, conduziu à reativação dessas cabeceiras estabilizadas, muitas vezes pela própria ação das águas servidas da rede de galerias pluviais da cidade, além, é claro, da concentração do fluxo superficial das chuvas, que drena rapidamente pela malha viária pavimentada em direção às encostas. Nesse caso, ao encontrar um pacote de intemperismo favorável ao desencadeamento da erosão linear, sob declividades altas, e uso da terra de pastagens degradadas ou vegetação arbustiva secundária, os processos superficiais dinamizaram uma rede notável de voçorocas, que traz risco geomorfológico a muitos bairros situados na margem de expansão da mancha urbana (Figura 21).

Os processos decorrentes da ação do fluxo superficial concentrado se agravam quando o fenômeno erosivo se concentra sobre concavidades do relevo e áreas de concentração de fluxos subsuperficiais que conduzem

FIGURA 21. Aspecto de expansão da macha urbana de Garanhuns, Pernambuco, sobre os argissolos que capeiam esse setor da superfície somital do Planalto da Borborema. Fonte: Autores.

à formação de cabeceiras de drenagem. Por se tratarem estes, muitas vezes, dos níveis topográficos mais altos da região, os alvéolos côncavos correspondem às cabeceiras de importantes componentes da rede hidrográfica regional (nascentes do Una, Mundaú, Ipanema, Pajeú etc.). Nesses nichos elevados de drenagem, de geometria côncava, ao longo das últimas dezenas de milhares de anos, as oscilações climáticas do pleistoceno final e mesmo do holoceno conduziram ao acúmulo de camadas disjuntas de sedimento de encosta (colúvios), muitas vezes separadas uma das outras por descontinuidades facilmente discerníveis nos perfis sob a forma de *stone-lines*. Esses coluvionamentos, sobre os quais evoluem os cambissolos contemporâneos, por ocuparem encostas de altas declividades e apresentarem significativa participação da fração silto-argilosa, herdada de fases de intemperismo químico mais intenso (prováveis paleoclimas mais úmidos que o presente), são facilmente agredidas pela ação do fluxo superficial canalizado, dando origem às redes concêntricas de ravinas e voçorocas, algumas com dezenas de metros de profundidade, a depender da espessura original do manto de alteração residual e/ou da cobertura coluvial.

Ainda tratando das encostas semiáridas, faz-se necessário ressaltar que nem todas guardam evidências de recobrimento coluvial proveniente da ablação de antigos mantos de intemperismo monossialítico. De fato, os coluvionamentos argilo-arenosos, no domínio semiárido brasileiro, restringem-se aos alvéolos elevados das serras mais altas (brejos de altitude) ou aos *fronts* de relevos cuestiformes, nos quais os sedimentos coluviais derivam de material sedimentar previamente intemperizado.

Em muitas situações, no contexto semiárido, os processos de encosta são condicionados pela resistência da rocha ao intemperismo químico exíguo, o que resulta em fragmentação mecânica extensiva e deposição de colúvios grossos ao longo dos *knick-points* entre as encostas íngremes de relevos residuais, em rochas cristalinas ou sedimentares e os vastos pedimentos que os cercam. Esses depósitos de tálus (colúvio grosso) apresentam declividade elevada, geralmente acima de 30 graus, condicionada pela granulometria dos seus componentes — calhaus e blocos. Assim o apelo da gravidade é o processo predominante, com a ocorrência de queda de blocos nas faces livres das encostas fortemente diaclasadas. A participação da água nesse caso facilita o desabamento, por lubrificar os planos de acomodação dos blocos, mas também retrabalha os depósitos a jusante e lhes fornece alguma matriz pós-deposicional, que ao preencher os interstícios vagos entre os blocos maiores com materiais de granulometria mais fina favorece a ocorrência de deslizamentos translacionais rasos posteriores, que atuando sobre a superfície do tálus geram novas rampas deposicionais a jusante. A evolução morfodinâmica dessas unidades de relevo pode ser acompanhada a partir da colonização pela vegetação, estando algumas encostas de tálus correntemente estabilizadas sob cobertura de caatinga arbustiva densa, como ocorre em Serra Talhada, Pernambuco, enquanto que os depósitos mais jovens e ativos permanecem desprovidos de cobertura vegetal significativa (Figura 22).

FIGURA 22. Aspecto dos depósitos de tálus estabilizado por caatinga arbustiva densa na encosta ocidental do Planalto da Borborema. Serra Talhada, Pernambuco. Fonte: Autores.

9. Evidências de processos eólicos

A ação eólica presentemente encontra-se restrita na região às áreas costeiras, subúmidas e semiáridas, sob ação constante dos alísios provenientes da célula de alta pressão subtropical do Atlântico Sul, que resulta na acumulação de dunas, sobretudo parabólicas e frontais entre os litorais do Rio Grande do Norte e leste do Maranhão. No entanto, no passado climático recente do Nordeste, a ação de uma célula anticiclônica subtropical mais enérgica possibilitou a deposição de sedimentos eólicos, sob a forma de dunas transversais de até 13 km de extensão (Barreto, 1997) em ambientes continentais, hoje sob a ação da morfogênese semiárida.

As paleodunas continentais do Nordeste do Brasil encontram-se hoje indistintamente colonizadas pela caatinga, e estão mais conspicuamente presentes no noroeste da Bahia, ao longo da margem esquerda do Rio São Francisco, embora também ocorram no trecho submédio do rio, ao longo da margem pernambucana até a cidade de Petrolândia. O fácil manejo dos solos arenosos que vieram a se formar sobre as antigas dunas, a proximidade com o lago artificial de Sobradinho e a crescente capacidade técnica de incorporar insumos químicos a solos antes considerados estéreis em áreas de irrigação comercial de larga escala ameaçam a manutenção desse suporte de paisagem, excepcionalmente condicionado pelos climas severamente mais secos que atuaram durante o pleistoceno, desencadeando arranjos de paisagens subdesérticas (*desérticas?*) no contexto do *core* semiárido do Nordeste. Dentro do mosaico regional, esses geossistemas seriam os mais facilmente atingidos pela retomada da erosão, uma vez que o capeamento delgado de areia eólica cria um plano de cisalhamento facilmente explorado pela drenagem hipodérmica, no contato com as rochas sãs subjacentes, ou mesmo internamente ao manto arenoso, em níveis subsuperficiais de acumulação de uma argila orgânica translocada da superfície pela pedogênese pós-deposicional.

A interação entre depósitos eólicos (pleistocênicos) e os processos fluviais contemporâneos em ambientes semiáridos é tratada por Bullard e MacTainsh (2003) a partir da conexão entre os elementos do sistema (Brunsden, 2001). Desse modo, a manutenção dos depósitos eólicos, sob condições climáticas não mais favoráveis à sua formação, estaria relacionada com a capacidade de transmissão do sistema em relação aos processos fluviais, ou seja, a capacidade de erosão/escoamento dos depósitos eólicos pelos processos fluviais atuais.

10. Processos interativos homem/ambiente no semiárido

O aproveitamento agrícola das formações superficiais que estruturam a superfície da paisagem no semiárido está na dependência direta da possibilidade de acesso à água, sobretudo nas áreas de agricultura tradicional. Colúvios e leques aluviais nas encostas, por exemplo, além do cultivo, são utilizados para a perfuração de poços (cacimbas). As pequenas planícies aluviais são aproveitadas igualmente para cultivos tradicionais e como fonte de água subterrânea nos aluviões.

Os barramentos ao longo das drenagens criam reservatórios (açudes), visando o armazenamento da água, que acabam sendo colmatados em poucas décadas devido às altas taxas da produção de sedimento, o que resulta no desenvolvimento de planícies antropogênicas, largamente utilizadas para cultivos.

Apesar de as secas recorrentes catalisarem os efeitos deletérios de longo prazo da degradação do meio ambiente pela sociedade (Slaymaker e Spencer, 1998), o somatório dos agravos ambientais decorrentes das formas de uso da terra no semiárido nordestino não está apenas à mercê da variabilidade climática, mas também reflete as conjunturas sociais, econômicas e fundiárias da região, que propiciam formas deletérias de uso dos solos e formações superficiais, chegando a designar núcleos de "desertificação" em meio ao *core* semiárido da região, como o de Cabrobó, em Pernambuco, e do Inhamuns, no Ceará.

Na região, as causas da degradação dos solos estão diretamente condicionadas aos seguintes fatores:

- sobrecultivo;
- salinização de áreas irrigadas;
- sobrepastoreio;
- desmatamento.

Os impactos sobre a vegetação, com a retirada da mesma para vários usos, como consumo doméstico ou industrial, acelera a erosão laminar e favorece a expansão das malhadas (pavimentos detríticos) nos trechos mais declivosos dos pedimentos. Já o impacto do sobrecultivo pode ser desdobrado em três componentes:

- locacional — extensão do cultivo sobre áreas de aridez considerável ou sobre encostas íngremes;
- temporal — diminuição dos períodos de pousio e falta concomitante de recuperação dos nutrientes;
- tecnológico — efeitos da mecanização sobre a estrutura do solo, hidrologia de superfície e perda de sedimentos.

Em virtude dos processos históricos de ocupação e formação do território no semiárido brasileiro, constata-se que o pastoreio é a forma mais ubíqua de uso da terra na região, e, por consequência, aquela que estende seus impactos negativos sobre áreas mais contíguas. Nesse caso, o sobrepastoreio é a variável deletéria da pecuária e seus efeitos sobre a paisagem física decorrem do aumento não controlado do número de cabeças por unidade de área. Essa, por sua vez, exerce uma pressão direta sobre a biomassa palatável, que resulta na ultrapassagem dos patamares de resiliência da própria caatinga durante a estação seca. Por fim, ao sobrevir à nova estação chuvosa, a remoção da cobertura vegetal, a danificação dos sistemas de raízes e a compactação do solo superficial aumentam a eficácia do escoamento e a perda do solo superficial.

O aumento da construção de cacimbas sobre os plainos aluviais, além de depletar a reserva de água subterrânea, pode estimular o aumento da capacidade de carga (cabeça/hectare), levando à criação de zonas circulares de degradação ambiental ao redor dos poços, criando uma zona de influência de cada poço sobre um determinado número de animais. A partir da coalescência das zonas de influência de diversos poços, aumenta a área sujeita aos efeitos de degradação do solo por pisoteamento e da vegetação por sobrepastoreio, fatalmente aumentando a suscetibilidade do sistema ambiental à desertificação (Figura 23).

Nas áreas de expansão da agricultura comercial irrigada, como no submédio São Francisco, entre Pernambuco e Bahia, observa-se ainda o efeito da irrigação sobre a degradação dos solos. Nesse caso, o desperdício da água com o alagamento das áreas agricultáveis ou a falta de drenagem da água de irrigação estão associados a dois problemas principais: a salinização decorrente das fortes taxas de evaporação da região e da alta disponibilidade de cátions trocáveis nos solos, e a translocação de argila para os horizontes subsuperficiais. Ao romper os agregados do solo, a salinização

FIGURA 23. Modelo de expansão da capacidade de carga e degradação da vegetação a partir da construção de cacimbas nos plainos aluviais. Adaptada de Slaymaker e Spencer (1998) ao Riacho Salgado, Belém do São Francisco, Pernambuco. Fonte: Autores.

FIGURA 24. Evidência de hidromorfia e translocação de argila para o horizonte Bt de um argissolo, decorrente da irrigação. Solo desenvolvido sobre depósitos da antiga planície aluvial do São Francisco, Lagoa Nova, Pernambuco. Fonte: Autores.

favorece os processos de erosão hídrica, sobretudo nos períodos de pousio, além de inviabilizar o próprio desenvolvimento das plantas devido à intolerância ao sal. Já a translocação indesejada de argila resulta na dificuldade ou impossibilidade de drenagem dos horizontes superficiais, levando ao encharcamento do solo e ao aumento da erosão hipodérmica (Figura 24).

11. Conclusões

A vastidão do domínio semiárido do Nordeste do Brasil dificulta uma caracterização morfodinâmica compreensiva dos diversos subespaços regionais que se configuram quando da interação discreta dos complexos lito-pedológicos, climato-vegetacionais e socioeconômicos. No entanto, torna-se evidente que a abordagem processual em geomorfologia ressalta, a partir do seu enfoque metodológico, a capacidade de os arranjos de paisagem investigados acomodarem alterações substanciais na entrada de energia sem que ocorram transformações significativas nos seus padrões morfológicos, ou ao contrário, desencadeiem fortes rupturas do estado de equilíbrio entre processos e formas.

A resiliência dos geossistemas semiáridos em face de um cenário de mudanças ambientais antropicamente induzidas só pode ser bem compreendida caso existam bons análogos naturais de experimentos passados, cujos mecanismos desencadeadores estejam bem reconhecidos regionalmente (transição pleistoceno/holoceno, ocorrência de páleo-el-niños etc.). No momento, a pesquisa geomorfológica processual na região ainda está em fase exploratória, buscando compreender a dinâmica das formações superficiais que estruturam o relevo contemporâneo, mas que, na maior parte das vezes, reflete mudanças pretéritas na sensitividade da paisagem, cujos marcadores regionais ainda precisam ser catalogados.

12. Referências Bibliográficas

AB'SÁBER, A.N. (1990). FLORAM: Nordeste seco. *Estudos Avançados*, v. 4, pp. 149 -74.

BARRETO, A.M.F. (1996). *Interpretação paleoambiental do sistema de dunas fixadas do médio Rio São Francisco, Bahia. Tese de Doutorado.* São Paulo: IG-USP, 174p.

AZAMBUJA, R.N. (2007). *Análise geomorfológica em áreas de expansão urbana no município de Garanhuns — PE. Dissertação de mestrado.* Recife: Departamento de Ciências Geográficas, PPGEO/UFPE, 150p.

BRIERLEY, G.J. e FRYIRS, K.A. (2005). *Geomorphology and River Management: applications of the river styles framework.* Oxford: Blackwell Publications, 398p.

BRIERLEY, G.; FRYIRS, K.A. e JAIN, V. (2006). Landscape connectivity: the geographic basis of geomorphic applications. *Area*, v. 38, pp. 165-74.

BRUNSDEN, D. (1996). Geomorphological events and landform change. *Zeitschrift für Geomorphologie*, v. 40, pp. 273-88.

______. (2001). A critical assessment of the sensitivity concept in geomorphology. *CATENA*, v. 42, pp. 99-123.

BRUNSDEN, D. e THORNES, J.B. (1979). Landscape sensitivity and change. *Transactions of the Institute of British Geographers, New Series*, v. 4, pp. 463-84.

BULLARD, J.E. e MCTAINSH, G.H. (2003). Aeolian-fluvial interactions in dryland environments: examples, concepts and Australia case study. *Progress in Physical Geography*, v. 27, pp. 471-501.

CORRÊA, A.C.B. e AZAMBUJA, R.N. (2005). Avaliação qualitativa em microescala da estabilidade da paisagem em áreas sujeitas a desertificação no ambiente semiárido do Nordeste do Brasil. *In*: São Paulo: *Anais do XI Simpósio Brasileiro de Geografia Física Aplicada*, pp. 5839-47.

CORRÊA, A.C.B. (2006). O geossistema como modelo para a compreensão de mudanças ambientais pretéritas: uma proposta de geografia física como ciência histórica. *In*: SÁ, A.J. e CORRÊA, A.C.B. (Orgs.). *Regionalização e Análise Regional: perspectivas e abordagens contemporâneas.* Recife: Editora Universitária da UFPE, pp. 33-46.

CORRÊA, A.C.B.; SILVA, D.G. e MELO, J.S. (2008). Utilização dos depósitos de encostas dos brejos pernambucanos como marcadores paleoclimáticos do Quaternário tardio no semi-árido nordestino. *Mercator*, v. 7, p. 99-125.

CORRÊA, A.C.B.; SILVA, F.L.M.; SOUZA, J.O.P.; AZAMBUJA, R.N. e ARAÚJO, S.B. (2009). Estilos fluviais de uma bacia de drenagem no submédio São Francisco. *Revista de Geografia da UFPE — DCG/NAPA*, Recife, v. 26, pp. 181-215.

DREW, D. (2005). *Processos Interativos Homem-Meio Ambiente.* Rio de Janeiro: Bertrand Brasil, 224p.

DYAKONOV, K.N. (2007). Landscape studies in Moscow Lomonosov State University: development of scientific domains and education. *In*: DYAKONOV, K.N.; KASIMOV, N.S.; KHOROSHEV, A.V. e KUSHLIN, A.V. *Landscape Analysis for Sustainable Development: theory and applications of landscape science in Russia.* Moscou: Alexplublishers, pp. 11-20.

FRYIRS, K.A; BRIERLEY, G; PRESTON, J.N. e KASAI, M. (2007). Buffers, barriers and blankets: the (dis)connectivity of catchment-scale sediment cascades. *CATENA*, v. 70, pp. 49-67.

GERRARD, J. (1995). *Soil Geomorphology: an integration of pedology and geomorphology.* Londres: Chapman & Hall, 269p.

GUERRA, A.J.T. e MENDONÇA, J.K.S. (2007). Erosão dos solos e a questão ambiental. *In:* VITTE, A.C. e GUERRA, A.J.T. (Orgs.). *Reflexões sobre a Geografia Física Brasileira.* Rio de Janeiro: Bertrand Brasil, 2ª Edição, pp. 225-56.

ISACHENKO, G.A. (2007). Long-term conditions of taiga landscapes of European Russia. *In*: DYAKONOV, K.N.; KASIMOV, N.S.; KHOROSHEV, A.V. e KUSHLIN, A.V. *Landscape Analysis for Sustainable Development: theory and applications of landscape science in Russia.* Moscou: Alexplublishers, pp. 144-55.

MAIA, G.N. (2004). *Caatinga: árvores e arbustos e suas utilidades.* São Paulo: D&Z Computação Gráfica e Editora, 2ª Edição, 413p.

LANGBEIN, W.B. e SCHUMM, S.A. (1958). Yield of sediment in relation to mean annual precipitation. *Transactions of the American Geophysical Union*, v. 39, pp. 1076-84.

MABESOONE, J.M. *et al.* (1984). Ambiente semiárido do nordeste brasileiro: 2. As capas de intemperismo. *In: Estudos Geológicos, Série B: Estudos e Pesquisas.* Recife: UFPE, v. 6/7, pp. 7-15.

MONTEIRO, C.A.F. (1988). On the "desertification" in northeast Brazil and man's role in this process. *Latin American Studies,* v. 9, pp. 1-40.

REID, I. e FROSTICK, L.E. (1997). Channel form, flows and sediments in deserts. *In*: THOMAS, D.S.G. (Org.). *Arid Zone Geomorphology: process, form and change in drylands*. Chichester: John Wiley and Sons, 2ª Edição. pp. 205-29.

SCHUMM, S.A. (1977). *The Fluvial System.* Caldwell: The Blackburn Press, 338p.

SAMPAIO, E.V.S.B.; SAMPAIO; Y.; VITAL, T.; ARAÚJO, M.S.B. e SAMPAIO, G.V. (2003). *Desertificação no Brasil — conceitos, núcleos e tecnologias de recuperação e convivência.* Recife: Editora Universitária da UFPE, 202p.

SILVA, F.L.M. e CORRÊA, A.C.B. (2007). Relações entre geossistemas e usos da terra em microbacia hidrográfica semi-árida: o caso do riacho Gravatá/ Pesqueira — PE. *Revista de Geografia da UFPE — DCG/NAPA*, Recife, v. 24, pp. 171-88.

SILVA, M.T.C. (1986). Contribuição da geomorfologia ao estudo dos ambientes da caatinga. *In*: Feira de Santana: *Anais do I Simpósio Sobre a Caatinga e sua Exploração Racional,* pp. 50-72.

SLAYMAKER, O. e SPENCER, T. (1998). *Physical Geography and Global Environmental Change*. Harlow: Longman.

SOCHAVA, V.B. (1978). *Introdução à Teoria do Geossistema.* Novasibéria: Nauka, 320p. Em russo.

SOUZA, J.O.P. (2008). *Sistema fluvial e planejamento local: um caso semi-árido — micro-bacia do riacho Mulungu, Belém de São Francisco — PE. Monografia.* Recife: Departamento de Ciências Geográficas, UFPE, 52p.

SOUZA, J.O.P; CORRÊA, A.C.B. e BARROS, A.C.M. (2008). Mapeamento geomorfológico e caracterização física de uma micro-bacia semi-árida: riacho Mulungu — Belém de São Francisco — PE. *In:* Belo Horizonte: *VII Simpósio Nacional de Geomorfologia. II Encontro Latino-Americano de Geomorfologia. Anais do VII Simpósio Nacional de Geomorfologia.*

SRINIVASAN, V.S.; SANTOS, C.A.G. e GALVÃO, C.O. (2003). Erosão hídrica do solo no semi-árido brasileiro: a experiência na bacia experimental de Sumé. *Revista Brasileira de Recursos Hídricos,* v. 8, pp. 57-73.

THOMAS, M.F. (1994). *Geomorphologqy in the Tropics: a study of weathering and denudation in low latitudes.* Chichester: John Wiley and Sons, 460p.

______. (2001). Landscape sensitivity in time and space — an introduction. *CATENA*, v. 42, pp. 83-98.

TRICART, J. e SILVA, C.T. (1969). *Estudos de Geomorfologia da Bahia e Sergipe.* Salvador: Imprensa Oficial da Bahia, 167p.

VASCONCELOS, T.L.; SOUZA, S.F.; DUARTE, C.C.; MELIANI, P.F.; ARAÚJO, M.S.B. E CORRÊA, A.C.B. (2009). Estudo morfodinâmico em área do semi-árido do nordeste brasileiro: um mapeamento geomorfológico em micro-escala. *Revista de Geografia da UFPE — DCG/NAPA*, Recife, v. 24, pp. 36-49.

CAPÍTULO 5

DEGRADAÇÃO DOS SOLOS NO LITORAL NORTE PAULISTA

Maria do Carmo Oliveira Jorge

Introdução

O litoral norte paulista é formado pelos municípios de Caraguatatuba, São Sebastião, Ilhabela e Ubatuba e tem seus limites a NE com o estado do Rio de Janeiro, a SE com o Oceano Atlântico, a SW com a Baixada Santista e a NW com a região do Vale do Paraíba (Figura 1).

Os núcleos urbanos dos municípios que compõem o litoral norte paulista encontram-se em áreas constituídas por planícies de sedimentação flúvio-marinha recente, que, de modo geral, encontram-se comprimidas entre a escarpa da Serra do Mar e o Oceano Atlântico (Silva, 1975). Essa configuração geomorfológica que permite um litoral rico em acidentes geográficos e de uma beleza cênica singular, por outro lado, torna-se um fator que dificulta sua ocupação, dado que a distância média entre a escarpa e a linha de costa é de apenas 8 a 9 km (Figura 2).

Dada essa configuração do relevo, no seu conjunto, de acordo com Silva (1975), Ubatuba e Caraguatatuba encontraram condições mais favoráveis à sua expansão, enquanto que São Sebastião e Ilhabela encontraram maiores dificuldades e estas passaram a ocorrer nas pequenas áreas planas de

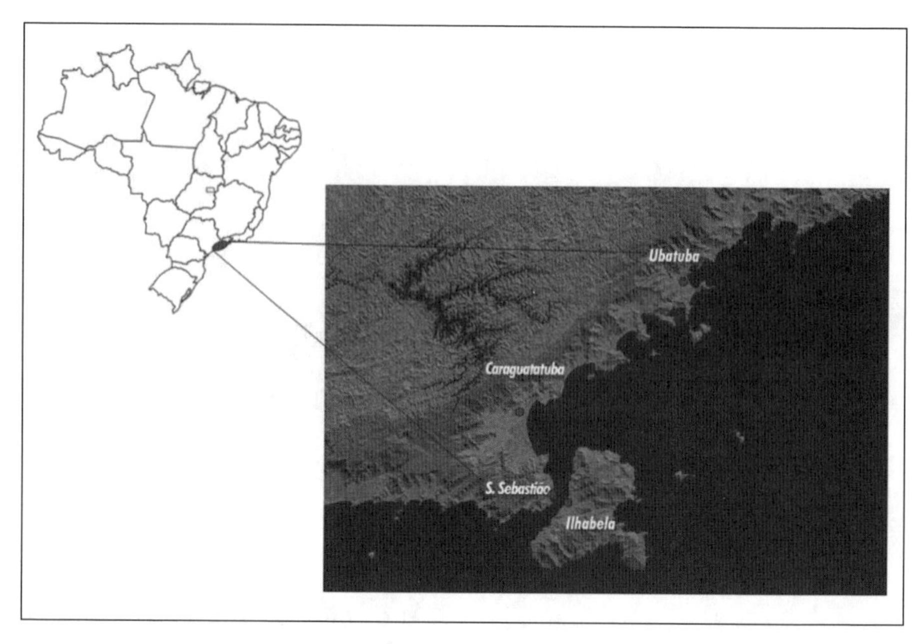

FIGURA 1. Mapa da localização do litoral norte de São Paulo. Fonte: INPE (2010).

FIGURA 2. Escarpa da Serra do Mar, com destaque para o Pico do Corcovado (1.150 m), ponto culminante do sul do município de Ubatuba, visto a partir da Praia Dura. A distância em linha reta da Praia Dura até o Pico do Corcovado é de 5,6 km. (Foto: Maria C.O. Jorge, 2010.)

sedimentação marinha e fluvial recente, definindo um padrão de ocupação que se sucede na costa com suas praias separadas por pequenos maciços insulares. Hoje, em virtude do crescimento, verifica-se que esse padrão se repete também nos municípios de Ubatuba e Caraguatatuba.

Como em muitos municípios brasileiros, a taxa de crescimento no litoral norte é elevada, a exemplo de Caraguatatuba, que cresceu de 1970 a 2007, nada menos que 489% contra 97% do índice do país (Fida e Ricci, 2008).

O crescimento do litoral norte passou por algumas fases ou ciclos, aliados sempre à economia, mas o que chama atenção são as transformações e as rupturas que ocorreram, principalmente no modo de vida dos habitantes caiçaras e a repercussão dessas mudanças no panorama atual. Hoje, ao analisarmos o crescimento e a ocupação, rápida e desordenada, no litoral norte, podemos verificar três tipos de grupos populacionais: a população caiçara, que ocupa a região desde o período colonial, os migrantes, em número proporcionalmente maior que a população caiçara, e as populações flutuantes, formadas por turistas e veranistas (Peres e Barbosa, 2008). Nesse cenário, os valores do uso do solo definem os padrões de moradia e, concomitantemente, os valores comportamentais, sociais e culturais.

De acordo com Luchiari (1999), a urbanização trouxe mudanças no padrão comportamental e cultural e grandes inovações técnicas, o chamado progresso do bem-estar urbano. Porém, esse progresso não ocorreu de forma igualitária; um panorama da situação na atualidade mostra a marginalização e a pobreza das populações caiçaras e migrantes de baixa renda, a degradação de grandes dimensões nos ecossistemas naturais e a subordinação da sociedade aos novos mecanismos de produção e valorização do capital (Fida e Ricci, 2008).

A degradação dos solos do litoral norte, em face das grandes mudanças sociais, culturais e ambientais, é abordada neste capítulo sob dois enfoques, o primeiro, a partir de uma análise espaço-temporal, e o segundo, pela inter-relação: relevo, ocupação e a degradação. A análise sob essa ótica deve-se à presença de uma gama de atividades humanas desenvolvidas nos municípios do litoral norte paulista, que passou por vários estágios econômicos e que na atualidade, assim como muitos municípios, enfrenta grandes problemas de ordem socioeconômica e ambiental. A inter-relação relevo, ocupação e degradação tem como ponto de partida o sistema natural no litoral norte, que é caracterizado como sendo de grande fragilidade ambiental (Ab'Sáber, 1986) e, concomitantemente, apresenta restrições à sua ocupação.

1. Caracterização física

1.1. Relevo

Uma característica que chama a atenção no litoral norte e que o torna diferente de muitos litorais no Brasil é que o embasamento cristalino entra em contato quase contínuo com o mar (Figura 3) e, dessa forma, as planícies são pouco desenvolvidas, com exceção da planície costeira de Caraguatatuba.

FIGURA 3. Vista do Pico do Corcovado a partir da Praia da Almada, Ubatuba. (Foto: Maria C.O. Jorge, 2009.)

O relevo plano, formado pelas baixadas litorâneas, interrompidas por escarpas cristalinas festonadas e espigões digitados que avançam até o mar, funciona também como anteparo das massas de ar vindas do sul. Por essa configuração e característica, Troppmair (2000), ao estudar os geossistemas paulistas, classificou o litoral norte em Geossistema de Planície Costeira Norte e Geossistema de Escarpas da Serra do Mar. Os elementos que comandam esses sistemas são, respectivamente, a precipitação elevada e torrencial e o lençol freático muito próximo à superfície (Figura 4) e formas topográficas e elevada precipitação.

FIGURA 4. Lençol freático aflorando em área de planície, município de Ubatuba. (Foto: Antonio J. T. Guerra, 2010.)

Em amostras de solo coletadas em área de planície (Figura 4), em trincheira feita com 1 metro de profundidade, o lençol freático aflorou a 80 cm, denotando a presença de água bem próxima à superfície, como atestado por Troppmair (2000). Os resultados apontam o alto teor de areia nas três amostras (Figura 5), principalmente na amostra 2, com 94,5% (arenosa), coletada a 50 cm de profundidade. A textura das três amostras bem demonstra o ambiente de sedimentação fluvial, que aconteceu nessa planície e em outras áreas do litoral norte durante o Quaternário. O pH das três amostras variou entre 4,02 e 4,71, demonstrando a elevada acidez desses solos.

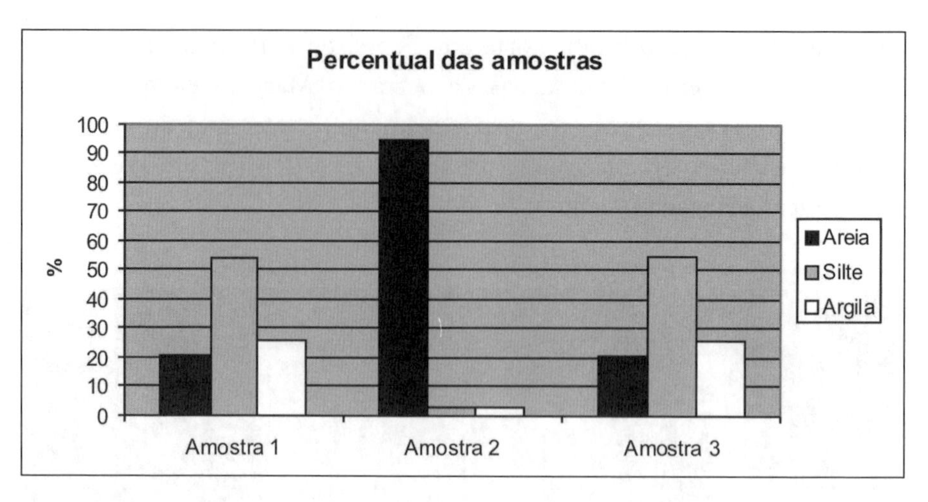

FIGURA 5. Análise dos solos: Luiz Fernando Tavares — LAGESOLOS (UFRJ).

De acordo com Ab'Sáber (1955), a morfogênese do litoral paulista advém do fim do Cretáceo ao Eoceno, período de ocorrência dos grandes falhamentos no Sudeste, e responsáveis pela gênese das principais escarpas de falhas do Planalto Atlântico. Para Fúlfaro *et al.* (1974), o litoral norte paulista apresenta uma costa de submersão, tendo como características um litoral do tipo transversal, com grande afogamento da costa.

Quanto aos estudos de classificação e subdivisão do relevo referente à área, na proposta de Almeida (1964), e adotada no mapa geomorfológico do estado de São Paulo (IPT, 1981), o litoral norte é abrangido pelo Planalto Atlântico (partes dos planaltos paulistanos e de Paraitinga) e a Província Costeira (Serrania Costeira e Baixadas Litorâneas). Jorge (2004) e Jorge *et al.* (2010), ao proporem o Zoneamento Ambiental do município de Ubatuba, a partir de parâmetros morfométricos e morfológicos, ao considerarem as grandes feições do relevo, controladas por características geomorfológicas e geológicas, denominaram Domínios de Planalto Cunha—Natividade da Serra, Domínio das Escarpas Bicas—Araribá e Domínios das Planícies de Ubatuba.

O Planalto Atlântico abrange um pequeno trecho dos municípios de Caraguatatuba, São Sebastião e Ubatuba. São características as formas mamelonadas, com espesso manto de regolito e restos de detritos grosseiros, também conhecidos como "mares de morros" (Silva, 2000).

Para Jorge (2004), o Planalto Cunha—Natividade da Serra constitui, na realidade, quatro manchas do Domínio dos Mares de Morros, que caracteriza, entre outros, esse setor do Planalto Atlântico, vinculado aos terrenos do município de Ubatuba. A classificação desse compartimento de relevo foi efetuada a partir dos nomes dos municípios que se limitam em parte, com o de Ubatuba, em terrenos esculpidos com morfologias inerentes a feições planálticas. Assim, tem-se o setor com maior extensão, onde ocorrem as nascentes dos rios Itamambuca e Puruba, vinculados aos limites do município de Cunha, a norte e àqueles de menor expressão areal, associados aos limites de Natividade da Serra, posicionados a SW e a W, vinculados às nascentes dos rios Maranduba (SW) (Figura 6) e Grande de Ubatuba (W). Entretanto, entre essas duas manchas, posicionadas em setores geograficamente extremos no âmbito do município de Ubatuba, tem-se aquele relacionado aos limites deste município com o de São Luís de Paraitinga, localizado aproximadamente a N-NW. Nesse domínio estão presentes as cabeceiras de muitas bacias e a maior área de captação das mesmas que se encontram em terrenos bastante estruturados do embasamento ígneo-metamórfico pré-cambriano-mesozoico (Souza, 2005).

FIGURA 6. Contato abrupto do planalto Cunha—Natividade da Serra com a escarpa da Serra do Mar (Pico do Corcovado – Ubatuba). (Foto: Maria do C. O. Jorge, 1998.)

Constitui-se num ambiente montanhoso, com os principais topos de interflúvios nivelados em torno de 1.100 m. Apresenta, ainda, um conjunto de formas caracterizadas, na maior parte, por morros paralelos, caracterizados por topos arredondados e vertentes retilíneas a convexas, drenagem densa, com rios curtos e encaixados nas estruturas geológicas. Uma observação importante para o estudo da evolução da Serra do Mar é visto por Cruz (1974) na linha de cumeada entre Puruba e Itamambuca, onde está situado o Morro do Félix, com quase 800 m de altitude. Ele parece ser um testemunho rebaixado de planalto. Outro estudo sobre a evolução da Serra do Mar pode ser visto no trabalho de Almeida e Carneiro (1998):

o patamar intermediário, constituído de rochas mais facilmente erodidas que as graníticas do planalto cimeiro, seria o resto de uma superfície de erosão mesomiocênica, que foi em parte deprimida no Neomioceno para formar o Planalto de Juqueriquerê. A resistência à erosão oferecida por intrusões alcalinas em granitos laminados da ilha de São Sebastião vem retardando o recuo da Serra do Mar e originando a formação do destacado promontório constituído pela Serra do Juqueriquerê com seus degraus e também pela ilha, da qual esta geograficamente participou antes da transgressão flandriana. Constitui uma prova de que a Serra do Mar esteve inicialmente bem além da posição em que hoje se situa, sendo o seu recuo basicamente devido à erosão.

A Serrania Costeira, que corresponde às escarpas costeiras, são áreas predominantemente de desgaste e de grande influência estrutural. As encostas, com declividades superiores a 40 graus, predominam no alto das escarpas, e as encostas mais suaves se apresentam nos baixos níveis, nos patamares intermediários e nas rampas de desgaste. Essas escarpas que se aproximam do litoral ocorrem em forma de rebordos do Planalto Atlântico, surgindo em certos trechos como grandes muralhas, porém pode ser vista a presença de picos, como o do Corcovado, em Ubatuba (1.150 m), na parte sul do município (Figura 7), e o Pico Alto Grande (1.678 m) (Camargo, 1994), na parte norte do município, e o Pico do Jaraguá, em Caraguatatuba (736 m) (Silva, 2000).

FIGURA 7. Pico do Corcovado, ponto culminante do sul do município de Ubatuba. (Foto: Arquivo do jornal *Maranduba News*, 2011.)

Ainda de acordo com Silva (2000), a Ilha Anchieta, em Ubatuba, e a Ilha de Toque-Toque, em São Sebastião, são exemplos dos esporões da Serra do Mar que se rebaixaram, mergulhando no mar, e emergiram em ilhas.

Em Caraguatatuba, o brusco desvio da costa para o norte e o recuo da escarpa para o interior possibilitaram o preenchimento desse anfiteatro serrano por uma vasta planície sedimentar litorânea, exceção na costa do litoral norte de São Paulo. Essa feição, de acordo com Suguio e Martin (1978), é resultado de um grande alinhamento estrutural E-W (Camburu), que possibilitou a formação desse amplo anfiteatro erosivo e extensa planície, onde se encontra a maior bacia hidrográfica do litoral norte (Souza, 2005), a do Rio Juqueriquerê, a única de 7ª ordem com área total de 385 km^2.

Quanto às demais planícies costeiras, pouco desenvolvidas, de São Sebastião a Ubatuba, são formadas por sedimentos continentais na sua parte interna e marinhos na externa, não sendo encontrados depósitos da penúltima fase transgressiva (Suguio e Martin, 1978). São reconhecidas pelos autores as planícies flúvio-lagunares (Juquiá, Baleia, Camburi e Saí, em São Sebastião; Massaguaçu e Mococa, em Caraguatatuba; e Tabatinga, Maranduba, Lagoinha, Praia Vermelha do Norte, em Ubatuba) e flúvio-marinhas (Boiçucanga, Maresias, Paúba, Toque-Toque, Guaecá e Baraqueçaba, em São Sebastião; Fortaleza, Flamengo, Praia Grande, Ubatuba, Itamambuca, Puruba, Ubatumirim, Fazenda, em Ubatuba).

As baixadas do litoral norte raramente ultrapassam 70 m de altitude e são sempre embutidas em recôncavos por entre os esporões da serra. Como a Serra do Mar se aproxima do oceano, não existem muitas possibilidades de se desenvolverem planícies litorâneas extensas. Em geral, essas planícies são pequenas e aninham-se por entre os esporões dos níveis altos e baixos, preenchendo antigas enseadas e baías. A baixada de Caraguatatuba, maior entre as baixadas do litoral norte, preenche o recôncavo que a serra faz ao recuar e mudar sua direção para norte e depois, nordeste. Esse recuo possibilita o desenvolvimento da bacia fluvial do Juqueriquerê, que se estende para o interior do planalto pela bacia do Rio Pardo. A partir de Caraguatatuba, em direção a Ubatuba, a serra volta a se aproximar do oceano, cujos esporões podem ser vistos mergulhando no mar (Silva, 2000).

FIGURA 8. Praça Trópico de Capricórnio, onde foi construído um monumento para marcar o local onde passa a linha imaginária desse trópico. (Foto: Mike Fullen, 2011.)

1.2. Pluviosidade

O litoral norte paulista encontra-se no limite da zona tropical, entre as latitudes de 23° 12' e 23° 58', sendo o município de Ubatuba cortado pelo Trópico de Capricórnio (Figura 8).

Esse litoral se caracteriza como uma das áreas mais chuvosas do país, em virtude da complexa circulação atmosférica, originada pela ação desigual dos sistemas tropicais e polares. O clima da região é tropical úmido, onde apresenta uma grande quantidade de chuvas no verão e constância no decorrer das outras estações (Figura 9). De acordo com a classificação de Köeppen, o litoral de São Paulo pode ser considerado "Af," e "Permanentemente Úmido", segundo Monteiro (1973). Os valores de chuvas mais elevados (média anual) podem ser encontrados nas encostas de Ubatuba (Posto Mato Dentro, 3.200 mm) e valores menores como em Ilhabela (face voltada para

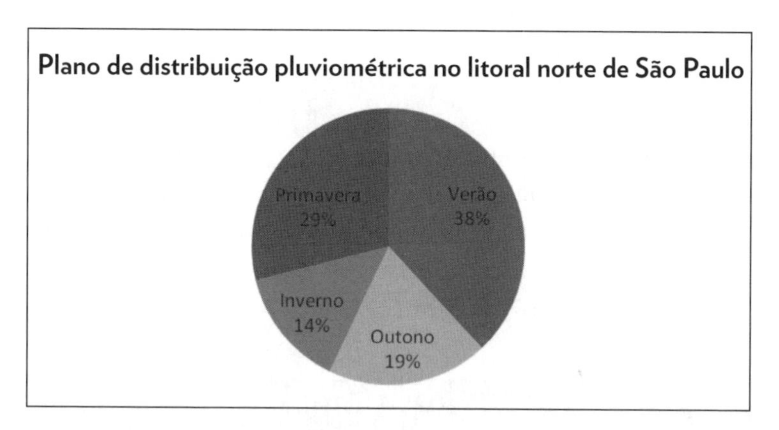

FIGURA 9. Padrão de distribuição de chuvas no litoral norte de São Paulo. Fonte: SEMA (1996).

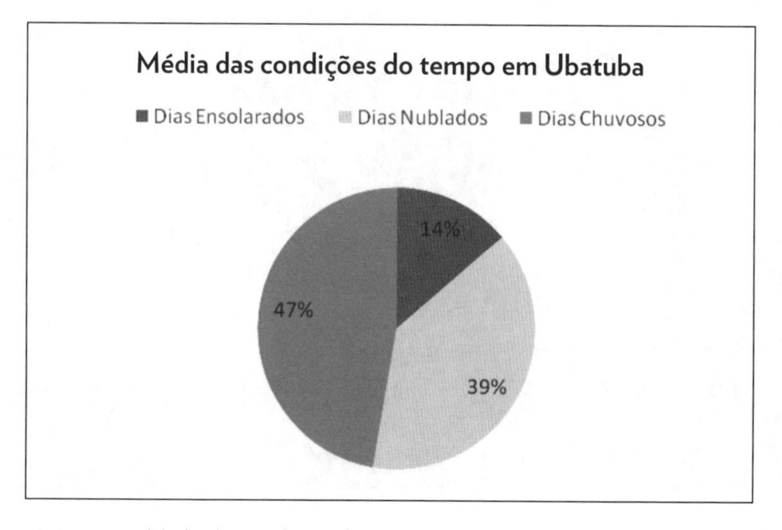

FIGURA 10. Média das condições do tempo em Ubatuba. Fonte: Camargo (1994).

o canal e área continental adjacente, com 1.371 mm) (SEMA, 1996). Segundo Troppmair (2000), a precipitação anual vai de 1.800 a 2.500 mm, distribuídos em 150 a 200 dias, ou seja, mais da metade do ano (Figura 10).

A Serra do Mar, por ter posição perpendicular ao avanço das massas polares do sul e tropicais de leste, dá origem a um teto de nuvens quase que permanente, reduzindo a insolação para 1.600 horas/ano, que provocam chuvas orográficas intensas, que podem chegar a 300 mm em 24 horas (Troppmair, 2000). As chuvas orográficas propiciam inundações e enchentes-relâmpagos não somente nos sopés da Serra do Mar, podendo alcançar a linha da costa; nesses eventos, é comum a ocorrência de fluxos de detritos e lama (Souza, 2005).

1.2.1. Chuvas de 1967

O município de Caraguatatuba, assim como os demais do litoral norte paulista, esteve sempre ligado a alguns fenômenos climáticos com longos períodos e chuvas violentas, ocasionando enchentes e deslizamentos, porém, um evento climático atípico que chamou a atenção do mundo ocorreu em março de 1967 (Figura 11).

FIGURA 11. Vista parcial da cidade de Caraguatatuba na catástrofe de 1967. Fonte: Blog do Tano (2011).

De acordo com o posto da fazenda São Sebastião, os níveis pluviométricos, no mês de março de 1967, registraram um índice máximo de 851 mm, sendo 115 mm no dia 17 e 420 mm no dia 18. Segundo Junior e Satyamurty (2010), as chuvas que ocorreram configuram um possível evento de ZCAS (Zona de Convergência do Atlântico Sul). Na época, Cruz (1974), *in* Junior e Satyamurty (2010), associou as chuvas fortes à passagem de uma frente fria, pois, nessa época, a ZCAS não era conhecida.

Nessa catástrofe, o número de mortes nunca pôde ser computado com exatidão, pois centenas de pessoas desapareceram. Segundo as autoridades, teriam passado de 500, embora nunca tenha sido contabilizado um número oficial. Aproximadamente 400 casas desapareceram debaixo da lama e 3 mil pessoas ficaram desabrigadas (20% da população do município na época) (Santos *et al.*, 2000); nessa época, Caraguatatuba contava com 15 mil habitantes.

Nesse episódio, a maior parte do trecho de serra da SP-99 (Figura 12), Rodovia dos Tamoios, que liga São José dos Campos a Caraguatatuba, desapareceu, e teve de ser totalmente reconstruída (Santos, 2010).

FIGURA 12. Vista da Serra do Mar e ao fundo a cidade de Caraguatatuba. Fonte: Blog do Tano (2011).

Essa catástrofe de 1967 ficou popularmente conhecida como o fenômeno HECATOMBE.

Toda a lama que cobria a região, quase sufocando a cidade, provinha do grande número de quedas de barreiras na região da serra, que levou um jornalista a escrever a seguinte manchete, que dá bem a medida do que aconteceu: 'O DIA EM QUE A SERRA CAIU.' Literalmente, a serra veio abaixo! No dia 18, pela manhã, deu-se a queda das primeiras barreiras e, já às 13 horas, veio a avalanche total de pedras, árvores e lama dos morros do Cruzeiro, Jaraguá e Jaraguazinho, próximos a cidade. Às 16h30, outra frente abria-se no vale do Rio Santo Antônio e este alargou-se de 10-20 m para 60-80 m. No bairro do Rio do Ouro, gigantescas barreiras começaram a cair pela manhã, formando uma grande represa que estourou algumas horas mais tarde, desaparecendo com o bairro e provocando o deslocamento da ponte principal do Rio Santo Antônio. Caso não tivesse acontecido esse deslocamento, a cidade inteira teria sido inundada e recoberta pelas águas. A estrada da serra, em sua maior parte, foi destruída, não sendo possível reconhecer seu antigo traçado em muitos trechos, onde se formaram precipícios de mais de 100 m de profundidade (Santos *et al.*, 2000).

1.3. Hidrografia

Em todo o litoral norte, a rede de drenagem é densa, porém, devido à configuração longitudinal e localização, por nascerem nos contrafortes da Serra do Mar e percorrerem poucos quilômetros de extensão, os rios se caracterizam como de pequeno porte, com algumas exceções, como é o caso do Rio Juquirequerê (Tabela 1).

As características geomorfológicas e o regime pluvial propiciam o armazenamento superficial de água e contribuem para uma eficiente recomposição do seu estoque, mas é baixo o potencial para exploração, dados os teores excessivos de ferro e a sujeição à salinização (São Paulo, 1996). Não há estudos específicos sobre a disponibilidade hídrica subterrânea; porém, sabe-se que o aquífero cristalino, que ocorre em 85% da área, apresenta uma vazão média por poço de 5 a 120 $m^3.s^{-1}$; o aquífero litorâneo, com extensão menor, porém mais explorado por estar na faixa mais ocupada, apresenta vazões entre 5 e 30 $m^3.s^{-1}$ (IPT, 2002).

Segundo o IPT (2002), existem 34 sub-bacias no litoral norte. Alguns rios possuem regime torrencial em suas nascentes, formando saltos e cachoeiras, tornando-se grandes atrativos turísticos (Figura 13). Estima-se que o município de Ilhabela possua em torno de 360 cachoeiras.

Apesar da disponibilidade de recursos hídricos superficiais, o serviço de abastecimento de água é deficitário. A qualidade do serviço tem como justificativa as características físicas da região, que moldam toda a faixa litorânea em compartimentos e o atendimento a todas as praias se torna inviável, assim o serviço de abastecimento pela SABESP (Companhia de Saneamento Básico do Estado de São Paulo) se concentra em praias com maior adensamento, ou nos locais onde se permite a implantação dos sistemas integrados. As demais áreas são atendidas por sistemas de tipo isolado, operados por particulares (SEMA, 1996).

FIGURA 13. Cachoeira da Escada, localizada no município de Ubatuba, divisa com Paraty (RJ). É uma das maiores e mais belas de Ubatuba, podendo ser vista da própria rodovia. Possui o formato de uma imensa escada de pedras, sobre as quais se projetam sucessivas cascatas, assemelhando-se a um gigantesco véu de noiva. (Foto: Maria C.O. Jorge, 2010.)

1.3.1. Suscetibilidade morfométrica de bacias de drenagem no litoral norte

A respeito das bacias de drenagem no litoral norte e a suscetibilidade a inundações/enchentes, podemos verificar no trabalho de Souza (2005) que, das 32 bacias estudadas, todas a partir 3ª ordem hierárquica, a maior parte se encontra com risco de média a alta (Tabela 1).

TABELA 1

Parâmetros morfométricos das bacias de drenagem do litoral norte de São Paulo e suscetibilidade a inundações/enchentes

Bacia	Município	Ordem	Comprimento do canal principal (km)	Área da bacia (km^2)	Suscetibilidade a inundações/enchentes
Rio Camburi/Córrego Duas Irmãs	Ubatuba	4	5,25	12,35	ALTA
Rio das Bicas	Ubatuba	3	9,00	21,92	ALTA
Rio Fazenda-Fazendinha	Ubatuba	4	11,00	33,70	ALTA
Rio Ubatumirim-Iriri-Onças	Ubatuba	5	11,00	73,68	ALTA
Rio Puruba-Quiririm	Ubatuba	5	22,50	166,06	ALTA
Rio Prumirim	Ubatuba	4	7,0	15,44	ALTA
Rio Itamambuca	Ubatuba	3	14,0	53,56	MÉDIA
Rio Perequê-Açu/Indaiá	Ubatuba	4	9,0	38,22	BAIXA
Rio Grande de Ubatuba	Ubatuba	4	14,50	72,84	MÉDIA
Rio da Lagoa-Aracaraú	Ubatuba	3	6,75	20,81	BAIXA
Rio Comprido-Escuro	Ubatuba	4	7,50	53,51	MÉDIA
Córrego da Lagoinha	Ubatuba	3	5,75	11,86	MÉDIA
Rio Maranduba-Araribá	Ubatuba	4	12,50	37,91	MÉDIA
Rio Tabatinga	Caraguatatuba	3	6,25	14,84	BAIXA
Rio Mococa	Caraguatatuba	4	11,50	40,10	MÉDIA
Córrego do Bacuí	Caraguatatuba	3	4,75	14,46	BAIXA

(Continua)

Bacia	Município	Ordem	Comprimento do canal principal (km)	Área da bacia (km²)	Suscetibilidade a inundações/ enchentes
Rio Massaguaçu	Caraguatatuba	4	9,25	20,51	BAIXA
Rio Guaxinduba	Caraguatatuba	4	14,00	22,19	MÉDIA
Rio Santo Antônio	Caraguatatuba	4	12,25	42,07	MÉDIA
Ribeirão da Lagoa	Caraguatatuba	3	5,75	26,25	MÉDIA
Rio Juqueriquerê	Caraguatatuba	7	39,50	385,63	ALTA
Rio São Francisco	São Sebastião	3	2,65	5,88	ALTA
Centro de São Sebastião	São Sebastião	3	3,05	17,12	BAIXA
Rio Guaecá	São Sebastião	3	4,35	13,40	ALTA
Rio Pequerê	Ilhabela	5	8,00	48,96	ALTA
Ribeirão do Engenho	Ilhabela	4	7,25	18,88	MÉDIA
Rio Maresias	São Sebastião	4	4,70	25,88	BAIXA
Rio Boiçucanga (Grande)	São Sebastião	4	8,10	32,64	MÉDIA
Rio Cambury	São Sebastião	4	7,15	33,39	BAIXA
Rio Sahy-Preto	São Sebastião	4	5,95	26,87	MÉDIA
Rio Juquehy	São Sebastião	3	5,00	13,99	BAIXA
Rio Uma	São Sebastião	5	15,00	120,32	ALTA

Adaptada de *SOUZA* (2005).

1.4. Histórico de ocupação

O litoral norte caracteriza-se como uma microrregião homogênea, cujo processo de povoamento e colonização data do período colonial, quando os primeiros sesmeiros se estabeleceram no Canal de São Sebastião (Silva, 1975; Simões, 2005). Nessa época, quando da chegada dos europeus, os habitantes eram identificados como tupinambás (grupo tupi-guarani).

Segundo Silva (1975), a resistência do indígena, aliada às condições peculiares do litoral norte, dificultou a colonização e o povoamento europeu no início do século XVI, mas foi primordial para a definição do tipo étnico caiçara (também mestiço com o negro) e de sua bagagem cultural.

1.4.1. Caiçara

A palavra "caiçara" tem origem tupi-guarani. *Caa* significa pau, mato; *içara* quer dizer armadilha. Caiçara era também um tipo de proteção feita de galhos e varas que os índios usavam em volta de suas casas, ou para pescar. O nome também passou a ser dado às palhoças construídas nas praias para abrigar as canoas e os apetrechos dos pescadores e, mais tarde, para identificar os indivíduos e comunidades dos litorais paulista, paranaense e sul-fluminense, com um tipo de vida e uma cultura que lhe são característicos (Diegues, 1988).

Caiçara também serve para designar um tipo étnico, formado pela miscigenação entre colonizadores portugueses, índios das regiões litorâneas e ex-escravos que, após a libertação, concentraram-se à beira-mar. Essas comunidades são formadas até hoje, embora raras, em grande parte por pescadores e artesãos que também têm um modo de vida intimamente ligado à agricultura de subsistência e ao extrativismo. Caracterizam o antigo modo de vida do caiçara as construções de pau a pique (estrutura parecida com a do caipira do interior), a pesca e a agricultura de subsistência, tendo o peixe, a farinha de mandioca e a banana como a base de sua alimentação (Figura 14).

FIGURA 14. Exemplo típico do modo de vida caiçara. Foto tirada da Sala Caiçara (Polo Cultural de Caraguatatuba). (Foto: Maria C.O. Jorge, 2010.)

De acordo com Adams (2000), a formação do povoado caiçara era de um grupo desordenado de casas isoladas entre si, não existindo cercas. A praia representava a articulação com o mundo e, dessa forma, tornava-se o centro da vida caiçara. No sertão, encontravam-se as roças e o local onde se caçava, retirava-se lenha e ervas medicinais. Mesmo não sendo regulado por nenhuma organização ou instituição, o caiçara se distinguia pela praia e pelo grupo do qual pertencia.

As comunidades caiçaras mantiveram sua forma tradicional de vida até a década de 1950, quando as primeiras estradas de rodagem interligaram as áreas litorâneas com o planalto (Diegues, 1988). Hoje, as comunidades caiçaras estão cada vez mais escassas, tornando a denominação ligada apenas a fatores de ordem geográfica.

1.4.2. Os ciclos econômicos

Os ciclos da cana-de-açúcar, do ouro e do café fizeram parte da economia que levou a prosperidade, e também a estagnação, aos municípios do litoral norte paulista. São Sebastião e Ubatuba, cidades fundadas, respectivamente, em 1636 e 1637, foram as que apresentaram no passado maior importância para a vida econômica regional, devido às atividades portuárias. Ilhabela e Caraguatatuba obtiveram sua emancipação política mais tarde, em 1805 e 1857, respectivamente.

A economia nos dois primeiros séculos, XVI e XVII, após a concessão de sesmarias, foi baseada no estabelecimento de engenhos de açúcar e aguardente, além de culturas de fumo e anil (Silva, 1975). Porém, essa fase de desenvolvimento teria um período curto, dada a competição com os engenhos melhor situados, em Pernambuco e na Bahia. Esse fato viria a acentuar o rumo da colonização em direção ao planalto, deixando a região com baixa densidade demográfica.

Todavia, no final do século XVII, com a descoberta do ouro em Minas Gerais, a região teria outro ciclo de prosperidade, pois São Sebastião e Ubatuba se beneficiariam das atividades voltadas à exportação de ouro por seus portos. A rota utilizada correspondia à velha trilha indígena, que, em função do seu grau de isolamento e falta de fiscalização, mostrou-se um caminho alternativo (Silva, 1975).

Com a abertura de um novo caminho ligando as áreas de mineração diretamente ao Rio de Janeiro e com a elevação de São Paulo a vila, em 1713, o Vale do Paraíba paulista entraria em declínio e, consequentemente, mais uma vez, o litoral norte paulista. Com a decadência da mineração e o incentivo do governo português a culturas de exportação, como o fumo, o anil, a cana-de-açucar e o café, a economia deixa de ficar estagnada e o litoral norte volta a crescer no fim do século XVIII e no XIX. Algumas estradas que fazem ligação com o planalto datam desse período, como a estrada do padre Dória, que ligava São Sebastião ao reverso da serra, a de Ubatuba a São Luís de Paraitinga e Caraguatatuba, a Paraibuna (Silva, 1975). No ano de 1827, o município de Ubatuba sobressaiu na produção de café, com 10.411 arrobas e 1.463 de açúcar. Em 1799, sob novas leis que favoreciam a livre saída de mercadorias, houve um aumento do número de engenhos e canaviais no litoral norte (37 engenhos). As novas medidas, menos rígidas, favoreceram também o crescimento da agricultura canavieira e levaram à fundação da Vila Bela da Princesa, em 1805, hoje Ilhabela. O café também se destacou na sua economia, segundo a Secretaria do Meio Ambiente (2005). Em meados do século XIX, a ilha, juntamente com as de Vitória e Búzios, chegou a ter 225 fazendas de café, tornando o município de grande importância na produção (Tabela 2).

O ápice da produção cafeeira foi em 1854, quando São Sebastião possuía 106 fazendas, com 2.185 escravos e com produção anual de 86 mil arrobas.

França (1951), *in* Silva (1975), ao comentar sobre o uso do solo pelo café, chama atenção sobre as muitas áreas desnudas dos esporões como resultados do ciclo do café. Em Ilhabela, segundo a Secretaria do Meio Ambiente (2005), o impacto ambiental causado pelo cultivo do café foi ainda mais devastador do que o da cana-de-açúcar, pois as plantações de café chegaram a atingir a cota altimétrica de 400 m, ampliando a devastação da floresta nativa.

TABELA 2

Produção de café no litoral norte em arrobas

Anos	1836	1854	1886	1920
São Sebastião	42.845	86.000	600	–
Ilhabela	10.289	112.500	4.000	3.020
Ubatuba	31.000	99.500	5.000	153

Fonte: Santos e Campos (2000).

É nesse período de apogeu econômico que Caraguatatuba foi elevada a vila, no ano de 1857. O café, embora tenha feito parte da economia, comparando aos demais municípios, foi incipiente, cuja maior produção foi no ano de 1835, com 3.503 arrobas (Santos e Campos, 2000). O município de Caraguatatuba teve somente crescimento em sua economia com a instalação da Fazenda dos Ingleses, em 1927:

Abrigando famílias de estrangeiros instaladas em casas de alvenaria, dentro de uma área inicial de 4.020 alqueires, a Fazenda de São Sebastião era conhecida por Fazenda dos Ingleses. Para seu divertimento, os ingleses fizeram construir quadras de tênis, campos de golfe e polo. Também jogavam cricket. No campo de futebol, chegaram a disputar campeonatos com 30 times. Jogavam pingue-pongue e assistiam documentários no cinema da fazenda. A Fazenda dos Ingleses foi o principal fator de desenvolvimento da cidade até a chegada dos turistas. Era uma das três maiores do gênero na América do Sul. Uma via férrea interna, que chegou a ter 120 quilômetros de extensão, transportava as frutas para o porto, no Rio Juqueriquerê, onde havia um cais de 100 metros. Dali elas seguiam para os navios atracados no Canal de São Sebastião, que as levavam até Londres. Por volta de 1946, no final da Segunda Guerra Mundial, a fazenda retomou a produção de cítricos, voltando ao mercado inglês, e sobreviveu mais 20 anos com essa cultura, apesar da decadência paulatina. Com a catástrofe de 1967, metade da fazenda ficou debaixo da lama. A retomada das atividades só ocorreu na década de 1990, quando a Pecuária Serramar instalou um projeto pecuário de alta tecnologia no mesmo local (*Litoral Virtual*, 2010).

Após o ciclo econômico do café, um novo período de estagnação viria a ocorrer no litoral norte; a região permaneceria em relativo abandono até o ano de 1936 (Silva, 1975). Entre 1920 e 1940, excetuando-se Caraguatatuba, os demais municípios tiveram um declínio de seu contingente populacional, principalmente Ubatuba (Tabela 3).

TABELA 3

Número de habitantes no litoral norte paulista

Anos	São Sebastião	Ilhabela	Caraguatatuba	Ubatuba
1766	1.783	–	–	1.191
1836	4.290	4.235	–	6.032
1854	4.101	10.769	1.616	–
1876	4.712	6.740	1.668	7.565
1886	5.132	6.833	1.951	7.803
1890	–	7.361	–	–
1910	8.923	7.000	3.562	9.049
1920	6.340	8.052	2.917	10.179
1934	6.727	6.215	4.230	7.593
1940	6.036	5.568	4.666	7.255
1950	6.033	5.066	5.429	7.941
1960	7.476	5.119	9.819	10.294
1970	12.385	5.857	15.322	15.478
1980	18.997	7.800	33.802	27.139
1991	33.890	13.538	52.878	47.398
1996	43.845	13.100	67.398	55.033
2000	58.038	20.836	78.921	66.861
2007	67.348	23.886	88.815	75.008
2010	73.833	28.176	100.899	78.870

Fontes: ([1]) Silva (1975); ([2]) IBGE (2010).

A decadência do café no Vale do Paraíba, que perdeu mercado para a maior produtividade da lavoura de café do oeste paulista (região de Campinas), e a construção da ferrovia Santos-Jundiaí, inaugurada em 1867, determinaram o isolamento econômico da região do litoral norte. Nesse período, o porto de Ubatuba foi fechado e muitas fazendas se extinguiram, virando ruínas.

Uma tentativa de construir uma ferrovia entre Taubaté e Ubatuba foi vista com muita esperança, sendo importados trilhos da Inglaterra. Porém, durante o governo do presidente Floriano Peixoto, foi suspensa a garantia de juros sobre o valor do material importado, provocando a falência do Banco Popular de Taubaté e, como consequência, a da companhia construtora. Nesse período de estagnação, a economia passou a ser de subsistência, pesca e lavoura, configurando o modo de vida caiçara (Santos, 1975; Simões, 2005; Fida e Ricci, 2008).

A partir de 1936, com a construção do porto comercial de São Sebastião e a abertura da Rodovia dos Tamoios, ligando Caraguatatuba a São José dos Campos, a situação de marginalização e isolamento do litoral norte tem seu rompimento. O advento do turismo, a partir da década de 1950, faz com que o litoral norte passe a ser ocupado efetivamente, desenvolvendo-se a partir daí um processo de sobrepovoamento (Silva, 1975). É nesse período que se tem a abertura da SP-55 (Ubatuba-Caraguatatuba).

FIGURA 15. Vista a partir do centro de São Sebastião. Ao fundo, o porto de São Sebastião e o município de Ilhabela. (Foto: Maria C.O. Jorge, 2010.)

Com a valorização turística da paisagem, inicia-se um novo processo na economia do litoral norte, a do turismo. É o início de um ciclo econômico marcado pela especulação imobiliária, crescimento desordenado e perda de identidade do caiçara. Com exceção dos municípios de Caraguatatuba (Centro Regional de Serviços e presença do gasoduto) e São Sebastião (presença de porto — Figura 15 — e da Petrobras), cuja base econômica é mais diferenciada, Ubatuba e Ilhabela têm sua economia estruturada pelo turismo.

2. Degradação do litoral norte

Como visto na análise espaço-temporal, os vários ciclos econômicos pelos quais o litoral norte paulista vivenciou impulsionaram o crescimento e também os níveis de degradação em face da fragilidade ambiental que o mesmo se encontra. Porém, foi a partir da década de 1970, onde houve uma valorização turística da paisagem e, consequentemente, uma especulação imobiliária desenfreada, que o litoral norte tem sua paisagem marcada por uma ocupação rápida e desordenada. Essa transformação espacial trouxe inovações técnicas e culturais e a modernização em diversos setores da economia, como a ampliação da rede viária, a expansão do setor terciário e inovações na construção civil. Porém, a migração, a introdução de novos hábitos e costumes levaram à perda de identidade do habitante local, o caiçara. É a partir dessa perspectiva que a degradação é analisada.

2.1. Turismo

O turismo, considerado uma das principais atividades econômicas da região, principalmente em Ubatuba (Figura 16) e Ilhabela, possibilita a geração de renda e emprego para um contingente significativo da população, porém é visto que a cada ano, com o fluxo cada vez maior de turistas, tem se tornado uma atividade impactante que acaba por se refletir na qualidade de vida da população.

A variação entre a população fixa e a população flutuante é um problema visível em todos os municípios e que gera um efeito negativo em cadeia. Esses efeitos negativos decorrem da falta de infraestrutura, pois

FIGURA 16. Pela localização, em frente à BR-101, e por possuir boa infraestrutura, a Praia Grande disputa com as de Maranduba e Perequê-Açu o título de praia mais frequentada em Ubatuba. (Foto: Antonio J. T. Guerra, 2010.)

FIGURA 17. Estrada do Araribá, a principal do bairro de mesmo nome, que em épocas de grandes chuvas fica quase intransitável. (Foto: Maria C.O. Jorge.)

o acréscimo da população traz igual acréscimo na demanda de bens e serviços, cuja demanda não é suprida. A relação entre a população fixa e a população flutuante varia de 1,00:1,65, podendo chegar a 1,00:4,00 na alta temporada (São Paulo, 1996). Muitos investimentos são realizados para mascarar a realidade perante o turista, porém bairros afastados dos centros urbanos ou de áreas valorizadas possuem muito pouca infraestrutura (Figura 17).

A oferta de emprego na alta temporada torna-se um chamariz para migrantes vindos de várias partes do país, principalmente Minas Gerais e cidades nordestinas, mas também cria uma situação conflitante. Essas ofertas de emprego diminuem consideravelmente após o período da temporada, e muitas pessoas ficam desempregadas. Outro fator impactante diz respeito a moradias e localização das mesmas. Geralmente possuindo baixo poder aquisitivo, esses migrantes passam a ocupar áreas ambientalmente frágeis (terrenos em fundos de vales e encostas íngremes) e desprovidas de infraestrutura básica. Tem-se alguns exemplos de localidades que ganham nomes relacionados às principais correntes migratórias, como Morro dos Mineiros, Morro dos Baianos, Vila dos Baianos e Vila dos Nordestinos.

A pressão imobiliária também contribui para a ocupação de áreas nobres com habitações irregulares. Ao longo da costa, residências ocupam áreas de mangues, condomínios de luxo ocupam sopés dos morros e a pressão por loteamentos é enorme em áreas próximas à praia. A privatização de praias públicas, como ocorre em Ilhabela e Ubatuba, também demonstra uma segregação socioespacial do ambiente.

O comprometimento das condições de balneabilidade das praias é outro fator impactante, cujas causas são os rios poluídos que desembocam no mar e a contaminação do lençol freático e de canais de drenagem. No litoral norte, em 1996, das 59 praias monitoradas, 13 estavam comprometidas e, no ano de 2010, 18 praias impróprias, sendo Caraguatatuba considerada a com pior qualidade da água (CETESB, 2010). As condições da qualidade das praias estão relacionadas diretamente ao saneamento básico inadequado, demanda excessiva de pessoas que aumenta na temporada e às condições geomorfológicas locais, como o lençol freático elevado.

2.2. Sistema viário

Dada as características da topografia regional, a malha viária urbana apresenta uma formação linear, que não permite ou dificulta sua expansão (SEMA, 1996).

O sistema viário inter-regional mais importante é a SP-99, que liga Caraguatatuba a São José dos Campos. Outra rodovia que faz conexão com o planalto é a SP-125, que liga Ubatuba a Taubaté. Essa rodovia possui traçado mais sinuoso, procurando adequação às curvas de nível, com menor interferência no meio físico (Tabela 4).

TABELA 4

Rodovias de acesso ao litoral norte e principais características

Sigla	Trecho	Alteração provocada	Observação
SP-55	Piaçaguera-Guarujá-Ubatuba	Comporta-se como um dique impedindo o escoamento da água	Trecho Piaçaguera-Guarujá não apresenta problema
BR-101	Ubatuba-Rio de Janeiro	Problema de mobilização do solo e rocha nos taludes de corte e aterro, interferindo em linhas de drenagem	Continuação da SP-55
SP-125 Rodovia Oswaldo Cruz	Ubatuba-Taubaté	O alargamento da via (no alto da serra) está causando problemas	O projeto procurou adequar as curvas de nível e fez uma drenagem eficiente
SP-99 Rodovia dos Tamoios	Caraguatatuba-São José dos Campos	Problemas com escorregamentos e rupturas. Em 1967, foi atingida por grandes deslizamentos	Movimento intenso nos fins de semana, ligação importante entre o litoral norte e o Vale do Paraíba

Fonte: São Paulo (1996).

FIGURA 18. Deslizamento às margens da BR-101 no ano de 1993, trecho Ubatuba-Caraguatatuba; a rodovia ficou interditada por três dias. (Foto: Arquivo do jornal *Maranduba News*, 2011.)

Nessas rodovias que ligam o litoral ao planalto, a escarpa é transposta de forma abrupta por vales encaixados, como o Rio Santo Antônio em Caraguatatuba e pelo Rio Grande de Ubatuba, na cidade de mesmo nome. Não possuem túneis ou viadutos, sendo cortada a meia encosta (Silva, 1975). Problemas ligados à erosão e ao escorregamento nos taludes e encostas (Figura 18) podem ser verificados, sendo esses processos mais intensos em trechos da rodovia implantados nos esporões da Serra do Mar.

Segundo Salati Filho e Cottas (2003), nas áreas de planície, em certos trechos situados sobre área sedimentar de baixa resistência, são visíveis irregularidades na pista, como deficiência do sistema de drenagem (Figura 19).

A Rodovia SP-55/BR-101, no trecho urbano (Ubatuba/Caraguatatuba/São Sebastião), tem função distribuidora do tráfego local e de concentração de atividades, principalmente comércio e serviços, por isso gera um tráfego intenso na área urbana, principalmente nos feriados. O Terminal Intermodal de Cargas (CENAGA) também contribui para o tráfego local, já que os caminhões circulam entre o terminal em São Sebastião e a Rodovia dos Tamoios. No município de Ilhabela, o congestionamento de

FIGURA 19. Escoamento de água dificultado pela obstrução da pista que se comporta como um dique no trecho da BR-101, Praia Vermelha do Norte, Ubatuba (2010). (Foto: Maria C.O. Jorge, 2011.)

carros ocorre no Terminal de Ferry-Boat, principalmente em feriados (São Paulo, 1996). Ambas as rodovias têm o traçado paralelo à linha da costa, percorrendo tanto áreas da baixada e morros isolados quanto esporões da Serra do Mar. Problemas ligados à erosão e escorregamento nos taludes e encostas podem ser verificados, sendo esses processos mais intensos em trechos da rodovia implantados nos esporões da Serra do Mar (Salati Filho e Cottas, 2003).

Essas rodovias, se por um lado facilitam o deslocamento e se tornam indutoras de progresso, por outro lado contribuem para alterações e impactos ambientais. Aspectos negativos são apontados, como o congestionamento cada vez maior da malha viária (principalmente nos feriados de final de ano), pela ocupação em áreas próximas à rodovia e no desenvolvimento de atividades, como a extração vegetal e mineral. Esses aspectos, quando somados às características naturais do terreno, estabelecem por si só uma relação de conflito na paisagem.

2.3. Sistema de coleta de lixo

O sistema de coleta de lixo no litoral norte é um dos grandes desafios que as prefeituras enfrentam na atualidade, pois nenhum dos quatro municípios dispõe de um local adequado para depositá-lo.

Com a interdição dos quatro lixões no litoral norte, as prefeituras foram obrigadas a adotar o transbordo do lixo para cidades do Vale do Paraíba (Tremembé e Santa Isabel). Ubatuba é a cidade que lidera o valor de gastos, já que não é permitido o tráfego de caminhões na Rodovia Oswaldo Cruz e é preciso pegar a Tamoios, em direção a Tremembé. Em 2009, Ubatuba gastou mais de 9 milhões de seu orçamento (*Imprensa Livre*, 2010) para transportar o lixo. A logística em Ilhabela é ainda mais complicada, já que existe a dependência da balsa para o transporte e, durante a temporada, é comum ver na rodovia grandes filas de carros atrás de caminhões (*Ecodebate*, 2008). Em São Sebastião, todo o lixo é levado para uma estação de transbordo, no centro da cidade, e, dessa estação, o lixo é transferido até o município de Tremembé.

Dos quatro municípios, Ubatuba foi o último a desativar o seu lixão, no ano de 2008. O lixão, que ficava situado próximo ao Rio Grande de Ubatuba, se encontrava próximo à cota de preservação da Serra do Mar e não teria condições de ser ampliado. O Rio Grande de Ubatuba, que corta a cidade estava recebendo chorume. Em Caraguatatuba, o lixão ficava numa área de depósito da Fazenda Serramar e foi fechado em fevereiro de 2007.

FIGURA 20. Estrada servindo como área de despejo de lixo, bairro Sertão do Ingá (Ubatuba). (Foto: Maria C.O. Jorge.)

De acordo com a Secretaria de Estado do Meio Ambiente, é inviável a criação de aterros sem todas as licenças ambientais. Outro fator inibidor é a falta de áreas apropriadas à construção de aterros, como em Ilhabela; boa parte do município está inserida no Parque Estadual da Serra do Mar e Ubatuba e São Sebastião, que se encontram espremidas entre a serra e o mar, dessa forma restando apenas o município de Caraguatatuba. As prefeituras dos quatro municípios já chegaram a discutir a formação de um consórcio para a construção de um aterro sanitário regional em Caraguatatuba, considerada a única cidade com local mais apropriado, porém, a construção da base de gás da Petrobras já tomou boa parte das áreas disponíveis e as que restam são áreas de condições ambientais frágeis, como áreas de mangue, próximas ao Rio Juqueriquerê, ou ficam próximas da Serra do Mar (*Ecodebate*, 2008).

Nesses municípios, com a chegada da alta temporada a quantidade de lixo triplica. Em janeiro de 1994, segundo informações da CETESB, *in* São Paulo (1996), o total de lixo produzido no litoral norte era de 95 t/dia, e na alta temporada, de 350 t/dia. Em 2008, Ubatuba chegou a produzir cerca de 5 mil toneladas por mês durante a alta temporada (*Imprensa Livre*, 2010). Ainda nesse período, pela ineficiência do sistema de coleta de lixo, é comum observar verdadeiros depósitos de lixo próximos à rodovia, em praias e bairros mais afastados do centro (Figura 20).

2.4. Mineração

A atividade de mineração (extração de rochas ornamentais e material de empréstimo) ocorre ao longo de todo o litoral norte e sua exploração inadequada tem como consequência a depreciação do patrimônio paisagístico do município e perigos à população e ao meio ambiente (Ferreira *et al.*, 2008).

O aproveitamento de rochas ornamentais no litoral norte restringe-se às rochas charnoquíticas de Ubatuba, também conhecidas como granito verde (Tabela 5), tendo domínio quase todo restrito em Ubatuba, com ocorrências esparsas em São Sebastião e Caraguatatuba (Bitar, 1990). Outras atividades de mineração estão relacionadas a materiais de empréstimos, como saibro, cascalho, areia, argila e pedras (Figura 21), e constitui um fator importante para a ocupação da região, pois permitiu o aterro das áreas alagadiças e a implantação de núcleos habitacionais e da rede viária (Ferreira *et al.*, 2008).

FIGURA 21. Extração de areia e cascalho no Rio Grande de Ubatuba. (Foto: Maria C.O. Jorge, 2003.)

TABELA 5

Principais produtos minerais e impactos ambientais

Produto	**Origem**	**Impacto ambiental e relação de conflito**
Granito verde de Ubatuba	Ubatuba e esparso em Caraguatatuba e São Sebastião	Em áreas urbanas, de mananciais turísticos de conservação ambiental
Saibro, cascalho, terra e areia	Ao longo de todo o litoral norte (Serra do Mar e leito de rios)	Sobre estradas e em áreas geralmente próximas às margens dos rios, áreas urbanas, patrimônio paisagístico, áreas turísticas
Argila	Fazenda Serramar (Caraguatatuba)	Retirada da vegetação na encosta a fim de utilizar a lenha para os fornos de cerâmica
Pedras	Ao longo do litoral norte, Caraguatatuba (Massaguaçu)	Em área de manancial

Fonte: SEMA (1996).

A problemática ambiental devida à exploração de charnoquito, principalmente em Ubatuba, nas últimas quatro décadas, deve-se principalmente às atividades de lavra e à disposição dos rejeitos. Os principais riscos e problemas ambientais, segundo Bitar (1990), são:

- áreas abandonadas expostas à erosão;
- deposição de sedimentos em casas, ruas e estradas;
- transporte de blocos: risco ao tráfego;
- turvamento das águas de praias e rios. Devido ao descuido da disposição de imensos volumes de rejeitos formados por blocos, lascas de material rochoso, produzidos durante a lavra e preparação dos blocos;
- risco de queda de blocos e fragmentos rochosos de rejeito abandonado;
- ocupação de risco em áreas abandonadas. Áreas abandonadas próximas ao centro facilitaram a ocupação desordenada, como no bairro Pedreira, em Ubatuba;
- assoreamento e entulhamento de drenagem pelos rejeitos abandonados;
- indução de movimento de massa nas encostas. Áreas expostas a processos erosivos associados aos enormes volumes de rejeito se somam às frágeis vertentes de morros, mais um fator que contribui para a instabilidade das encostas e aceleração dos processos de escorregamentos em Ubatuba;
- desfiguração da paisagem pelo desmatamento e escavação. A exploração desordenada e sem a correta finalização da lavra, não estando prevista a reversão ou a minimização dos impactos ambientais, desfigura a paisagem das encostas da Serra do Mar em razão das esparsas clareiras abertas.

Além dos impactos citados, Bitar *et al.* (1985), *in* Bitar (1990), outro fator que chama a atenção é a localização das áreas de lavra em relação aos limites do Parque Estadual da Serra do Mar. Do total de 43 praças de extração de granito verde cadastradas na época, 11 estavam dentro do parque e 8 no seu limite.

Ferreira *et al.* (2008) apresentam um trabalho para o município de Ubatuba, no qual definem quatro indicadores da degradação ambiental devido à extração de saibro e, secundariamente, por rocha ornamental (foram cadastradas 116 áreas, que variam de 800 m^2 até cerca de 150 mil m^2), como processos erosivos, irregularidade do terreno, área desmatada e área de solo exposta. Os resultados mostraram que foram registrados um total de 10 km de feições lineares de processos erosivos associados a áreas de mineração relacionadas a 1,2 km^2 de solo exposto, um total de área desmatada de 2,4 km^2 e comprimento de quebras de taludes, como cortes e irregularidades em geral, com cerca de 30 km. Das 116 áreas, 22 se encontram numa classe muito alta de degradação e são mais frequentes nas regiões sul e central do município, e que constituem as áreas prioritárias para projetos de recuperação ambiental, pois, apesar da ação fiscalizadora do Poder Público, a partir da década de 1990, de embargar lavras ilegais, a recuperação ambiental das mesmas não foi efetivada (Figura 22).

FIGURA 22. Área de extração de saibro e terra abandonada próxima à estrada do Sertão do Ingá, Ubatuba. (Foto: Maria C.O. Jorge, 2010.)

Quanto ao desenvolvimento das atividades de mineração de materiais de empréstimo no litoral norte, Bitar (1990), chama atenção para o município de Caraguatatuba, onde é realizado sobretudo nos morros, a partir dos solos de alteração de rochas cristalinas diversas, bem como em diques de diabásio, depósitos coluvionares nos sopés de encostas e, em alguns casos, em depósitos aluvionares. As modificações ambientais, relacionadas a áreas de empréstimo em Caraguatatuba, decorrem, sobretudo, do desmonte e do abandono de áreas lavradas. Ocorrem instabilizações de taludes naturais do sopé de encosta de modo equivalente ao que se verifica em cortes de estradas, além de erosão laminar e em sulcos que, em alguns casos, evoluem para situações com feições de voçorocas e assoreamento de cursos d'água a jusante (Bitar, 1990). A extração de material de empréstimo tanto viabiliza a ocupação de terrenos anteriormente inaptos (geralmente por ocupação de médio a alto padrão) quanto induz à ocupação dessas áreas, quando abandonadas (famílias de baixa renda). Nessas áreas, algumas habitações extrapolam o entorno e ficam propensas a escorregamentos de terra ou blocos de rocha. Outros problemas mais frequentes estão relacionados a escorregamentos de material sobre rodovias, como a SP-55 e a SP-99. Isso se deve ao fato de que a maioria das caixas de empréstimo foram instaladas às margens das rodovias e vicinais pelo fácil escoamento (Bitar, 1990).

Para Ferreira *et al.* (2008), a extração de saibro foi e ainda pode ser considerada estratégica para o desenvolvimento dos municípios por seu uso na infraestrutura civil e na manutenção da rede viária. Porém, ainda que exista em abundância e não necessite de tecnologias sofisticadas para sua produção, seu uso desordenado e sem compromisso com a correta finalização da lavra tem grande potencial de impacto ambiental. Tais problemas estão relacionados à dinâmica das águas (alagamento, assoreamento, enchente, turbidez e alteração da acidez de cursos d'água), instabilidade de encostas (corrida de lama, erosão acelerada, escorregamento), perda da camada de solo superficial, queda e rolamento de blocos, rastejo da encosta e impacto visual.

2.5. Processos ligados à ação antrópica

As escarpas da Serra do Mar, por si só, mostram-se como uma área de grande instabilidade natural, pois apresentam um conjunto de características físicas próprias (a amplitude e a declividade de suas escarpas configuram um relevo de alta energia potencial que é intensificada pelo elevado índice pluvial da região e que aceleram os processos erosivos (Marujo, 2003; Guerra e Oliveira, 2009).

Essas condições permitem diferenciar, nessas áreas, dois conjuntos de processos, um ligado à alteração das rochas e aos movimentos de massa, e outro associado ao escoamento superficial e ao escoamento fluvial (DER, 2010).

As interferências antrópicas tendem a diminuir as suas condições de estabilidade, intensificando os movimentos de massa (Figura 23) e a ação erosiva das drenagens serranas. Dessa forma, a construção de vias de acesso, bem como a ocupação urbana em vários pontos da escarpa, intensifica a ação dos processos erosivos e o fornecimento de detritos para a planície costeira.

Estudos realizados para a elaboração do Macrozoneamento do litoral norte (1996), por meio de uma superposição de atributos físicos e uma posterior caracterização das aptidões e restrições à ocupação, constataram que nos dois grandes compartimentos, como as escarpas e planícies, ocorrem problemas específicos decorrentes de processos naturais e antrópicos que restringem a ocupação, como escorregamentos, blocos rolados, processos erosivos e corridas de lama (encostas) e enchentes, alagamentos,

FIGURA 23. Deslizamento de terra após um intenso período de chuva na estrada que liga a BR-101 à Praia da Almada, em Ubatuba. (Foto: Maria C.O. Jorge, 2010.)

assoreamento e problemas de saneamento básico (planícies). Marujo (1993) verificou que, em áreas onde a ação antrópica é mais relevante, proximidades dos cortes das estradas, os movimentos de massa tipo rastejo são comuns; a construção de estradas exigindo aterros sobre talvegues profundos e cortes nas vertentes culminam na ativação dos rastejos aliada à ação intensa do escoamento superficial e subsuperficial.

Outros processos relacionados à ocupação humana são os relacionados à remoção de materiais, cujo objetivo é o de efetuar aterros nas baixadas para a expansão imobiliária. Nas vertentes expostas, e em épocas de elevada precipitação, sob a ação do escoamento superficial e difuso, ocorre a remoção de grande quantidade de material, ocasionando em muitos pontos o assoreamento dos rios.

2.6. Qualidade de vida do caiçara

As mudanças no hábito do caiçara, causadas pela explosão do mercado imobiliário, ocasionaram uma relação conflituosa entre os moradores nativos e os turistas e mostram um cotidiano com muitas restrições e péssimas condições de vida que acabam atingindo não só a saúde física, mas também a saúde psíquica (Fida e Ricci, 2008; *Ecodebate*, 2010; Nascimento, 2010). Essas transformações geraram um impacto significativo na qualidade de vida das comunidades, já que existe uma íntima relação entre a pessoa e seu hábitat. No caso das famílias pobres, o sentimento de ser marginal, de estar fora dos padrões de moradia (Figura 24) e de consumo decorrentes, é um fator-chave para que a segregação produza efeitos profundos de desintegração social, conduzindo a um grande desgaste psíquico e emocional (Nascimento, 2010).

Tais impactos se refletem na degradação da qualidade ambiental e descaracterizam o modo de vida de seus moradores nos aspectos econômico (pesca artesanal e agricultura de subsistência), cultural e social (Figura 25).

A população caiçara até então pacata, com sua identidade própria, assiste a invasão de seu espaço e a sua marginalização diante do mesmo. Os espaços foram sendo tomados por pessoas das mais diferentes origens, classes sociais e culturas, e a base de sua economia foi totalmente modificada, tornando muitos caiçaras prestadores de serviços.

FIGURA 24. Exemplo de moradia situada nos locais ditos "sertões", caracterizados por baixo valor imobiliário, sem infraestrutura e distantes do centro urbano. Ubatuba (SP). (Foto: Maria C.O. Jorge, 2010.)

FIGURA 25. Espaço antes ocupado por pescadores tradicionais e hoje área de lazer para turistas. Praia da Tabatinga, Caraguatatuba. (Foto: Maria C.O. Jorge, 2010.)

Nas brevíssimas estadas em Ubatuba, tivemos oportunidade de conhecer de perto o drama pungente que as espoliações de toda sorte geraram, nas últimas duas décadas, contra a cultura caiçara e contra toda a cultura de todo o litoral brasileiro. Os velhos pescadores-lavradores, cujas famílias, através de gerações, viveram e cultivaram suas roças, em terras que legalmente e por direito eram suas, formam hoje uma humanidade de desempregados, subempregados, favelados e miseráveis, divididos psicologicamente entre um passado de "fartura" e um presente de desorientação, miséria e revolta. Frequentemente analfabetos, desconhecendo seus direitos, o valor de suas terras, e do dinheiro, sucumbiram ante a pressão, a audácia e a voracidade os interesses dos especuladores de terras turísticas, dos grupos econômicos nacionais e internacionais, de elementos da classe média, passando por intelectuais da vanguarda... Perdendo suas terras, era todo o mundo caiçara que vinha abaixo, proletarizando ou marginalizando seus antigos moradores (Marcílio, 2006).

FIGURA 26. Área reconhecida pelo Governo Federal que concede o direito as terras ao Quilombo da Caçandoca, Ubatuba (SP). (Foto: Maria C.O. Jorge, 2010.)

Quanto à valorização do mercado imobiliário, há que se considerar os interesses dos especuladores, que muitas vezes agiram de forma violenta no processo de aquisição de terras, principalmente na década de 1970. Aproveitando-se da falta de documentação de propriedade legal, do analfabetismo, muitas vezes expulsou o caiçara de suas posses. Um exemplo, dentre tantos outros, de espoliação é o da comunidade formada por famílias caiçaras e quilombolas da Praia da Caçandoca e arredores, que foram pressionados a abandonar suas posses por uma empresa do ramo imobiliário. No ano de 2006, o Governo Federal desapropriou as terras pertencentes à empresa e passou a titulá-las em nome dos quilombolas (Figura 26). Na época da tomada das terras, a empresa chegou a impedir o acesso dos moradores ao transporte rodoviário. Hoje, o acesso de carro é permitido na Praia da Caçandoca e restrito à Praia do Pulso (Comunidades Quilombolas do litoral norte, 2011).

3. Impacto antropogênico

Um trabalho realizado por Pereira (2008) sobre o impacto antropogênico no litoral norte mostra que o município de Caraguatatuba apresenta o maior grau de impacto e o de Ilhabela, o menor (Figura 27).

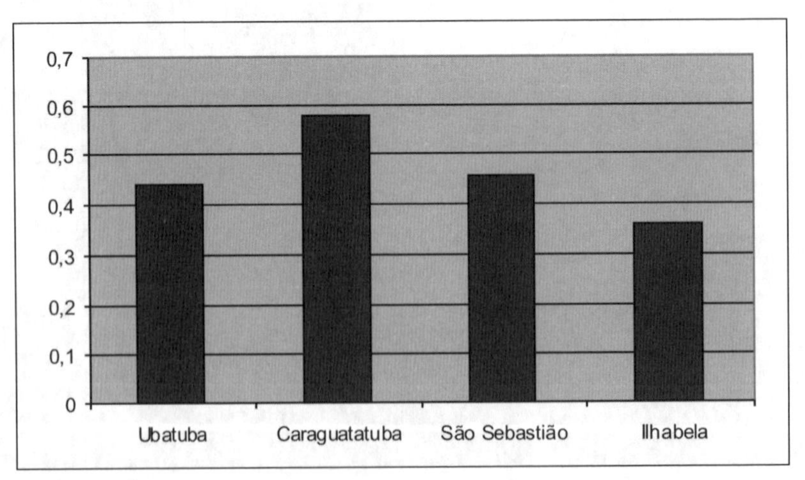

FIGURA 27. Índice Geral de Impacto Antropogênico (IGIA). Adaptada de Pereira (2008).

Para se chegar aos graus de impacto, a autora considerou seis dimensões: espacial, cultural, social, econômica, ecológica e política, cujos valores variaram de 0 a 1. A dimensão cultural foi a que apresentou a maior média, seguida da dimensão social, econômica, política, espacial e ecológica (Tabela 6). Segundo a autora, esse é um indicativo da necessidade de mais investimentos no setor cultural dos municípios, mais incentivos culturais à população. É comum, por exemplo, que em muitos bairros, principalmente os mais afastados do centro e distantes da orla, haja falta de praças, áreas de recreação e atividades culturais diversas.

TABELA 6
Valores calculados para cada uma das seis dimensões do ecodesenvolvimento sustentável

	Ubatuba	Caraguatatuba	Ilhabela	São Sebastião	Média
Espacial	0,28	0,67	0,00	0,69	0,41
Cultural	0,71	1,00	0,83	0,00	0,64
Econômica	0,66	0,34	0,41	0,41	0,46
Ecológica	0,33	0,80	0,25	0,19	0,39
Social	0,40	0,52	0,55	0,47	0,49
Política	0,30	0,32	0,22	0,95	0,45

Adaptada de Pereira (2008).

Os demais índices, como social, econômico e político, estão associados a políticas administrativas municipais e falta de infraestrutura dos municípios. Os serviços oferecidos durante o ano, já escassos, não atendem à grande demanda da alta temporada. Os índices menos impactantes (dimensões ecológicas e espaciais) foram devido os municípios se encontrarem com aproximadamente 80% de suas áreas dentro de Áreas de Preservação da Mata Atlântica (Unidades de Conservação), principalmente Ubatuba e Ilhabela. No litoral norte existe um total aproximado de 1.752.232 ha distribuídos em áreas protegidas, entre Parques Nacionais (da Serra da Bocaina-IBAMA-Ubatuba) e Estaduais (da Serra do Mar, Ubatuba, Caraguatatuba e São Sebastião; Ilhabela e Ilha Anchieta, em Ubatuba, administrados pelo IF-SMA), Estação Ecológica (Tupinambás, Ubatuba e São Sebastião, IBAMA), terras indígenas (Boa Vista do Sertão de Promirim, Ubatuba e Ribeirão Silveira, São Sebastião — FUNAI), áreas sob proteção especial (Costão do Navio, Costão de Boiçucanga; CEBIMAR, todas em São Sebastião — SMA/SP), áreas de proteção ambiental (Alcatrazes e Itaçucê, em São Sebastião e sob jurisdição da prefeitura municipal) e áreas naturais tombadas abrangendo áreas dos quatro municípios; Núcleo Caiçara de Picinguaba, em Ubatuba; área urbana de São Sebastião; sede da Fazenda Sant'Ana e Convento Franciscano de Nossa Senhora do Amparo, em São Sebastião, sob a jurisdição do CONDEPHAT (Agenda 21, 2003).

Caraguatatuba foi o único município que apresentou alto índice de impacto ecológico. Esse valor vai de encontro ao crescimento acelerado do município, com uma urbanização maior e mais adensada. O município com maior índice de impacto na dimensão política é representado por São Sebastião. Esse índice pode ser associado a alta arrecadação de impostos da Petrobras e pela presença do porto de São Sebastião (Tabela 7) (Pereira, 2008).

TABELA 7

Produto Interno Bruto dos municípios do litoral norte

Ano 2007	Caraguatatuba	Ilhabela	São Sebastião	Ubatuba
PIB (R$)	841.978.000	238.916.000	4.299.764.000	695.677.000
PIB *per capita* (R$)	9.480	10.002	63.844	9.273

Fonte: IBGE — Produto Interno Bruto dos municípios no ano de 2007.

Diferentemente dos municípios de São Sebastião e Caraguatatuba, Ubatuba apresentou maior índice de impacto econômico. Isto se deve à dinâmica econômica do município, que vive basicamente de serviços terciários e do turismo; outro item que corrobora é o trabalho informal e o desemprego. Segundo Pereira (2008), a renda da população fixa é predominantemente baixa, muitos habitantes têm sua fonte de economia baseada em serviços voltados à construção civil, serviços domésticos, turismo, agricultura e pesca. Ubatuba, juntamente com Ilhabela, possui o maior contingente de pessoas que ainda têm suas atividades voltadas à agricultura e à pesca. Semelhantemente a Ubatuba, o emprego informal em Ilhabela é grande, contribuindo para um maior impacto na dimensão social, assim como os relacionados à saúde, ao saneamento e à educação (Tabela 8). O alto impacto social reflete na qualidade de vida e, concomitantemente, na saúde dos moradores de Ilhabela, como visto no trabalho de Peres e Barbosa (2008):

As rupturas das relações cotidianas com a natureza geradas pelo Parque Estadual, o estímulo ao turismo desenfreado, o intenso crescimento populacional, a ocupação urbana desordenada, a expansão das áreas de favelização, a ausência de saneamento básico e a influência dos valores capitalistas voltados para o consumo alienado são fatores que vêm degradando o meio ambiente e afetando a qualidade de vida e a identidade do morador de Ilhabela, provocando doenças de vários tipos.

TABELA 8
Características da dimensão e valores de impactos

Dimensão	Característica	Ubatuba	Caraguatatuba	Ilhabela	São Sebastião
Espacial	Urbanização Áreas preservadas Uso do solo	Médio	Médio	Baixo	Médio
Cultural	Bens histórico-culturais	Médio	Médio	Médio	Baixo
Econômica	Emprego e renda Produto Interno Bruto Pesca Empresas	Alto	Médio	Médio	Médio
Ecológica	Modificação na paisagem	Médio	Alto	Médio	Médio
Social	Saúde Saneamento Educação Habitação Segurança	Baixo	Médio	Alto	Médio
Política	Administração pública	Médio	Médio	Médio	Alto

Fonte: Pereira (2008).

3.1. Projetos futuros

Alguns projetos irão beneficiar indiretamente todo o litoral norte paulista e mais diretamente as cidades de São Sebastião e Caraguatatuba, que coincidentemente são as que possuem um maior impacto antropogênico. Nos projetos estratégicos mais recentes estão as obras de ampliação do Porto de São Sebastião, em processo de licenciamento ambiental, a duplicação da Rodovia dos Tamoios (SP-099) e projetos de energia da Petrobras, o gasoduto Caraguatatuba-Taubaté.

3.1.1. *Gasoduto Caraguatatuba-Taubaté (Gastau)*

O gasoduto Caraguatatuba-Taubaté (Gastau) tem como objetivo escoar o gás natural do Campo de Mexilhão, jazida de gás natural encontrada na Bacia de Santos. Contribuirá para ampliar a malha de dutos dos estados do Sudeste e atenderá à crescente demanda brasileira por gás natural. Possui 94 quilômetros de extensão e cruza a área de seis municípios: Caraguatatuba, Paraibuna, Jambeiro, Caçapava, São José dos Campos e Taubaté. O gás tratado na UTGCA seguirá pelo gasoduto Caraguatatuba-Taubaté (Gastau), até a cidade de Taubaté, a cerca de 100 quilômetros de Caraguatatuba, onde será interligado ao gasoduto Campinas-Rio de Janeiro. Está instalado no terreno da Fazenda Serramar, a antiga Fazenda dos Ingleses, em Caraguatatuba, ocupando uma área total de 1 milhão de metros quadrados. A Unidade de Tratamento de Gás, denominada Monteiro Lobato (UTGCA), terá, quando finalizada, uma produção de até 18 milhões de m^3/dia de gás (Salgado, 2009).

Nesse investimento, aspectos positivos estão atrelados ao grande desenvolvimento do município de Caraguatatuba, visto pela dinamização da economia local. Porém, impactos negativos são eminentes, como a degradação do meio ambiente pela alteração nos seus remanescentes florestais, na rede de drenagem e nos riscos de vazamento e incêndio, que podem vir a ocorrer (Salgado, 2009). Além desses impactos de ordem natural, existe o de ordem econômica e social, que já está repercutindo no cotidiano do município, como o crescimento desordenado e, concomitantemente, no aumento da violência. No ano de 2008, segundo o *Mapa da Violência dos Municípios Brasileiros*, Caraguatatuba aparecia como a cidade mais violenta do estado de São Paulo, com média de 70 assassinatos para cada 100 mil pessoas, seguido de São Sebastião, com média de 60 homicídios (Waiselfisz, 2008).

4. Conclusões

A degradação dos solos no litoral norte paulista está atrelada às grandes transformações socioambientais ocorridas ao longo de sua história de ocupação, através dos ciclos econômicos, que deixaram marcas históricas, mas também pela exploração do seu ambiente. Porém, a degradação, como sendo de grande impacto, é vista a partir de um novo ciclo econômico do qual o litoral norte paulista passou a vivenciar, o da indústria do turismo.

O rompimento abrupto que ocorreu no modo de vida dos indígenas com a chegada dos colonizadores pode mais uma vez ser visto com o caiçara e sua cultura e o novo modelo de organização do espaço ditado pelo modelo econômico da indústria do turismo. Apesar de esse rompimento ter ocorrido há muitos anos, do início da década de 1950 até hoje pode se ver a marginalização e a falta de identidade de alguns grupos de caiçaras, que não se adequaram a esse novo padrão de vida; a terra vista como único referencial de vida e sobrevivência passou a agregar valores até então desconhecidos.

Hoje, ao analisarmos a situação atual dos quatro municípios, apesar de um histórico de ocupação semelhante e ciclos econômicos, as diferenças são nítidas em decorrência das grandes transformações políticas, sociais e econômicas que resultaram em impactos antropogênicos diferenciados. O turismo ainda continua a ser de grande importância no cenário econômico dos quatro municípios, principalmente Ilhabela e Ubatuba, porém São Sebastião e Caraguatatuba já possuem uma dinâmica econômica mais variada, por receberem *royalties* de petróleo e gás, respectivamente, sendo Caraguatatuba mais recentemente. Consequentemente, também são os municípios que apresentam maiores impactos ecológicos e políticos. Os municípios de Ubatuba e Ilhabela, que possuem uma economia que oscila entre a alta e a baixa temporada, principalmente Ubatuba, são os que apresentam grandes problemas relacionados a impactos na sua organização econômica e social. A sazonalidade gera um efeito negativo na vida econômica e também na infraestrutura. Isso serve para os quatro municípios.

Ainda a respeito da sazonalidade, Ab'Sáber (2007) discorre sobre o município de Ubatuba:

> Hoje essa região está cheia de ruas, casas, mansões e sítios. Voltei lá recentemente e fiquei boquiaberto com a transformação. Tinha a memória da criança que viu só a natureza, havia muita vegetação no entorno. Era de uma beleza inusitada, porque a mata chegava até a beira da praia, não tinha ainda aquela especulação, de lotear quase tudo, o que mais tarde ocorreu... Na época em que cheguei ali, ainda menino, não havia muita gente. Atualmente, apesar do excesso de construções, continua a ter pouca gente morando, devido à sazonalidade da população.

A degradação dos solos, embora varie em escalas diferenciadas, mostra o litoral norte com grandes problemas decorrentes da falta de políticas públicas adequadas. O turismo desenfreado, o crescimento populacional, a ocupação desordenada, a expansão de áreas de favelização, a ausência de infraestrutura, como a falta de saneamento básico, o desemprego, a falta da capacitação da população fixa que gera poucas oportunidades de renda, a poluição de rios e praias são fatores que vêm degradando o ambiente e afetando a qualidade de vida da população.

É fato também que a região apresenta um alto potencial turístico. Porém, este deveria ser repensado de forma a ser menos exploratório e mais consciente com a qualidade de vida da população e do ambiente. Por outro lado, isso suscita a velha discussão sobre economia *versus* ecologia e a importância das mesmas para o ambiente e para a sociedade.

As mudanças são necessárias e inerentes ao ser humano, mas elas têm que ocorrer de uma maneira menos impactante possível. A degradação dos solos no litoral norte paulista mostra dados que comprometem uma área de grande fragilidade ambiental, por isso a necessidade de olhares para a inter-relação entre a qualidade de vida e o ambiente. Cabe aqui ressaltar que esses olhares não competem apenas ao Poder Público, mas a todos que buscam por um ambiente mais equilibrado.

5. Referências Bibliográficas

AB'SÁBER, A. N. (1955). Contribuição a geomorfologia do litoral paulista. *Revista Brasileira de Geografia*, v. 17, pp. 3-48.

______. (1986). O tombamento da Serra do Mar no estado de São Paulo. *Revista do Patrimônio Histórico e Artístico Nacional*, São Paulo, v. 21, pp. 7-20.

______. (2007). O que é ser geógrafo: memórias profissionais de Aziz Ab'Sáber em depoimento a Cynara Menezes. Rio de Janeiro: Record, 207p.

ADAMS, C. (2000). As populações caiçaras e o mito do bom selvagem: a necessidade de uma nova abordagem interdisciplinar. *Revista de Antropologia*, São Paulo, v. 43, pp. 145-82.

Agenda 21 Litoral Norte SP: Integrar e Mobilizar (2003). Disponível em: <http://www.sigrh.sp.gov.br/sigrh/ARQS/RELATORIO/CRH/CBH-LN/852/tr%20preenchido%20final%20simples.%20doc.doc>. Acesso em 15 Jul. 2010.

ALMEIDA, F.F.M. de. (1964). Fundamentos geológicos do relevo paulista. *Boletim do Instituto Geográfico e Geológico*, São Paulo, v. 41, pp. 169-263.

ALMEIDA, F.F.M. de e CARNEIRO, C. dal R. (1998). Origem e evolução da Serra do Mar. *Revista Brasileira de Geociências*, São Paulo, v. 28, pp. 135-50.

BITAR, O.Y. (1990). *Mineração e usos do solo no litoral paulista: estudo sobre conflitos, alterações ambientais e riscos. Dissertação de mestrado.* Campinas: Instituto de Geociências, UNICAMP, 162p.

CAMARGO, O.A.F. (1994). *Ubatuba ou "Ubachuva": uma questão de geografia.* São Paulo: GraphBox.

CETESB (Companhia ambiental do estado de São Paulo). (2010). Mapa de Qualidade das Praias. Disponível em: <http://www.cetesb.sp.gov.br/qualidade-da-praia/mapa>. Acesso em Dez. 2010.

Comunidades Quilombolas do Litoral Norte (2011). Os conflitos. Disponível em: <http://www.cpisp.org.br/comunidades/html/brasil/sp/litoral_norte/cacandoca/cacandoca_luta.html>. Acesso em 22 Jan. 2011.

CRUZ, O. (1974). *A Serra do Mar e o Litoral na Área de Caraguatatuba: contribuição à geomorfologia litorânea tropical.* São Paulo, Instituto de Geografia/USP, 181p. (Série Teses e monografias, 11).

DER (Departamento de Estradas de Rodagem) (2010). Contornos: Sul de Caraguatatuba e de São Sebastião. Estudo de Impacto Ambiental — EIA, v. 1. Disponível em: <http://www.saosebastiao.sp.gov.br/finaltemp/eia_rima_crg_ssb.asp>. Acesso em: 13 Nov. 2010.

DIEGUES, A.C.S. (1988). *Diversidade Biológica e Culturas Tradicionais Litorâneas: o caso das comunidades caiçaras*. São Paulo: NUPAUB-USP (Série Documentos e Relatórios de Pesquisa, 5).

ECODEBATE (2008). Sistema de lixo no litoral norte de São Paulo entra em colapso. Prefeitos buscarão aterro regional único. Disponível em: <http://www.ecodebate.com.br/2008/12/01>. Acesso em: 28 Nov. 2010.

FERREIRA, C.J.; BROLLO, M.J.; UMMUS, M.E. e NERY, T.D. (2008). Indicadores e quantificação da degradação ambiental em áreas mineradas, Ubatuba (SP). *Revista Brasileira Geociências* (online), v. 38, pp. 153-66.

FIDA, A. e RICCI, F. (2008). Litoral Norte Paulista: a exclusão do caiçara no século XX. *In:* São Paulo: *Anais do XIX Encontro Regional de História: Poder, Violência e Exclusão*, ANPUH/SP-USP, pp. 1-10.

FÚLFARO, V.J; SUGUIO, K. e PONÇANO,W.L. (1974). A gênese das planícies costeiras paulistas. *In:* Porto Alegre: *Anais do XXVIII Congresso Brasileiro de Geologia*, pp. 37-42.

GUERRA, A.J.T e OLIVEIRA, M. (2009). Mapping hazard risk. *Geography Review*, v. 22, pp. 11-13.

IBGE (Instituto Brasileiro de Geografia e Estatística) (2010). Resultados do Censo 2010. Disponível em: <http://censo2010.ibge.gov.br/resultados>. Acesso em: 20 Dez. 2010.

Imprensa Livre (2010). Usina Térmica de lixo na região. Disponível em: <http://www.imprensalivre.com.br>. Acesso em: 30 Ago. 2010.

IPT (1981). *Mapa Geomorfológico do Estado de São Paulo*. São Paulo: Instituto de Pesquisas Tecnológicas do Estado de São Paulo (Série Monografias, 5).

_____. (2002). *Plano de gerenciamento dos recursos hídricos do Litoral Norte —* UGRHI-03. FEHIDRO/SP. Relatório Técnico n. 57. 540, v. 1, 106p.

JORGE, M.C.O. (2004). *Zoneamento ambiental do município de Ubatuba — SP. Dissertação de Mestrado em Organização do Espaço*. Rio Claro: Instituto de Geociências e Ciências Exatas, Universidade Estadual Paulista (UNESP), 110p.

JORGE, M.C.O.; MENDES, I.A.; GUERRA, A.J.T. (2010). Técnicas cartográficas aplicadas ao zoneamento ambiental no município de Ubatuba — SP. *In*: REBELLO, A. (Org.). *Contribuições teórico-metodológicas da Geografia Física.* Manaus: Editora da Universidade Federal do Amazonas, pp. 273-308.

LUCHIARI, M.T.D.P. (1999). *O lugar no mundo contemporâneo: turismo e urbanização em Ubatuba — SP. Tese de Doutorado.* Campinas: Universidade Estadual de Campinas (UNICAMP), 218p.

MARCÍLIO, M.L. (2006). *Caiçara: terra e população: Estudo de Demografia Histórica e da História Social de Ubatuba.* São Paulo: EDUSP, 2ª Edição, 280p.

MARUJO, M.F. (1993). Caracterização dos processos de vertente nas escarpas da Serra do Mar entre Barra do Saí e Boiçucanga (SP). *Geografia,* v. 18, pp. 97-105.

MONTEIRO, C.A. de F. (1973). *A dinâmica climática e as chuvas no Estado de São Paulo.* São Paulo: USP/IGEOG.

NASCIMENTO, P.C. (2010). Tristes trópicos: casos de depressão entre caiçaras do litoral norte são associados às condições socioambientais. Disponível em: <http://www.unicamp.br/unicamp/unicamp_hoje/ju/junho2010/ju464_pag0607.php>. Acesso em: 16 Jul. 2010.

PEREIRA, F.R. de S. (2008). *Avaliação do impacto antropogênico no Litoral Norte de São Paulo. Monografia.* Florianópolis: Departamento de Geografia, Centro de Filosofia e Ciências Humanas, UFSC, 71p.

PERES, S.M. de P. e BARBOSA, S.R. da C.S.(2008). Ilhabela, SP: Transformações Sócio-Ambientais e Processos Saúde-Doença. *In:* Brasília: *Anais do IV Encontro Nacional da ANPPAS,* pp. 1-21.

SALATI FILHO, E. e COTTAS, L.R. (2003). Condicionantes do desenvolvimento sustentável do Litoral Norte Paulista — o exemplo da bacia do córrego da Lagoinha-Ubatuba — SP — Brasil. *Holos Environment,* Rio Claro, v. 3, pp. 15-32.

SALGADO, R. (2009). Base de Gás da Petrobras começa a produzir dentro de 3 meses. Disponível em: < http://www.institutoondaverde.org/>. Acesso em: 16 Ago. 2010.

SANTOS, A.B. dos; CAMPOS, J.F. de (2000). As atividades econômicas. *In:* CAMPOS, J.F. (Org.). *Santo Antonio de Caraguatatuba, memória e tradições de um povo*. Caraguatatuba: FUNDACC, pp. 86-134.

Governo do Estado de São Paulo. Secretaria de estado do meio ambiente (1996). *Macrozoneamento do Litoral Norte: plano de gerenciamento costeiro.* São Paulo: MMA/SMA, 202p. (Série Documentos).

SANTOS, A.B. dos; CAMPOS, J.F. de; PRADO, L.R. de T.; SILVA, V.L.F.M. da (2000). A catástrofe de 1967. *In:* CAMPOS, J.F. (Org.). *Santo Antonio de Caraguatatuba, memória e tradições de um povo*. Caraguatatuba: FUNDACC, pp. 373-86.

SANTOS, A.C. (2010). Caraguatatuba: o dia em que a serra caiu. Disponível em: <http://blogdotano.blogspot.com/2011/01/hecatombe-em-caraguatatuba-1967.html>. Acesso em: 15 Fev. 2011.

Secretaria do Meio Ambiente do Estado de São Paulo, Instituto Florestal (2005). *Subsídios para o Plano de Manejo do Parque Estadual de Ilhabela: Inserção das Comunidades Caiçaras.* São Paulo: SMA.

SILVA, A.C. da (1975). *O litoral norte do estado de São Paulo, formação de uma região periférica*. São Paulo: IGEOG-USP (Série Teses e Monografias).

SILVA, V.L.M. da (2000). Introdução: Geografia e Meio Ambiente. *In:* CAMPOS, J.F. (Org.). *Santo Antonio de Caraguatatuba, memória e tradições de um povo*. Caraguatatuba: FUNDACC, pp. 16-29.

SIMÕES, N. (2005). *Uma viagem pela história do arquipélago de Ilhabela*. São Paulo: Noovha América Editora.

SOUZA, C.R. de (2005). Suscetibilidade morfométrica de bacias de drenagem ao desenvolvimento de inundações em áreas costeiras. *Revista Brasileira de Geomorfologia*, v. 6, pp. 45-61.

SOUSA JÚNIOR, S.B. de e SATYAMURTY, P. (2010). Dois eventos extremos de chuva na região da Serra do Mar. Disponível em: < http://mtc-m18.sid.inpe.br/>. Acesso em: 19 Dez. 2010.

SUGUIO, K. e MARTIN, L. (1978). O quaternário marinho do litoral do estado de São Paulo. *In:* Ouro Preto: *Anais do XXIX Congresso Brasileiro de Geologia*, pp. 281-93.

TROPPMAIR, H. (2000). *Geossistemas e Geossistemas Paulistas*. Rio Claro: UNESP — IGCE.

WAISELFISZ, J.J. (2008). *Mapa da violência dos municípios brasileiros*. Ideal Gráfica e Editora, 112p.

CAPÍTULO 6

EROSÃO DOS SOLOS NA AMAZÔNIA

Adorea Rebello da Cunha Albuquerque
Antonio Fábio Sabbá Guimarães Vieira

Introdução

A Amazônia brasileira nas últimas décadas vem sendo atingida por uma série de impactos ambientais, principalmente no que se refere a desmatamentos e queimadas, como resultado da expansão das fronteiras agrícolas relacionadas à exploração madeireira e atividades agropecuárias. Com a quebra do equilíbrio solo-vegetação, o resultado é o aumento de processos erosivos intensos, marcados principalmente pelo surgimento de grandes incisões, como as voçorocas. Nesse processo, a erosão dos solos tem sido mais facilmente percebida nas cidades, nas estradas e rodovias. O resultado, já conhecido, culmina na degradação do solo e no assoreamento de pequenos canais (Albuquerque, 2007; Vieira, 2008).

Nesse sentido, o presente capítulo faz uma breve descrição dos aspectos físicos naturais desse grande bioma e apresenta uma caracterização geral sobre a erosão dos solos com destaque para a cidade de Manaus e algumas estradas e rodovias onde a existência de voçorocas tem provocado grandes danos ambientais. Além das áreas urbanas, destaca ainda a Base Geólogo Pedro de Moura — Província de Gás e Petróleo da Bacia do Rio Urucu, em Coari (Amazonas), apresentando resultados obtidos durante os levantamentos sobre os processos erosivos dessa área.

1. Quadro natural da Amazônia

1.1. Estrutura geológica

A estrutura geológica da Amazônia está ligada à origem e à formação da Terra, a qual remonta a aproximadamente 4,5 bilhões anos, na era Pré-Cambriana Inferior, e sua configuração atual continua a ser modificada, tanto por agentes internos (dobramentos, metamorfismo, levantamentos etc.) quanto por agentes externos (drenagem, erosão, intemperismo, sedimentação etc.) (Sioli, 1991).

Antes da formação da bacia sedimentar amazônica, os continentes sul-americano e africano estavam unidos e a Cordilheira dos Andes ainda

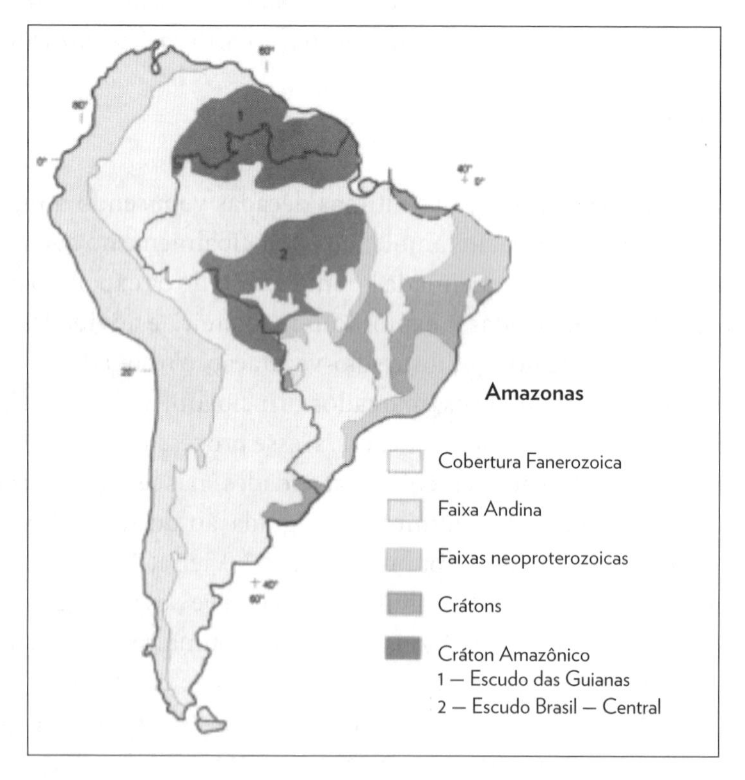

FIGURA 1. Subdivisão tectônica da América do Sul (Almeida, 1978, *in* Reis *et al.*, 2006).

não existia. O então jovem Rio Amazonas e seus afluentes desaguavam no Oceano Pacífico (Ribeiro, 1990). Somente após a separação desses dois continentes e da formação da Cordilheira dos Andes é que esse padrão de drenagem (rumo ao Pacífico) foi modificado (rumo ao Atlântico). Assim, observando-se a bacia sedimentar da Amazônia, verifica-se que, durante alguns milhões de anos, a porção central da bacia recebeu sedimentos originários dos escudos cristalinos das Guianas e do Brasil Central, constituídos por rochas magmáticas e metamórficas (Figura 1). De modo geral, durante esse processo de formação das bacias sedimentares as elevações primitivas foram desgastadas, sendo, portanto, rebaixadas, com topos mais arredondados.

Devemos citar que no período anterior à formação da Bacia Amazônica, há cerca de 600 milhões de anos (era Paleozoica), a Depressão Amazônica encontrava-se "coberta pelo mar, configurando um gigantesco golfo, aberto para o Pacífico" (Sioli, 1991). No que se refere ao estado do Amazonas, Reis *et al.* (2006) mencionam que a geologia dessa área é caracterizada por uma extensa cobertura sedimentar fanerozoica distribuída nas bacias do Acre, Solimões, Amazonas e Alto Tapajós, depositada em um substrato rochoso pré-cambriano onde predominam rochas de natureza ígnea, metamórfica e sedimentar (Figura 2).

A partir desse novo direcionamento das águas na Amazônia, "o solo sedimentar, gerado na água, ficou seco, cobrindo-se com a precursora da atual floresta amazônica" (Sioli, 1991). Os depósitos resultantes desse processo originaram imensas reservas de sal-gema, recentemente descobertas por perfurações da Petrobras na Formação Nova Olinda (Amazonas). Além desses, foram encontrados depósitos de gipsita em Altamira e Monte Alegre, no Pará; depósitos de bauxitas às margens do Rio Amazonas, entre o Xingu e Manaus, e manganês, na Serra do Navio, no Amapá.

1.2. Aspectos geomorfológicos

A ideia de que o relevo amazônico era constituído por um conjunto de formas essencialmente planas, onde os terrenos apresentavam fracos graus de declividade, perdurou durante longo tempo nos estudos e ensinamentos de geografia (Barbosa *et al.*, 1974). Se, por um lado, essa ideia se fez presente em tempos anteriores, hoje é válido destacar que a Amazônia não

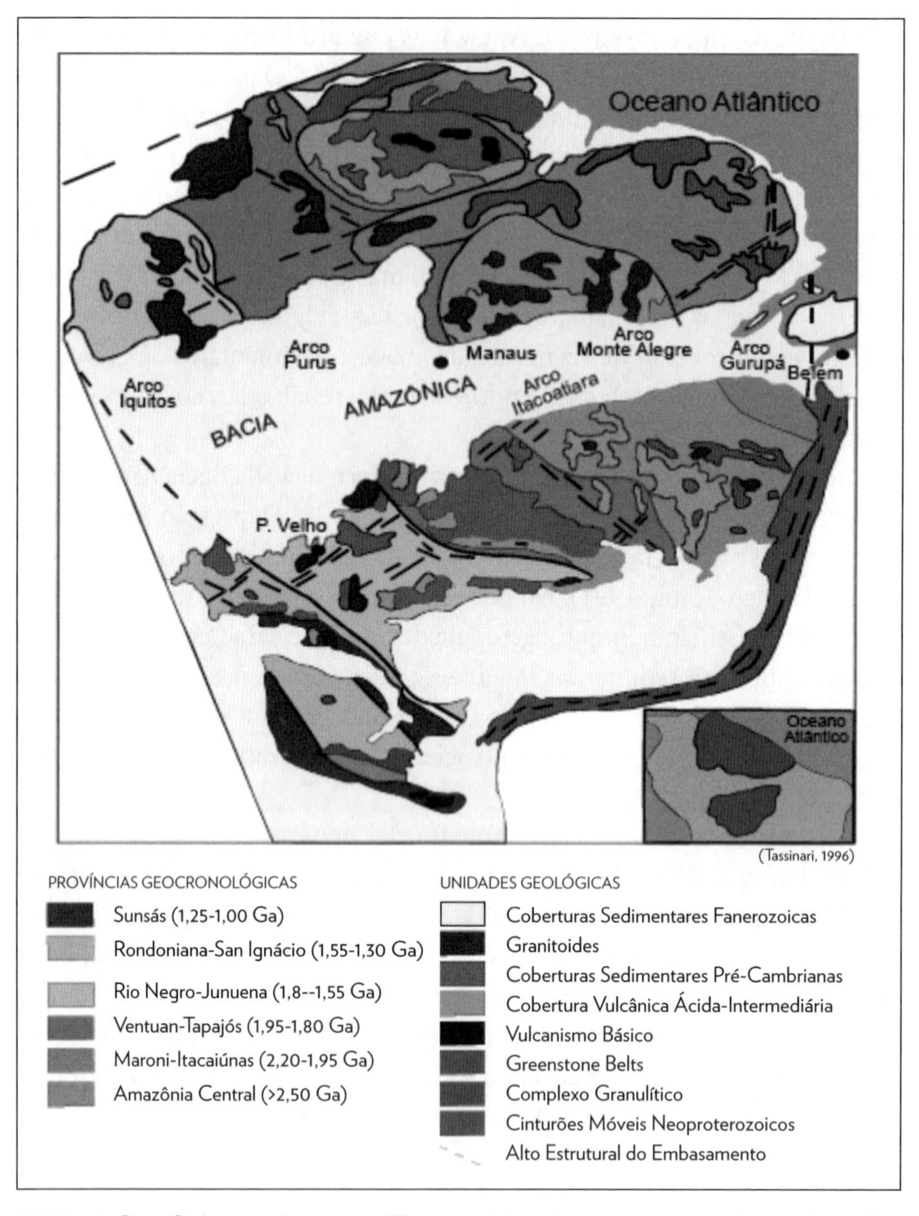

FIGURA 2. Bacia Sedimentar Amazônica (Tassinari e Macambira, 1999 e 2004, *in* Reis *et al.*, 2006).

apresenta formas tão regulares como se pensava. Atualmente, metodologias e técnicas de SIGs indicam que 74% da maior floresta do mundo se encontram em faixas de relevo irregular, predominantemente em áreas de declives, depressões e colinas. Além desses, outros resultados evidenciam que apenas 7% dos 5,1 milhões de km^2 correspondentes à Amazônia Legal Brasileira apresentam relevo essencialmente plano. Informações do Setor de Recursos Naturais do IBGE indicam que 16% das áreas amazônicas, de relevo irregular, podem ser considerados acidentados, com elevados graus de inclinação, tornando esses lugares muito vulneráveis à erosão, principalmente em caso de desmatamento (IBGE, 2009).

Contextualizando o que foi exposto, deve-se ressaltar que informações sobre as feições do relevo amazônico eram limitadas até o fim de 1940. Uma fase inicial de trabalhos do século XX é representada por autores como Agassiz, Derby e Hartz (*in* Gatto, 1991). Posteriormente, Guerra (1994a; 1994b), Sternberg (1950), Sioli (1975), Tricart (1974 e 1977), Projeto RADAM (1978) e trabalhos onde se destacam Latrubesse e Rancy (1998 e 2000), Franzinelli e Igreja (1990 e 2002), dentre outros, marcam uma fase mais recente de estudos para a Amazônia.

Informações atuais do *Mapa de Unidades de Relevo*, publicado em 2004 pelo IBGE, apresentam para essa porção do país as seguintes feições geomorfológicas: a leste, as planícies litorâneas, que evidenciam faixas de contato com os tabuleiros costeiros na capital do Pará, e na parte central, estendendo-se pela vasta bacia sedimentar, a conhecida Planície Amazônica. Seguindo esse conjunto da zona central para as bordas, encontram-se as faixas depressionárias, assim distribuídas: Depressão do Rio Amazonas, dos rios Branco e Negro, Depressão Norte nos rebordos de planaltos residuais da área guianense e a Depressão Sul, situada nas zonas circunvizinhas ao Planalto Brasileiro. Incluem-se nessa sistematização: a depressão do sistema hidrográfico Araguaia-Tocantins, como um segmento de feições geomorfológicas da Região Centro-Oeste, que coalescem para a Amazônia pelo setor leste do Pará, e a Depressão do Alto Paraguai-Guaporé, correspondente à superfície de prolongamento da Depressão da Amazônia Meridional, na direção da Chapada dos Parecis e da Bolívia. Sobreposições em mapas altimétricos revelam elevações entre 200 e 300 m para essas unidades.

Ao norte, em áreas circunjacentes às Guianas, situa-se o Planalto Norte Amazônico, onde se encontram dois pontos culminantes do território nacional: o Pico da Neblina, com 3.014 m de altitude, e o Pico Trinta e Um de Março, com 2.992 m, na região serrana do Imeri, entre os limites do Amazonas e da Venezuela. Na parte meridional da Amazônia, a unidade geomorfológica que se pronuncia é o Planalto Sul Amazônico, representando um agrupamento de relevos interpenetrados pela superfície pediplanizada da Depressão Sul Amazônica.

1.3. Clima

As características climáticas compreendem altas temperaturas e umidade elevada praticamente o ano inteiro, assim como a distribuição de chuvas na região, que é quase homogênea. No que diz respeito à precipitação total anual, na Região Norte do Brasil e, consequentemente, no Amazonas, ocorrem variações entre 2.250 e 2.750 mm (Nimer, 1989). A circulação atmosférica influencia as variações climáticas na Amazônia, no tempo e no espaço. Destacam-se, portanto, quatro sistemas de circulação atmosférica, segundo Nimer (1989):

- sistema de ventos de NE e E dos anticiclones subtropicais do Atlântico Sul e dos Açores, favorecendo o tempo estável;
- sistemas de ventos de W e mEc (massa de ar equatorial), ou linha de IT (linhas de instabilidade tropicais) — essa massa de ar (mEc) provoca chuvas abundantes, devido a sua grande concentração de umidade e ausência de subsidência superior, favorecendo, desta forma, o tempo instável;
- sistemas de ventos de N da CIT (convergência intertropical) que propicia o tempo instável;
- sistemas de ventos de S do anticiclone ou frente polar, gerando tempo instável.

Esses três últimos sistemas atmosféricos, segundo Nimer (1989), constituem correntes perturbadas, as quais são responsáveis por instabilidade e chuvas.

1.4. Vegetação

A vegetação da floresta amazônica é em grande parte dependente de altas temperaturas e precipitações abundantes ao longo de todo o ano (Sioli, 1991). Segundo o autor, essa vegetação "utiliza o solo somente como fixação mecânica, e não como fonte de nutrientes", vivendo à custa de uma circulação fechada de nutrientes, ou seja, devido ao seu sistema radicular superficial e denso, que "reabsorve e reconduz à substância viva da floresta todos os nutrientes liberados pela decomposição da serrapilheira, com os excrementos dos animais silvestres etc.".

Outro ponto de extrema importância para a sobrevivência da vegetação diz respeito ao gotejamento da água da chuva e fluxos de tronco, que carregam os excrementos de animais, como pássaros, macacos, preguiças etc., assim como insetos que vivem nas copas das árvores, propiciando um aumento de nutrientes absorvidos por esse denso e superficial sistema radicular (Sioli, 1991).

A vegetação predominante na maior parte da Amazônia recebe várias denominações, como: Floresta Ombrófila Densa, Floresta Densa Tropical Úmida, Floresta Equatorial ou Floresta Pluvial Tropical Latifoliada. Essa floresta apresenta vários estratos: o primeiro é de árvores emergentes (macrofanerófitas), que sobressaem por cima do dossel superior da floresta; o segundo é caracterizado por árvores quase todas da mesma altura (mesofanerófitas); o terceiro é formado por árvores menores, a *submata* (nanofanerófitas); e por último, o estrato formado por arvoretas, arbustos, subarbustos e ervas mais altas, formando o nível arbustivo-herbáceo (Boher e Gonçalves, 1991).

1.5. Solos

Os solos da Amazônia sofrem grande influência da drenagem e do intemperismo, o que torna a composição química das argilas extremamente pobre. No entanto, há uma constante renovação de minerais, a partir da reciclagem natural dos detritos orgânicos (folhas, galhos, árvores etc.), constituindo um importante adubo natural. Em outras palavras, é graças a essa contínua renovação de nutrientes e outros fatores, como a alta pluviosidade, que se permite a formação de vegetação extremamente exuberante na Amazônia. As classes de solos mais frequentes na Amazônia compreendem os latossolos, argissolos, espodossolos, gleissolos e os neossolos quartzarênicos, sendo os de maior abrangência o latossolo amarelo, o latossolo vermelho-amarelo, o argissolo vermelho-amarelo e o gleissolo

(Lepsch, 2002). Este último compreende toda a faixa de várzea, ou seja, a planície periodicamente inundada.

Os latossolos e argissolos (vermelhos ou amarelos) são de extrema acidez e baixa fertilidade química, bem como de texturas variadas; eles compreendem cerca de 70% dos solos amazônicos de terra firme (Ribeiro, 1990).

1.6. Hidrografia

A atual configuração geomorfológica da Bacia Hidrográfica Amazônica encontra-se estreitamente associada aos episódios orogênicos da cordilheira andina, iniciados no fim do Cretáceo. A interrupção entre os sistemas marinhos dos oceanos Pacífico e Atlântico, a partir do soerguimento, ocasionou a formação de um grande lago no interior da bacia durante o Terciário, que foi preenchido por sedimentos, constituindo atualmente a região de fronteira entre Brasil, Peru, Bolívia e Colômbia (Carvalho, 2006). O Amazonas é o principal rio dessa bacia, com 6.992 km de extensão e descarga média anual de 209 mil m^3/s.

O Rio Amazonas e seus afluentes tornam-se os principais agentes de drenagem da Amazônia e constituem a maior bacia hidrográfica da Terra, com cerca de $6{,}1 \times 10^6$ km^2, drenando ¼ da América do Sul. Com 23 mil quilômetros de rios navegáveis, compõe o maior sistema de água doce do mundo, distribuindo-se pelas seguintes extensões: Brasil (63%), Peru (17%), Bolívia (11%), Colômbia (5,8%), Equador (2,2%), Venezuela (0,7%) e Guiana (0,2%) (Filizola *et al.*, 2002).

O Solimões-Amazonas é o coletor final desse complexo sistema de drenagem formado por 7 mil tributários, onde os principais afluentes da margem esquerda são: Japurá, Negro e Trombetas, e os da direita: Juruá, Madeira, Xingu e Tapajós.

1.6.1. Regime fluvial

Cortada pela linha do equador, a Bacia Amazônica sofre influência direta do regime pluvial, tanto do Hemisfério Norte como do Hemisfério Sul. Fatores como a localização geográfica, a geometria da bacia e a dinâmica da circulação atmosférica, na zona intertropical, são condicionantes de fundamental importância na sazonalidade das chuvas, que acontece de forma irregular espacial e temporalmente. Como efeito, os rios da porção meridional iniciam a cheia em outubro ou novembro, correspondendo ao período do verão austral, enquanto no setor setentrional a subida das águas tem início em abril e maio no verão boreal (Soares, 1991).

Durante as cheias, os rios amazônicos transbordam a faixa dos leitos, avançando sobre as margens, interpenetram na vegetação do sistema várzea-igapó, alagando uma área de 300 mil km, formando o mais extenso ecossistema de áreas alagadas do planeta (Junk e Furch, 1993). Esse sistema de floresta e água é responsável pela transferência e circulação de diversos fatores ambientais que contribuem para a regulação do clima em várias partes do planeta (Marinho *et al.*, 2009).

A delimitação no oeste, com superfícies elevadas da cordilheira, proporciona variações de amplitudes longitudinais nos rios formadores da bacia, representados pela composição de perfis abruptos, na faixa de contato com a Depressão Amazônica. De forma geral, no conjunto da rede hidrográfica, cerca de 8% dos rios nascem em áreas cujas altitudes estão em cotas de mil a 5 mil m, enquanto 90% se encontram em altitude inferior a 1.000 m (Figura 3).

Essa assimetria abrupta do perfil longitudinal, associada ao degelo dos Andes e ao elevado índice pluviométrico no curso superior desses rios, é um fator de controle sobre a dinâmica do sistema de drenagem no processo de erosão e deposição, na zona de transferência (curso médio), em função da declividade e do volume de água drenada (Carvalho, 2006). Soares (1991) ressalta que as análises dos perfis permitem classificar os rios da Bacia Amazônica em rios de planície e rios de planalto.

Com relação ao regime fluvial, ou a variabilidade das cotas, Filizola *et al.* (2002) verificaram que as variações de amplitude no ciclo hidrológico podem apresentar valores de 2 a 18 m na bacia. Os menores valores (2 a 4 m) foram identificados nas cabeceiras dos rios dos escudos que delimitam a bacia, enquanto as maiores amplitudes (15 a 18 m) foram obtidas nos rios Juruá, Purus e Madeira. Ao longo da calha principal da bacia (Rio Solimões-Amazonas) essa amplitude variou de 15 m (Manacapuru-Amazonas) a 3 m (Macapá-Amapá) no período de 1970 a 1996.

Os picos de inundação dos rios amazônicos podem ser observados entre os meses de junho a agosto (cheia), e a vazante (seca), nos meses

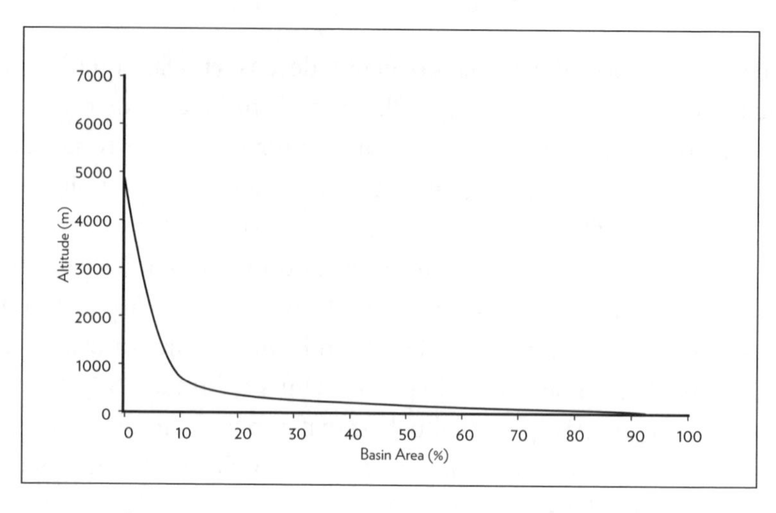

FIGURA 3. Curva hipsométrica da Bacia Amazônica (Filizola *et al.*, 2002).

de setembro a novembro. As áreas onde ocorrem esses processos de inundação constituem a chamada Planície de Inundação, conhecida como várzeas amazônicas, que ao longo do Rio Solimões-Amazonas representam a unidade de relevo situada em zonas baixas, confinadas entre as margens dos canais e sujeitas à inundação, onde os processos de deposição e erosão são expressivos. Em face dos aspectos expostos, a unidade se torna a mais indicada para a condução de estudos de morfodinâmica de canais. A propósito do assunto, autores como Rozo (2005), Marinho (2009), Igreja *et al.* (2010) detectaram mudanças de configuração morfológica de ilhas, meandros, migração de rios e canais, terraços, barras de sedimentação e outros.

2. Degradação ambiental

Refere-se à deterioração ou perda total da capacidade dos solos para uso presente e futuro (FAO, 1967). Segundo Guerra e Guerra (1997), a degradação ambiental resulta da ação do homem sobre o meio, sem respeitar os limites impostos pela natureza. Dentre as formas de degradação ambiental está a do solo, sendo a erosão o tipo mais frequente.

2.1. Degradação do solo

Em termos gerais, pode-se dizer que a erosão apresenta a destruição das reentrâncias ou saliências do relevo, tendendo a um nivelamento (Guerra e Guerra, 1997). No entanto, a erosão pode ser dividida em dois grupos: a erosão natural e a erosão acelerada. A primeira ocorre devido à ação de chuva, gelo, vento e outros agentes naturais (na Amazônia, predomina a erosão causada pela chuva) e representa o desgaste da superfície do terreno, sob condições de ambiente natural; ou seja, está relacionada a fatores físicos (erosividade da chuva, propriedades do solo, cobertura vegetal e características da encosta), sem intervenção do homem (FAO, 1967; Wild, 1993), ao contrário da erosão acelerada, que além dos aspectos físicos pode também receber influência antrópica.

Alguns autores (Dorst, 1973; SEMA, 1990; Curi, 1993) caracterizam a erosão acelerada como um processo muito mais rápido que a erosão natural, resultando da ação antrópica sobre o meio, interagindo em conjunto com os processos físicos naturais. Esse conceito vem perdendo força nos últimos anos e tem sido alvo de questionamentos, uma vez que a erosão acelerada pode ter sua origem ligada somente a fatores naturais (Vieira, 2008).

Quando o solo fica exposto após o desmatamento, a ação das intempéries (chuvas e insolação) provoca a lixiviação (lavagem dos sais minerais nele contidos) e a erosão (Ribeiro, 1990). Vale frisar que para a erosão realmente acontecer, é necessário que fatores naturais (cobertura vegetal, chuva, características das encostas e propriedades do solo) favoreçam o início desse processo.

Mesmo que ocorra desmatamento, o processo erosivo numa dada área sem cobertura vegetal somente irá se iniciar se ocorrer quantidade de chuva suficiente para provocar o arraste das partículas soltas do solo, se existir uma declividade que propicie o escoamento da água concentrada na superfície e se o solo for suscetível à erosão; ou seja, um solo com características menos resistentes (solos silto-arenosos, por exemplo).

No estado do Amazonas, que ocupa uma área de 1.567.953 km^2, o que corresponde a pouco mais de 30% da Amazônia brasileira e a mais de 18% do território nacional, a ocorrência de erosão, especificamente por voçorocas, é mais comum nas cidades e nas margens das estradas.

Como exemplo, foi identificado grande número de voçorocas nas estradas da Base Geólogo Pedro de Moura, no município de Coari (AM), em que essas feições estão relacionadas, principalmente, aos canais fluviais, que cortam as vias de acesso aos poços de gás e petróleo (Albuquerque, 2007). Além da ocorrência de incisões erosivas ao longo das estradas, na referida área o assoreamento dos cursos d'água também constitui um sério dano ambiental.

Na BR-174, rodovia que liga a capital amazonense a Boa Vista, Roraima, apenas no trecho de 105 km, compreendido entre a cidade de Manaus e a cidade de Presidente Figueiredo, foram cadastradas 29 voçorocas ativas (Tavares, 2009), as quais, em sua maioria, apresentam em suas cabeceiras canaletas e/ou tubulações que escoam a água da pista (Figura 4). Ou seja, fica evidente que essas estruturas provocaram, juntamente com outras características físicas naturais, o surgimento e expansão de incisões erosivas (Vieira e Albuquerque, 2004; Vieira *et al.*, 2005; Barbosa, 2009).

FIGURA 4. Ocorrência de canaletas (setas) que escoam da pista para a voçoroca a água da chuva. BR-174, km 53. (Foto: Janara dos S. Tavares, em 23/10/2009.)

É preciso destacar que não é somente a existência dessas saídas d'água (com ou sem dissipador de energia) da pista para a lateral do terreno que provoca a ocorrência de processos erosivos intensos, mas o conjunto das interações dos elementos que compõe a área, como: declividade, grau de cobertura vegetal, tipo de solo e características da chuva.

Mesmo com todas as condições naturais contribuindo para a ocorrência de incisões erosivas, se for realizada uma dispersão da água, de modo a diminuir a velocidade do fluxo despejado para a encosta, por meio de dissipadores de energia, pouca ou nenhuma ação erosiva será desencadeada.

Utilizando o modelo de classificação de voçorocas quanto ao tipo (Figura 5), verifica-se que das 29 voçorocas, 25 são do tipo conectadas (86,3%) e quatro são desconectadas (13,7%). Isso demonstra que essas colaboram diretamente para o assoreamento dos diversos canais que cortam ou margeiam a estrada. Em relação à forma (Figura 6), nove são retangulares (31%), sete, irregulares (24,1%), cinco, lineares (17,2%), quatro, bifurcadas (13,%) e quatro, ramificadas (13,7%) (Tavares, 2009).

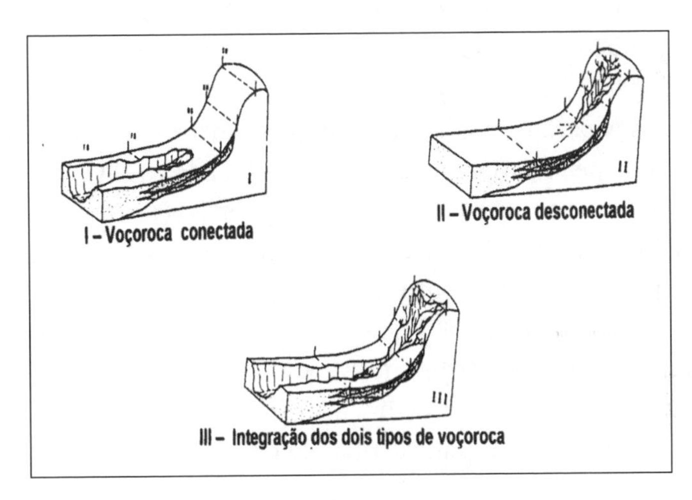

FIGURA 5. Tipo de voçorocas (Oliveira, 1992).

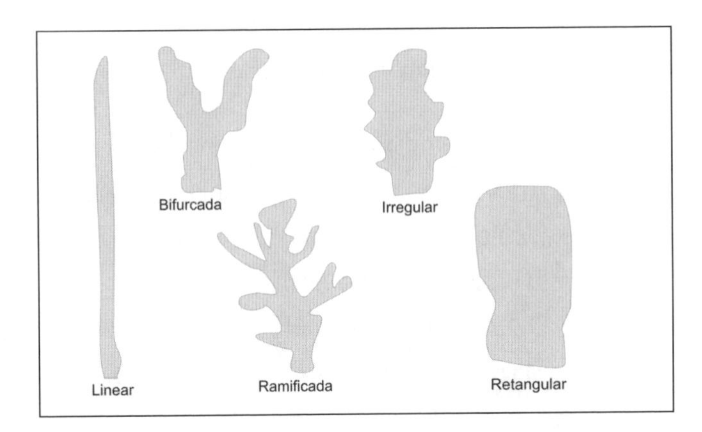

FIGURA 6. Formas das voçorocas (Vieira, 2008).

A forma das incisões indica o estágio de desenvolvimento no qual se encontra cada incisão. As formas retangulares demonstram geralmente alto grau de evolução (expansão) alcançado pela incisão, onde as ramificações existentes antes na fase anterior (bulbiforme, por exemplo) foram unidas em uma só. A forma ramificada indica geralmente a existência de uma rede intrincada de pequenos canais que evoluem em direção a um canal principal (cabeceira principalmente), constituindo assim uma pequena bacia de drenagem. A forma linear tem geralmente um único agente de formação, que no caso das voçorocas da BR-174 é constituído por uma canaleta, ou canal de dissipação de água da chuva. As voçorocas bifurcadas encontradas estão relacionadas à existência de dois canais dissipadores pluviais. Observou-se que algumas voçorocas retangulares foram anteriormente bifurcadas (característica observada pela presença de duas tubulações e/ou canaletas na parede da incisão).

A partir dos parâmetros dimensionais, as voçorocas podem ser agrupadas também pelo tamanho, conforme o Quadro 1. As voçorocas da BR-174 estão assim distribuídas: cinco grandes (17,2%), três médias (10,3%), 15 pequenas (51,8%) e seis muito pequenas (20,7%) (Tavares, 2009). Essa primeira abordagem a respeito das voçorocas da BR-174 (trecho Manaus — Presidente Figueiredo) nos dá uma pequena amostra de como o problema relacionado à abertura de estradas pode provocar desequilíbrios ao ambiente (processos erosivos intensos, movimentos de massa e assoreamento das superfícies líquidas), quando ocorrem falhas na execução da mesma.

QUADRO 1

Tamanho das voçorocas

Ordem	Volume erodido	Tamanho
1	Até 999 m^3	Muito pequena
2	De 1.000 a 9.999 m^3	Pequena
3	De 10.000 a 19.999 m^3	Média
4	De 20.000 a 40.000 m^3	Grande
5	Mais de 40.000 m^3	Muito grande

Fonte: Vieira e Albuquerque, 2004.

A estrada, em particular, apresenta em alguns pontos riscos imediatos ao tráfego, com perigo de desabamento de parte da pista. A contenção dessas incisões erosivas torna-se necessária, uma vez que algumas podem atingir tamanhos expressivos e, consequentemente, alcançar a pista. No entanto, mais importante que conter as voçorocas existentes seria a implantação de medidas preventivas, no sentido de evitar que novos danos venham a se somar aos existentes.

Diferente dessa rodovia, a AM-010, que liga Manaus a Itacoatiara, apresenta em seu percurso (266 km) apenas seis voçorocas. O motivo desse número reduzido, se comparado com o trecho descrito anteriormente da BR-174, certamente está relacionado à diferença de traçado dessas rodovias e ao sistema de drenagem. A segunda segue um traçado praticamente retilíneo, cortando diversos divisores de água e expondo grandes declividades, para onde são direcionados os sistemas de drenagem pluviais e, consequentemente, onde surgem as voçorocas. Diferente do que ocorre na AM-010, onde a maior parte do traçado segue sobre os divisores de água, onde a própria geomorfologia apresenta menores declividades e, em função disso, menos incisões erosivas são observadas.

No restante do estado do Amazonas, pouca ocorrência de voçorocas vem sendo descrita. No entanto, a voçoroca mais antiga já registrada ocorreu na cidade de São Paulo de Olivença (a 988 km de Manaus — em linha reta), onde em uma gravura de Edouard Riou,* datada de meados do século XIX, mostra claramente a existência de uma voçoroca na área do porto da cidade (Figura 7).

Em outras cidades, a ocorrência de voçorocas é restrita também às estradas, como em São Gabriel da Cachoeira, Coari Humaitá, Benjamin Constant, Novo Airão e Silves. Em Coari, estudos apontaram um grande número de voçorocas localizadas na Base Geólogo Pedro de Moura, onde são realizadas atividades para a exploração de gás e petróleo.

Com referência à região de Coari, onde é realizada a exploração de gás e petróleo, foi visto que atividades derivadas de ação humana para

---

* Desenhista e gravador de numerosos livros de viagens, como o de Auguste Biard sobre a Amazônia (*Deux années au Brésil*, Paris, 1862), e de obras de Júlio Verne (Porro, 1995, *in* Marcoy, 2001).

FIGURA 7. Área do porto da cidade de São Paulo de Olivença, Amazonas, apresentando uma grande voçoroca em meados do século XIX (Marcoy, 2001).

a construção de estradas principais ou vicinais constituíram parâmetros indicadores da erosão. Em cada ponto onde essas atividades foram observadas, a classificação estabelecida no Quadro 2 auxiliou a sistematização e o reconhecimento das áreas observadas. Esses critérios de classificação evidenciaram que grande parte das modalidades erosivas da Base Geólogo Pedro de Moura é decorrente de obras de engenharia, que envolvem a movimentação de materiais em diversos pontos (Albuquerque, 2007).

QUADRO 2

Critérios de identificação de áreas sujeitas à deflagração de processos erosivos

Nº	Critério de classificação	Caracterização
(1)	Intervenção antrópica	Área de empréstimo, movimentos de terra, terrenos com solo exposto, áreas de perfuração de poços, construção de portos (embarque/desembarque), movimentação de máquinas pesadas, compactação do solo, cortes de talude

(Continua)

(2)	Processos erosivos	Ravinas, voçorocas, escorregamento, solapamento da margem
(3)	Tipo de impacto	Assoreamento dos canais e inundação

Fonte: Albuquerque (2007).

A partir dos critérios propostos, foram identificados na Base seis tipos de atividades humanas, classificadas como indicadores de danos ambientais:

(**1**) Remoção da cobertura vegetal, de forma mecanizada, com retirada de parcelas significativas das camadas superficiais e profundas de solo para a colocação de dutos de transporte de gás;

(**2**) Deslocamento, transporte de material e compactação do solo por terraplenagem. Ações para a realização de obras, movimentação de máquinas e colocação dos dutos (Figura 8);

FIGURA 8. Os deslocamentos para transporte de materiais e o trânsito de máquinas pesadas na Base aceleram os processos erosivos, principalmente nas áreas situadas às margens do Rio Urucu (Albuquerque, 2007).

(3) Alterações na topografia, como cortes de encostas, construção de terraços e patamares (Figura 9);
(4) Colocação de tubos do tipo manilha de diâmetro subdimensionado para a canalização de cursos fluviais e grande quantidade de sedimentos erodidos das estradas (Figura 10);
(5) Ausência de construções de canaletas com dissipadores nas laterais da estrada para reduzir a concentração dos fluxos de água;
(6) Necessidade de reconstrução de taludes nas áreas próximas às margens de cursos fluviais. A ausência tem provocado a concentração dos fluxos e transporte de sedimentos para dentro dos canais.

FIGURA 9. Os cortes realizados em taludes para a abertura de estradas que se direcionam até os poços de gás têm gerado processos erosivos que se iniciam pelo aparecimento de ravinas e evoluem para voçorocas nas laterais da estrada (Albuquerque, 2007).

FIGURA 10. Manilha comumente utilizada para a canalização dos cursos de água durante a construção de estradas. O diâmetro de 1 m não é suficiente para manter as condições de fluxo dos canais. Para evitar esse tipo de situação, a recuperação da área deve ser realizada de modo simultâneo à construção de estradas (Albuquerque, 2007).

As atividades anteriormente descritas removeram grande quantidade de sedimentos dos pontos registrados. Como exemplo, somente na área conhecida como Porto Hélio, mensurações em campo indicaram que 1.630 m^3 de sedimentos foram removidos apenas de uma voçoroca (Figura 11).

Além das atividades antrópicas, fatores naturais exerceram influência direta sobre o controle erosivo, como as propriedades físicas dos solos. Nos pontos de erosão, os valores para teores de areia sempre se mantiveram acima de 50% demonstrando tratar-se de um ambiente típico de bacia.

Com relação às densidades aparentes constatadas nas estradas e clareiras, verificou-se valores de 1,2 a 1,5 g/cm^3, sugerindo solos bastante compactados, propícios à geração de fluxos superficiais, que por sua vez reincidiram na ocorrência de processos erosivos e exposição dos dutos já enterrados (Figura 12).

FIGURA 11. Voçoroca em Porto Hélio. Base Geólogo Pedro de Moura. Coari, Amazonas (Albuquerque, 2007).

Além das propriedades físicas do solo, a bacia do Rio Urucu, com 8.986 km^2, apresenta densidade hidrográfica que merece destaque. Análises morfométricas demonstraram para a bacia valores de *Dh* (densidade hidrográfica) na ordem de 3,6 km/km^2, revelando índices elevados. Cardoso *et al.* (2006) encontraram para o Rio Debossan (Rio de Janeiro) valores de 2,35 km/km^2. Esses autores mencionam que valores de densidade de 0,5 km/km^2 representam bacias com drenagem pobre e valores acima de 3,5 km/km^2 representam bacias bem drenadas. A obtenção dos resultados denotou bom índice de drenagem para a bacia do Rio Urucu. Caso a utilização dessa bacia fosse destinada para fins agrícolas, não se evidenciariam problemas ligados à irrigação, todavia o uso para a exploração mineral de gás e petróleo remete à necessidade de monitoramento e aplicação de medidas mitigadoras para reduzir a incidência de canais assoreados por transporte de sedimentos (Albuquerque, 2007).

FIGURA 12. Exposição de dutos na Base Geólogo Pedro de Moura. Coari, Amazonas (Albuquerque, 2007).

A abertura de estradas de acesso aos poços de gás e a construção de portos para embarque e desembarque de equipamentos e máquinas pesadas são atividades que se associam diretamente à deflagração de processos erosivos acentuados (Albuquerque, 2007).

Aproximadamente a 250 km de Manaus, uma considerável parte do processo erosivo está associada à existência de antigos depósitos arenosos, submetidos à exploração mineral para a construção civil (Albuquerque, 1999). Esses areais, quando impactados, constituem grande fonte de sedimentos para os canais das bacias hidrográficas existentes nas rodovias AM-010 e BR-174.

A existência de tais depósitos não se limita aos arredores de Manaus, estendendo-se ao longo da faixa limítrofe entre o Brasil (estado de Roraima) e a Venezuela. São fenômenos de natureza geomorfológica bastante curiosa, uma vez que se encontram assentados, sob formações de matas abertas, ou algumas vezes de matas densas (Figura 13). Pesquisas que tratam diretamente as condições de pedogênese dessas formações não são suficientes para associá-las aos períodos de climas secos na Amazônia. Todavia, trabalhos de natureza fitogeográfica são utilizados para associar esses depósitos às formações vegetais do tipo campina (Albuquerque, 1999).

FIGURA 13. Existência de areal. Rodovia AM-010 (Cardoso, 2008).

A propósito do tema, Santos *et al.* (1993) atribuíram a origem desses depósitos à grande quantidade de campos inativos de dunas na porção norte central da Amazônia, entre os rios Branco e Negro. Análises paleoclimáticas podem ser limitadas, caso a existência desses campos de areia seja atribuída aos espodossolos de larga distribuição no sistema do Rio Negro.

Campos de areia eólica foram identificados ao norte, nos arredores de Boa Vista (Carneiro Filho e Zinck, 1994) e na Amazônia Central, entre Manaus e o Oceano Atlântico. Sua vegetação, semelhante à caatinga, é chamada campina e recobre áreas de leitos de rio emergentes próximos a Manaus. Acima de Manaus, Iriondo e Latrubesse (1994) sugerem indícios para um clima seco da época glacial tardia, na porção central da Amazônia inferior, e fizeram estudos sobre as descargas reduzidas dos rios nessa área, sob condições climáticas altamente sazonais, com ventos alísios acentuados. Somente mudanças de segunda ordem, na dinâmica climática regional, são suficientes para afirmar a existência de condições climáticas secas na Amazônia (Haffer e Prance, 2002).

Verifica-se, no caso da Comunidade do Igarapé do Leão, a 32 km da zona urbana de Manaus, a existência de núcleos de *arenização*, diagnosticados a partir de levantamentos que revelaram a exploração de areias para construção civil. Esses núcleos recobriam 35% da área da bacia (Albuquerque, 1999) e, mediante essa exploração, ocorreram impactos, como incisões erosivas, assoreamento dos canais e aumento do nível de base do leito do rio.

2.1.1. Voçorocas em Manaus

No que se refere à ocorrência de voçorocas na área urbana de Manaus, até meados da década de 1980 pouca ou nenhuma pesquisa havia investigado esse processo. Vertanatti e Barancoski (1987) foram os pioneiros, descrevendo os problemas relacionados às voçorocas nos aeroportos de Santarém e Manaus. Em Manaus, os autores destacam que, nas obras do Aeroporto Internacional Eduardo Gomes, vários pontos de lançamento da rede superficial de drenagem não foram levados até os igarapés. Num deles, a cerca de 50 m de uma das cabeceiras da pista, formou-se uma voçoroca de 30 m de profundidade e 60 m de comprimento, devido ao lançamento de um grande volume de água da pista de pouso e adjacências sobre um talude quase vertical (Vieira, 2008).

Desde então vêm surgindo outros trabalhos, como os de Vieira e Lima, 1995; Vieira, 1996; 1998; 1999; 2002; Nava, 1999; Lima, 1999; Santos Júnior, 2002; Takaki, 2002; Vieira *et al.*, 2004; Vieira e Albuquerque, 2004; Muniz *et al.*, 2004; entre outros, que contribuem para a melhor compreensão do problema.

2.1.1.1. *Voçorocas cadastradas em Manaus*

Em 2004, foram cadastradas 91 voçorocas no perímetro urbano de Manaus, distribuídas por quatro zonas (Norte, Sul, Leste e Oeste) em nove bairros (Distrito Industrial, Mauazinho, Vila Buriti, Jorge Teixeira, São José, Cidade Nova, Colônia Santo Antônio, Tarumã e São Jorge) dos 56 existentes. A Zona Leste apresenta a maior concentração (58), seguida da Zona Oeste (16), depois a Zona Norte (13) e, por fim, a Zona Sul (4). O bairro do Distrito Industrial apresentou 39 voçorocas (maior concentração por bairro), enquanto o bairro do Mauazinho, apenas duas incisões, a menor concentração entre os bairros (Vieira, 2008).

Pelo critério de tamanho adotado neste trabalho, as voçorocas foram classificadas como sendo grandes incisões, apresentando volume médio erodido por voçoroca de 22.900 m^3 e ocupando uma área média de 1.500 m^2. Numa classificação por tamanho médio, as zonas Leste e Sul foram as que apresentaram as maiores voçorocas (Figura 14), ao passo que nas zonas Norte e Oeste observaram-se as menores incisões. O tipo de voçoroca predominante é a conectada (75), e em menor número as desconectadas (14) e integradas (duas). Quanto à forma, há 66 retangulares, 11 bifurcadas, sete lineares e sete ramificadas (Vieira, 2008).

FIGURA 14. Voçoroca 9, com volume erodido de aproximadamente 105.991 m^3. Distrito Industrial 2, Manaus. (Foto: Adriana de S. Farias, 9/6/2010.)

2.1.1.2. Voçorocas e o quadro natural

Observando as características naturais de Manaus, verifica-se a ocorrência das voçorocas sobre três classes de solos: 83,5% sobre latossolos (Figura 15); 5,5% sobre argissolos; 2,2% sobre espodossolos; 1,1% abrangem duas classes ao mesmo tempo (latossolos e espodossolos) e 7,7% sobre aterros. Nos latossolos, sem vegetação, tem ocorrido a formação de crostas, as quais dificultam a infiltração e favorecem o escoamento superficial, uma das principais causas do voçorocamento. Não foram analisados lineamentos (falhas e juntas) na orientação das voçorocas. No entanto, de 91 incisões cadastradas, 41 apresentaram a mesma orientação dos principais lineamentos das juntas e falhas locais; sete coincidiram com a orientação do sistema de drenagem artificial; 40 apresentaram orientação mista, ou seja, evoluíram no sentido da drenagem artificial e das juntas e falhas, e três não apresentaram orientação coincidente com a drenagem artificial, nem com os lineamentos estruturais, e essas coincidências direcionais não sugerem controle estrutural (Vieira, 2008).

FIGURA 15. Voçoroca originada em encosta de grande declividade em solo do tipo latossolo amarelo. Distrito Industrial 2, Manaus (Farias, 2009).

Em termos de topografia, predominam em Manaus voçorocas sobre encostas com bases convexas, perfazendo 66% (60), enquanto as restantes distribuem-se nas encostas côncavas, incidindo em 8,8% (oito); 6,5% (seis) nas encostas retilíneas; 8,8% (oito) sobre os baixios e 9,9% (nove) sobre os taludes. A declividade onde ocorrem varia de 2 graus a 44 graus, predominando nas porções de maior declividade do terreno (encosta, baixio ou talude). Uma característica que chamou atenção no relevo se refere ao maior grau de dissecação da porção leste da cidade, onde se verificam encostas com maior declividade, mais curtas, vales mais encaixados, platôs mais estreitos e as maiores cotas altimétricas; diferente principalmente da Zona Oeste, onde há encostas mais longas, vales amplos, menores declividades e menores altitudes.

A respeito da influência das chuvas no voçorocamento, verifica-se que não se distribuem de forma homogênea, e essa distribuição desigual se caracteriza por apresentar, no centro da cidade, menor índice pluviométrico total, que vai subindo à medida que se aproxima das áreas periféricas (Aguiar, 1995), coincidindo com as áreas onde se concentra a maior parte das voçorocas em Manaus.

Em se tratando de vegetação, destacamos que 84 voçorocas surgiram em áreas onde ocorreu o desmatamento e apenas 7 em áreas com a presença da vegetação. Nesse último grupo de voçorocas, o principal fator desencadeador das incisões foi o sistema de drenagem pluvial (Vieira, 2008).

Embora a influência da hidrografia nos processos erosivos de Manaus venha sendo pouco estudada, a caracterização das bacias urbanas da cidade mostrou que 50 voçorocas estão localizadas na bacia Colônia Antônio Aleixo. É possível compreender que as encostas que formam essa bacia estão sujeitas às variações fluviométricas do Rio Amazonas, fator que altera seus níveis freáticos, tornando-as mais predispostas a instabilidades (processos erosivos), principalmente nas superfícies desmatadas, diferente do que ocorre com bacias maiores, como a do Tarumã e a do São Raimundo, em que as variações do curso principal atingem as encostas mais lentamente (Vieira, 2008).

2.1.1.3. Voçorocas e danos ambientais

Os danos ambientais referem-se à inutilização da área da voçoroca (que envolve não somente a incisão, mas também a área circundante), perda de solo, assoreamento de canais e fundos de vales, desaparecimento de parte da vegetação afetada diretamente pela incisão ou pelos efeitos do assoreamento, modificações hidrodinâmicas na área afetada (diminuição da capacidade de infiltração do solo e consequente diminuição na recarga dos níveis freáticos, formação de fluxos superficiais mais intensos) (Figura 16). O encrostamento da superfície do terreno, com consequente diminuição da cobertura vegetal e uso indevido da incisão, como depósito de lixo doméstico e industrial, também podem causar o aparecimento de voçorocas. Calcular esses danos e transformá-los em valores reais é praticamente impossível.

FIGURA 16. Canal a jusante bastante assoreado em função do material erodido da voçoroca. Bairro Grande Vitória, Manaus (Vieira, 2008).

A perda total de material erodido corresponde a 2.083.894 m^3. O material erodido de 75 voçorocas contribui para o assoreamento da área a jusante da incisão, atingindo vales, cursos d'água e vegetação. Conseguiu-se averiguar que a área a jusante de 18 incisões (19,8%) encontra-se ocupada por moradias. No que se refere aos danos, a Zona Leste lidera a ocorrência desse tipo de feição erosiva, com um total de 58 incisões (63,73%), seguida pela Zona Oeste, com 16 (17,6%), Zona Norte com 13 (14,3%) e Zona Sul com quatro voçorocas (4,4%) (Vieira, 2008).

Os dados relativos aos volumes erodidos das voçorocas, distribuídas por zonas, demonstraram que a Zona Leste foi a que sofreu maior perda, totalizando 1.804.281 m^3, enquanto a Zona Norte teve a menor perda, com o total de 49.676 m^3. A Zona Leste, além de concentrar maior número de voçorocas (58), apresenta topografia bastante irregular e solos profundos, os quais favoreceram a formação de grandes incisões. Já na Zona Norte, 54% das voçorocas desenvolveram-se sobre superfície plana e em solos relativamente rasos. Além de provocar a inutilização da área e perda de grande volume de material que compõe o terreno, 25 voçorocas (27,47%) são utilizadas como área de despejo de lixo pelos residentes das cercanias (Vieira, 2008).

2.2. Síntese da relação do quadro natural e voçorocas em Manaus

O quadro natural difere em cada área por suas características do relevo (declividade, comprimento e forma da encosta), distribuição de chuvas e pela configuração das bacias de drenagem, por exemplo, também influencia na distribuição das voçorocas. O relevo na Zona Leste apresenta-se mais irregular, com encostas convexas de grande declividade, as quais favorecem o aumento da velocidade do escoamento, enquanto a influência da rede de drenagem de menor hierarquização e mais próxima do Rio Amazonas torna a área abrangida por essa drenagem mais sujeita às oscilações de enchentes e vazantes. Ou seja, a variação do nível de base das áreas atingidas pelos canais (igarapés), em virtude das enchentes e vazantes, influencia a flutuação dos níveis freáticos das encostas. Quando a encosta encontra-se vegetada, essas oscilações não quebram a resistência do solo a escorregamentos ou a processos erosivos, ao passo que o desmatamento rompe esse equilíbrio, aumentando a suscetibilidade da área à ocorrência de voçorocas. O desmatamento e a posterior terraplenagem favorecem o encrostamento da superfície do terreno, dificultando a infiltração da água durante eventos chuvosos.

Em outras zonas, como a sul, centro-sul, oeste e centro-oeste, e mais uma pequena parcela da zona leste (fronteira com a centro-sul e sul), que compreendem toda a urbanização mais antiga de Manaus (ocupada até 1970), o relevo é menos irregular e a precipitação é menor, exceto em uma parcela da zona oeste, que se configura como a de maior precipitação em Manaus. Nessa última parcela, a presença ainda marcante da vegetação (unidades de conservação da Ponta Negra e do Tarumã) constitui fator de resistência à erosão do solo, verificando-se voçorocas somente nas áreas degradadas (Vieira, 2008).

2.2.1. Síntese do surgimento e expansão das voçorocas em Manaus

Pelo exposto, conclui-se que as voçorocas existentes na área urbana de Manaus são oriundas da combinação de fatores antrópicos com fatores naturais, os quais diferem de uma porção para outra. As diferenças mais marcantes e que tornam determinada área mais suscetível que outra estão diretamente ligadas às características do relevo (forma e declividade da encosta) e ao processo de urbanização comandado pelo Poder Público.

O desmatamento e a terraplenagem foram as ações que se destacaram no surgimento de feições erosivas dessa magnitude, e que resultou em uma influência direta em mais de 58% dos casos. Convém salientar que 92% das voçorocas surgiram em áreas onde a cobertura vegetal foi retirada. Também foi importante o papel desempenhado pelos deficientes sistemas de drenagem, os quais contribuíram diretamente em mais de 31% dos casos de voçorocamento (Vieira, 2008).

Em 100% dos casos de voçorocamento em Manaus, a intervenção do homem é marcante, seja através do desmatamento e da terraplenagem (58,3%), seja pela instalação de sistemas de drenagem (31,9%), ou do desmatamento (3,3%), ou ainda das grandes alterações provocadas pelo desmatamento e exploração mineral (6,5%). A soma dos dois primeiros casos resulta em 82 voçorocas (90,2%), surgidas após a intervenção direta do Poder Público. Essa afirmativa vem derrubar a hipótese defendida pelo senso comum de que a ocupação irregular é a principal responsável pelo surgimento das voçorocas em Manaus. Caso isso fosse verdadeiro, teria ocorrido voçorocamento em todos os bairros da cidade. Tomando como exemplo a Zona Leste: embora seja considerada a zona onde mais ocorrem ocupações irregulares, constatou-se que a maioria desse tipo de incisão originou-se em áreas onde predomina a ocupação ordenada, a cargo do Poder Público (Vieira, 2008).

A origem das voçorocas se prende também à forma de apropriação do espaço urbano de Manaus, como o que ocorre em empreendimentos imobiliários de alto padrão, onde a infraestrutura empregada minimiza a ação das chuvas para provocar erosão (nestes, nenhuma voçoroca foi encontrada). Já nas ocupações populares espontâneas, apesar de inicialmente agressiva (após desmatamento e uso de encostas de grande declividade), os processos erosivos intensos somente ocorrem após a intervenção do Poder Público, por meio da instalação do sistema de drenagem ineficiente, ou após o processo de terraplenagem, principais fatores desencadeadores antrópicos (Vieira, 2008).

Pode-se afirmar que o surgimento e a concentração de voçorocas em alguns pontos da cidade de Manaus resultam da ação combinada de vários fatores, como: o desmatamento e a terraplenagem, o sistema de drenagem artificial deficiente e a forma convexa e a grande declividade na base das encostas. Há que se destacar que, em função desses fatores, a Zona Leste é mais suscetível à ocorrência de processos erosivos do que outras, bastando para isso que ocorra algum desequilíbrio (desmatamento, por exemplo) para que surjam voçorocas. Essa zona merece maior atenção, em função das suas características naturais (relevo e hidrografia) e do uso do espaço urbano (Vieira, 2008).

3. Conclusões

Se por um lado a vastidão da imensa região amazônica impressiona por suas dimensões incontestáveis, por outro a fragilidade de tal sistema também merece destaque. Os parâmetros aqui investigados possibilitaram o conhecimento de que grande parte dos danos ambientais, causados pela erosão nessa parte do país, está associada a fatores onde se enunciam: a composição geológica do setor central da Bacia Amazônica, típica de ambiente sedimentar, onde coberturas do fanerozoico se delineiam como substratos entre dois grandes escudos cristalinos.

Os aspectos da densidade de drenagem são importantes indicadores do nível de dissecação do relevo e demonstram que os processos erosivos sempre fizeram parte do ambiente amazônico, desde a sua formação, e continuam atuando no presente. Em Manaus, verificam-se algumas pequenas bacias onde a densidade de drenagem é baixa, assim como a ocorrência de processos erosivos intensos, ao passo que nas bacias com grande densidade de canais a ocorrência de voçorocas é marcante, tal como ocorre na Bacia Colônia Antônio Aleixo, na Zona Leste de Manaus, onde existem 50 voçorocas das 91 existentes na cidade.

As propriedades físicas dos solos estudados, na sua maior parte representada por teores elevados de areia (principalmente na base das encostas, ou próxima dos cursos d'água), remetem à necessidade de estudos e pesquisas que busquem, além da investigação de processos pedogenéticos, as condições paleoclimáticas, refletidas de forma tão expressiva no Quaternário amazônico, para o conhecimento dos ambientes locais.

A geomorfologia apresentando topos planos e encostas convexas de grande declividade tornam-se ambientes naturalmente suscetíveis à ocorrência de processos erosivos intensos em Manaus, principalmente quando aliados à intervenção antrópica (desmatamento, terraplenagem etc.).

Em face dos fatores expostos, reitera-se a necessidade de reflexões sobre a implantação de práticas ambientalmente corretas para o ambiente amazônico, visando o planejamento de ações que assegurem a manutenção dos mecanismos hidrogeomorfológicos, mediante as intervenções humanas, como corte de encostas, elaboração de níveis de taludes para a abertura de estradas, exploração mineral de areias, argilas e pedras para a construção civil e para a expansão de áreas urbanas das cidades amazônicas.

4. Referências Bibliográficas

AGUIAR, F.E.O. (1995). *As alterações climáticas em Manaus no século XX. Dissertação de Mestrado.* Rio de Janeiro: Departamento de Geografia, Instituto de Geociências/UFRJ, 182p.

ALBUQUERQUE, A.R. da C. (1999). *Impactos ambientais na bacia do igarapé do Leão/Manaus — AM: tendência a arenização. Dissertação de Mestrado.* Rio de Janeiro: PPGG/UFRJ-CCMN, 120p.

______. (2007). *Aplicação de técnicas geoambientais para reabilitar áreas degradadas na Base Geólogo Pedro de Moura: Bacia do Rio Urucu (Coari — AM). Tese de Doutorado.* Rio de Janeiro: PPGG/UFRJ-CMMN, 282p.

BARBOSA, G.V.; RENNÓ, C.V.; FRANCO, E.M.S. (1974). Geomorfologia da Folha SA.22 Belém. *In:* Brasil. Departamento Nacional da Produção Mineral. Projeto RADAMBRASIL. *Folha SA.22 Belém.* Rio de Janeiro: DNPM/Projeto RADAMBRASIL, v. 5.

BARBOSA, A. de J. (2009). *O sistema de drenagem pluvial e o início de processos erosivos intensos: conjunto habitacional Cidadão IX — Manaus/AM. Relatório Parcial de Pesquisa.* Manaus: PROPESP/UFAM, 15p.

BOHRER, C.B. de A. e GONÇALVES, L.M.C. (1991). Vegetação. *In:* IBGE. *Geografia do Brasil: Região Norte.* Rio de Janeiro: IBGE, v. 3, pp. 137-68.

Brasil. Departamento Nacional da Produção Mineral. Projeto RADAMBRASIL. (1978). *Folha SA.20 Manaus.* Rio de Janeiro: DNPM/Projeto RADAMBRASIL, v. 18.

CARDOSO, M.J.S. (2008). *Cartografia das atividades de extração de minerais utilizados na construção civil e qualificação do grau de degradação ambiental na região de Manaus-AM. Dissertação de Mestrado em Geografia.* Brasília: UnB-IH-GEA, 110p.

CARNEIRO FILHO, A. e ZINCK, J.A. (1994). Mapping paleo-aeolian sand cover formations in the northern Amazon basin from TM images. *ITC Journal*, v. 3. pp. 270-82.

CARVALHO, J.A.L. de. (2006). *Terras caídas e consequências sociais: Costa do Miracauera — Paraná da Trindade, Município de Itacoatiara — AM, Brasil. Dissertação de Mestrado.* Manaus: Programa de Pós Graduação Sociedade e Natureza/UFAM, 141p.

CURI, N. (Coord.). (1993). *Vocabulário de Ciência do Solo.* Campinas: SBCS, 78p.

DORST, J. (1973). A destruição das terras pelo homem. *In: Antes que a Natureza Morra.* São Paulo: Edgard Blücher, pp. 132-201.

FAO (Food and Agriculture Organization of the United Nations) (1967). *La erosion del suelo por el agua: algunas medidas para combatirla en las tierras de cultivo.* Roma: FAO, 207p.

FARIAS, A. de S. (2009). *Morfometria das encostas e processos de voçorocamentos na Bacia Antônio Aleixo — Manaus/AM. Relatório Parcial de Pesquisa.* Manaus: PROPESP/UFAM, 15p.

FILIZOLA, N.; GUYOT, J.L.; MOLINIER, M.; GUIMARÃES, V.; OLIVEIRA, E. de e FREITAS, M.A. de (2002). Caracterização hidrográfica da Bacia Amazônia. *In:* RIVAS, A. e FREITAS, C.E. de C. (Orgs.). *Amazônia: uma perspectiva interdisciplinar.* Manaus: Editora da Universidade do Amazonas, pp. 33-53.

FRANZINELLI, E. e IGREJA, H.L.S. (1990). Utilização de sensoriamento remoto na investigação na área do baixo Rio Negro e grande Manaus. *In:* Manaus: *Anais do VI Simpósio Brasileiro de Sensoriamento Remoto*, INPE, pp. 641-8.

______. (2002). Modern sedimentation in the lower Negro River, Amazonas State, Brazil. *Geomorphology.* v. 44, pp. 259-71.

GATTO, L.C.S. (1991). Relevo. *In:* IBGE. *Geografia do Brasil: Região Norte.* Rio de Janeiro: IBGE.

GUERRA, A.J.T. (1994a). Formação de Lateritos sob a floresta equatorial amazônica. *In:* GUERRA, A.J.T. (Org.). *Coletânea de Textos Geográficos de Antonio Teixeira Guerra.* Rio de Janeiro: Bertrand Brasil.

______. (1994b). Aspectos geográficos gerais do território do Guaporé (1953). *In:* GUERRA, A.J.T. (Org.) *Coletânea de Textos Geográficos de Antonio Teixeira Guerra.* Rio de Janeiro: Bertrand Brasil.

GUERRA, A.T. e GUERRA, A.J.T. (1997). *Novo Dicionário Geológico-Geomorfológico.* Rio de Janeiro: Bertrand Brasil, 652p.

HAFFER, J. e PRANCE, G.T. (2002). Impulsos climáticos da evolução na Amazônia durante o Cenozóico: teoria dos refúgios da diferenciação biótica. *Estudos Avançados,* São Paulo, v. 16.

IBGE. (2004). *Atlas Geográfico Escolar.* Rio de Janeiro: IBGE, 2ª Edição.

______. (2009). Banco de Dados. Disponível em: <www.ibge.gov.br>. Acesso em 29 Jun. 2010.

______. (2007). Blog de Geoprocessamento. IBGE/ANEEL. Disponível em: <www.ibge.gov.br>. Acesso em: 01 Jul. 2010.

IGREJA, H.L.S; CARVALHO, J.A.L e FRANZINELLI, E. (2010). Aspectos das Terras Caídas na Região Amazônica. *In:* REBELLO, A. (Org.). *Contribuições Teórico-Metodológicas da Geografia Física.* Manaus: Editora da Universidade do Amazonas, pp. 135-53

IRIONDO, M. e LATRUBESSE, E.M. (1993). A probable scenario for a dry climate in central Amazonia during the late Quaternary. *Quaternary International,* v. 21, pp. 121-28.

JUNK, W.J. e FURCH. K. (1993). A general review of tropical South American floodplains. *Wetlands Ecology and Management,* v. 2, pp. 231-8.

LATRUBESSE, E.M. e RANCY, A. (1998). The late Quaternary of the upper Juruá River, southwestern Amazonia, Brazil: geology and vertebrate palaeontology. *Quaternary of South America and Antarctic Peninsula,* v. 11, pp. 27-46.

______. (2000). Neotectonic influence on tropical rivers of southwestern Amazon during the late Quaternary: the Moa and Ipixuna river basins, Brazil. *Quaternary International,* v. 72, pp. 67-72.

LEPSCH, I.F. (2002). *Solos: formação e conservação.* São Paulo: Oficina de Textos, 178p.

LIMA, M.C. (1999). *Contribuição ao estudo do processo evolutivo de boçorocas na área urbana de Manaus. Dissertação de Mestrado.* Brasília: Departamento de Engenharia Civil, FT/UNB, 150p.

MARCOY, P. (2001). *Viagem pelo Rio Amazonas.* Manaus: Edições do Governo do Estado do Amazonas, Secretaria da Cultura, Turismo e Desporto e Editora da Universidade do Amazonas, 313p.

MARINHO, R. e MELLO, E. (2009). Análise multitemporal da geomorfologia fluvial do rio Solimões entre dois períodos hidrológicos (cheia de 1999 e a vazante 2005). *In:* Natal: *Anais do XIV Simpósio Brasileiro de Sensoriamento Remoto*, INPE, pp. 4765-72.

MUNIZ, L. da S.; VIEIRA, A.F.G. e ALBUQUERQUE, A.R. da C. (2004). Voçorocas do Distrito Industrial II — Manaus (AM). *In:* Santa Maria: *Anais do V Simpósio Nacional de Geomorfologia e I Encontro Sul-Americano de Geomorfologia,* UGB/UFSM, pp. 150-65.

NAVA, D.B. (1999). *Mapa de vulnerabilidade aos processos erosivos da porção sudoeste da cidade de Manaus, Amazonas. Dissertação de Mestrado.* Manaus: CCA/UFAM, 92p.

NIMER, E. (1989). Climatologia da Região Norte. *In: Climatologia do Brasil.* Rio de Janeiro: IBGE — Departamento de Recursos Naturais e Estudos Ambientais, 2ª Edição, pp. 363-92.

OLIVEIRA, M.A.T. de. (1992). *Morphologie des versants et ravinement: héritages et morphologénèses actuelle dans une région de socle tropical. Le cas de Bananal, São Paulo, Brésil. Tese de Doutorado.* Paris: Universidade de Paris IV — Paris Sorbonne, 401p.

REIS, N.J. *et al.* (2006). *Geologia e Recursos Minerais do Estado do Amazonas.* Manaus: CPRM — Serviço Geológico do Brasil, 125p.

RIBEIRO, B. G. (1990). *Amazônia Urgente: 5 séculos de história e ecologia.* Belo Horizonte: Itatiaia, 272p.

ROZO, J.M.G.; NOGUEIRA, A.C.R.; CARVALHO, A.S. (2005). Análise multitemporal do sistema fluvial do Amazonas entre a ilha do Careiro e a foz do rio Madeira. *In:* Goiânia: *Anais do XII Simpósio Brasileiro de Sensoriamento Remoto,* INPE, pp. 1875-82.

SANTOS JUNIOR, E.V. da C. (2002). *Identificação e análise geoambiental de processos erosivos em uma porção da área urbana de Manaus — AM (bairros Cidade Nova e Mauazinho). Dissertação de Mestrado.* Manaus: CCA/UFAM, 136p.

SANTOS, J.O.S.; NELSON, B.W. e GIOVANNINI, C.A. (1993). Corpos de areia sob leitos abandonados de grandes rios. *Ciência Hoje,* São Paulo, v. 16, pp. 22-5.

Secretaria de Energia e Saneamento de São Paulo (1990). *Controle de Erosão.* São Paulo: DAEE/IPT, 2ª Edição, 92p.

SIOLI, H. (1975). Tropical rivers as expressions of their terrestrial environments. *In:* GOLLEY, F.B. e MEDINA, E. (Orgs.). *Tropical Ecological Systems. Trends in Terrestrial and Aquatic Research.* Nova York: Springer-Verlag.

______. (1991). *Amazônia: fundamentos da ecologia da maior região de florestas tropicais.* Petrópolis: Vozes, 3ª Edição, 72p.

SOARES, L.C. (1991). Hidrografia. *In:* IBGE. *Geografia do Brasil: Região Norte.* Rio de Janeiro: IBGE, v. 3, pp. 73-121.

STERNBERG, H.O.R. (1950). Vales tectônicos na planície amazônica? *Revista Brasileira de Geografia*, v. 12, pp. 3-26.

TAKAKI, A.J.H. (2002). *Caracterização de processos erosivos como instrumento de apoio ao planejamento urbano de Manaus — AM. Dissertação de Mestrado.* Manaus: UFAM, 128p.

TAVARES, J. dos S. (2009). *Análise da ocorrência de voçorocas na BR 174: Trecho Manaus — Presidente Figueiredo (AM). Relatório Parcial de Pesquisa.* Manaus: PROPESP/UFAM, 15p.

TRICART, J. (1974). Existence de periodes sèches au Quaternaire en Amazonie et dans les regions voisines. *Revue de Géomorphologie Dynamique*, v. 4, pp. 145-58.

______.(1974). Existence de periodes sèches au Quaternaire en Amazonie et dans les régions voisines. *Revue de Géomorphologie Dynamique,* Paris, v. 23, pp. 145-58.

______. (1977). Tipos de planícies aluviais e de leitos fluviais da Amazônia brasileira. *Revista Brasileira de Geografia*, Rio de Janeiro, v. 39, pp. 3-40.

VERTANATTI, E. e BARANCOSKI, R.E.P. (1987). A ocorrência de voçorocas em dois aeroportos da Amazônia. *In:* São Paulo: *Anais do IV Simpósio Nacional de Controle de Erosão*, ABGE/DAEE, pp. 379-405.

VIEIRA, A.F.G. (1996). *Medidas de contenção de voçorocas do sítio urbano de Manaus. Monografia — Bacharelado em Geografia.* Manaus: DEGEO/UFAM, 52p.

______. (1998). *Erosão por voçorocas em áreas urbanas: o caso de Manaus (AM). Dissertação de Mestrado.* Florianópolis: PPGG/UFSC, 181p.

______. (1999). Definição, classificação e formas de voçorocas. *Revista de Geografia da Universidade do Amazonas,* Manaus, pp. 27-42.

______. (2002). O cadastramento como forma de identificação, monitoramento e evolução de voçorocas. *In:* São Luís: *Anais do IV Simpósio Nacional de Geomorfologia,* Editora da UFMA, pp. 106-7.

______. (2008). *Desenvolvimento e distribuição de voçorocas em Manaus (AM): fatores controladores e impactos urbano-ambientais. Tese de Doutorado.* Florianópolis: PPGG/UFSC, 223p.

VIEIRA, A.F.G. e LIMA, N.P.S. de. (1995). *Mapeamento e estudo das voçorocas do sítio urbano de Manaus. Relatório Final de Pesquisa.* Manaus: DEGEO/UFAM, 133p.

VIEIRA, A.F.G., MOLINARI, D. C. e ALBUQUERQUE, A.R.C. (2005). Dinâmica erosiva em estradas: BR-174 e Urucu (Amazonas). *In:* Goiânia: *II Simpósio sobre Solos Tropicais e Processos Erosivos no Centro-Oeste*, UFG, 10p.

VIEIRA, A.F.G. e ALBUQUERQUE, A.R. da C. (2004). Cadastramento de voçorocas e análise de risco erosivo em estradas: BR-174 (Trecho Manaus — Presidente Figueiredo). *In:* Santa Maria: *Anais do V Simpósio Nacional de Geomorfologia e I Encontro Sul-Americano de Geomorfologia,* UGB/UFSM, pp. 50-65.

VIEIRA, A.F.G.; MOLINARI, D.C. e MUNIZ, L. da S. (2004). Caracterização geral das voçorocas do CIRMAM: Manaus (AM). *In:* Santa Maria: *Anais do V Simpósio Nacional de Geomorfologia e I Encontro Sul-Americano de Geomorfologia,* UGB/UFSM, pp. 20-35.

WILD, A. (1993). Soil erosion and conservation. *In*: *Soils and the Environment: an introduction.* Cambridge: Cambridge University Press, pp. 233-48.

CAPÍTULO 7

DEGRADAÇÃO DOS SOLOS NO ESTADO DO RIO DE JANEIRO

Antonio Soares da Silva
Rosangela Garrido Machado Botelho

Introdução

Os solos do estado do Rio de Janeiro, assim como os de todo o Brasil, são muito intemperizados e, consequentemente, muito lixiviados e pobres quimicamente. O uso agrícola desses solos requer não apenas uma carga de fertilizantes elevada, mas também a adoção de práticas conservacionistas que venham a reduzir as perdas de solo e de água. Apenas em pequenos trechos do território do estado podem ser encontrados solos pouco intemperizados e com fertilidade natural mais elevada, normalmente associada às características do material que deu origem a eles e às características climáticas. A geologia é predominantemente composta por rochas ácidas e são poucos os locais com precipitação média anual abaixo de 1.200 mm.

De modo geral, as características dos solos, do relevo e da distribuição das precipitações resultam em solos com suscetibilidade à erosão e movimentos de massa muito elevados.

A agricultura e a pecuária no estado são dois dos principais fatores de degradação do solo. O uso intensivo promove uma série de modificações nos solos, que envolvem a sua degradação biológica, química e física. São diversos processos que culminam em perda de matéria, através da erosão (laminar e linear), compactação e alteração da estrutura do solo, degradação química (lixiviação, salinização, acidificação e acúmulo de substâncias tóxicas) e perda da diversidade biológica (Cogo *et al.*, 2003; Silva *et al.*, 2005).

FIGURA 1. Sinais erosivos em área de pastagem. Os acessos utilizados pelos animais transformam-se em caminhos por onde se concentra o fluxo superficial, gerando ravinas. Município de Aperibé (RJ). (Foto: Antonio S. da Silva, 2009.)

Em um ambiente onde naturalmente os solos são muito pobres quimicamente é relativamente difícil quantificar e estabelecer a relação da sua degradação por lixiviação e acidificação. Por outro lado, o mesmo não ocorre com a erosão, pois ela é facilmente percebida na paisagem, sendo mais clara a relação entre a erosão e a degradação do solo (Figura 1).

Geomorfologicamente, o estado do Rio de Janeiro apresenta boa parte do seu território composta por relevos de degradação: sobre depósitos sedimentares, entremeados na baixada, em planaltos dissecados ou superfícies aplainadas, sustentados por litologias específicas, e em áreas montanhosas (Dantas, 2000). Esse predomínio de relevos de degradação associado às práticas agrícolas existentes são os principais responsáveis pelo elevado índice de erosão dos solos no estado.

Assim, o estado do Rio de Janeiro como um todo, e algumas áreas em especial, como a região do Médio Paraíba do Sul, apresenta sinais de degradação dos solos em diferentes estágios. A origem desse processo remonta ao uso inadequado das terras, desde a época da chegada dos colonizadores portugueses ao Brasil. A ocupação e o uso da terra no país, e mais especificamente no estado do Rio de Janeiro, caracterizaram-se por supressão da vegetação nativa e sua substituição por agricultura e pecuária, praticadas de maneira inadequada às condições ambientais da maior parte do estado, caracterizado, de modo geral, por um clima úmido, com fortes chuvas no período do verão (Silva, 2002).

No entanto, segundo Montebeller *et al.* (2007), os maiores valores de erosividade no estado do Rio de Janeiro encontram-se nas regiões serrana e da Baía da Ilha Grande, enquanto os menores valores estão nas regiões norte e noroeste. A despeito desses resultados, fundamentais para estudos sobre fragilidade e risco ambientais, é possível encontrar sinais erosivos nessas duas últimas regiões, tendo em vista que a ocorrência da erosão está relacionada a outros fatores de ordem físico-biótica e antrópica. O uso do solo constitui uma variável de extrema importância nessa equação.

A avaliação da suscetibilidade à erosão pressupõe a consideração do grau de cobertura do solo, que cada tipo de vegetação e de uso promoveu. De acordo com Bertoni e Lombardi Neto (1993), as perdas médias de solo estimadas para o estado de São Paulo, por tipo de cobertura vegetal, podem variar de 0,004 t/ha/ano em florestas naturais até 41,5 t/ha/ano em área de culturas agrícolas temporárias.

Em relação ao estado do Rio de Janeiro, existe pouca informação sobre o tema produção e perda de sedimentos por erosão. Destacam-se os trabalhos produzidos pela equipe do Laboratório de Geomorfologia Ambiental e Degradação dos Solos (LAGESOLOS) da UFRJ, tais como os de Guerra e Oliveira (1995), Silva *et al.* (1999) e Garcia (2005) na Região Serrana do estado. Na análise desses dados, verificou-se que as perdas de solo por erosão hídrica superficial chegaram a ser até 21 vezes mais elevadas no mesmo período em solos com cobertura de gramíneas, em comparação com o solo sem cobertura vegetal. As taxas de perda anual variaram de 1,1 t/ha/ano (valor mínimo) em solo sob cobertura de gramíneas a 32,2 t/ha/ano (valor máximo) em solo desnudo (Tabela 1).

TABELA 1
Valores mínimos, máximos e acumulados de perda de solo em diferentes condições de cobertura em um latossolo vermelho-amarelo na região Serrana do estado do Rio de Janeiro

Valores de perda de solo (t/ha/ano)	gramíneas	solo desnudo
mínimos anuais	1,1	14,6
máximos anuais	4,7	32,2
acumulados em 3 anos	8,0	72,6

Fonte: Modificada de Garcia (2005).

Uma das regiões mais estudadas no estado é o médio Vale do Rio Paraíba do Sul. Alguns pesquisadores desenvolveram trabalhos onde foram estabelecidos parâmetros relacionados às características das chuvas, fragmentação florestal, caracterização dos solos, dinâmica erosiva e outros (Silva, 2002; Castro *et al.*, 2002; Silva *et al.*, 2003; Machado *et al.*, 2008).

1. Breve histórico da degradação no estado do Rio de Janeiro

Erosão, deslizamentos em encostas desmatadas, soterramento de áreas de várzeas e assoreamento de rios têm sido frequentes no estado e relatados desde o século XIX, causados principalmente pela cultura do café, iniciada no Vale do Paraíba do Sul em meados do século XVIII (Botelho, 1990).

Sternberg (1949), em seu artigo sobre enchentes e movimentos coletivos do solo no Vale do Paraíba, relatou a dramática calamidade ocorrida em 15 de dezembro de 1948 em uma área de 1.500 km^2 na bacia do Rio Paraíba do Sul, abrangendo parte dos municípios de Além Paraíba, Leopoldina, Volta Grande e Pirapetinga (em Minas Gerais) e parte do município de Santo

Antônio de Pádua (no Rio de Janeiro). Chuvas prolongadas e concentradas em *trombas d'água* causaram diversos movimentos de massa e soterramentos de casas e lavouras, com um número estimado de 250 mortes.

No mesmo artigo, Sternberg cita outros eventos catastróficos envolvendo enchentes e movimentos de massa ocorridos anteriormente no estado do Rio de Janeiro, como em Muriaé, em 1946, e em Sítio Forte, na Baía da Ilha Grande.

Mas, sem dúvida, a região do Vale do Paraíba despontou logo cedo como uma das mais degradadas do estado e até mesmo do país (Guerra e Botelho, 2006). Botelho (1990), em trabalho sobre o uso do solo e degradação das terras no município de Vassouras (RJ), documentou distintos e acelerados processos de degradação (Figura 2), investigou os sistemas de preparo e cultivo adotados e concluiu que o uso do solo, inicialmente com a monocultura do café, sem levar em conta as práticas conservacionistas,

FIGURA 2. Cultivo de café morro acima retratado em pintura do século XIX (Foto: Rosangela G. M. Botelho.)

seguido pela pecuária extensiva nas encostas, foi o principal fator responsável pelo estado de degradação das terras na região. Sternberg (1949) já havia mencionado que os eventos que assolaram a região em 1948 decorriam de mais de um século de abuso da terra.

Após o declínio da atividade cafeeira e da introdução da pecuária, o aspecto da paisagem na região era de *morros amarelados, calvos, sem verduras, nem árvores* (Brasil, 1934). Tais termos denunciam a forte erosão laminar que já ocorria naquelas terras, caracterizada pela perda total do horizonte A e exposição do horizonte B em superfície.

Porém, muito antes disso, ainda no século XIX, Oliveira (1863, *in* Stein, 1961) já constatava sinais de degradação das terras na região, afirmando que as safras se tornavam cada vez menores devido ao esgotamento da fertilidade do solo, os fazendeiros multiplicavam o número de capinas e compravam mais escravos para, no fim, colher menos. Nessa época já havia relatos dos efeitos das fortes chuvas sobre as perdas de solo nas áreas cultivadas.

"A plantação dos cafezais em fileiras verticais que subiam pela encosta dos morros apresentava vantagens e inconvenientes. As enxurradas tropicais despencando morro abaixo, pelas íngremes encostas dos cafezais, procuravam a linha das covas dos cafezais, onde a terra apresentava depressões, deixando as raízes expostas ao ar e ao sol" (Stein, 1961).

"As chuvas torrenciais seguindo as queimas anuais lavaram completamente o humo dos morros devastados, arrastando-os para os estreitos vales pantanosos (...) cada regato é um esgoto de adubo líquido, levando para o Atlântico, e o solo superficial parece um campo de tijolo" (Burton, 1869, *in* Stein, 1961).

Dessa forma, é possível afirmar que o processo de degradação dos solos no estado do Rio de Janeiro não é recente e remonta ao século XIX, quando parte expressiva das terras do estado, referentes àquelas que foram intensamente utilizadas com a cafeicultura, já apresentava sinais de alteração, com efeitos negativos sobre as funções do solo, as atividades agrícolas e a qualidade dos corpos de água.

Através dos relatos históricos levantados, constata-se a existência, desde aquela época, de processos físicos e químicos de degradação dos solos. Os primeiros estão representados pela perda de matéria dos solos nas encostas, por erosão laminar, em sulcos ou ravinas e movimentos de massa; pelo acúmulo de matéria alóctone em fundos de vales, por soterramento e assoreamento de canais fluviais e pela compactação e selamento da superfície do solo. A degradação química corresponde ao processo de diminuição da fertilidade do solo, devido à lixiviação dos nutrientes e também a consequente acidificação, de mais difícil constatação, como mencionado anteriormente.

FIGURA 3. Marcas do pisoteio do gado e voçorocas no município de Vassouras (RJ). (Foto: Rosangela G.M. Botelho.)

Os primeiros fatores de degradação dos solos no estado do Rio de Janeiro foram, sem dúvida, o desmatamento desenfreado, as queimadas e os sistemas de cultivo sem adoção de práticas conservacionistas. Aliados a um quadro físico de encostas íngremes e clima marcado por chuvas torrenciais, esses fatores deixaram suas marcas no território fluminense (Figura 3).

Infelizmente, atividades como desmatamento, notadamente de áreas protegidas, queimadas e sistemas de cultivos inadequados continuam sendo praticadas e a elas vêm sendo somados outros fatores, como cortes para abertura de estradas e construção de moradias, que têm intensificado os processos de degradação dos solos no estado.

Nas áreas rurais, nos dias de hoje, os principais fatores de degradação dos solos são: o desmatamento, as queimadas, o pisoteio do gado e a passagem de máquinas agrícolas. A degradação nessas áreas pode ser observada diretamente pela compactação do solo, pela incidência de erosão laminar, ravinas e em voçorocas e, indiretamente, pelo assoreamento de rios, lagos e reservatórios. Há também a diminuição da fertilidade dos solos causada pela perda de nutrientes carreados juntamente com o material erodido, principalmente do horizonte A, facilmente transportado, quando em condições de solo desnudo, e que representa uma camada naturalmente fértil. Nessas áreas, há registros também da ocorrência de movimentos de massa, mas, em geral, eles estão associados à morfodinâmica natural de evolução das encostas ou a cortes nas mesmas para a construção de estradas ou outros empreendimentos.

A fragilidade natural das terras do Vale do Paraíba do Sul está também relacionada à geomorfologia. A região está inserida no Domínio dos Mares de Morros (Ab'Sáber, 2003) e ao Domínio Colinoso dos Relevos de Degradação em Planaltos Dissecados ou Superfícies Aplainadas (Dantas, 2000). Os solos dominantes na área são argissolos e latossolos, com texturas que variam de média a muito argilosa, nos horizontes Bt e Bw, respectivamente. O clima da área é marcado por uma estação seca que, segundo Nimer (1979), pode ser, em média, de quatro a cinco meses, coincidindo com o inverno. As precipitações são, em média, de 1.250 mm anuais, concentradas entre dezembro e março.

Para Moura (1994), o processo erosivo atual na região do Médio Vale do Rio Paraíba do Sul está associado ao modelo de evolução da paisagem. O intenso processo de erosão linear acelerada por voçorocas conectadas à rede de drenagem, sobre materiais alúvio-coluviais, configura-se como um processo de re-hierarquização da rede de drenagem fluvial, com direção preferencial para as antigas linhas de drenagem (paleocanais erosivos entulhados).

A partir desse quadro é possível entender os diversos problemas erosivos e de degradação das terras encontrados no Vale do Paraíba. Os solos que apresentam fortes descontinuidades texturais e estruturais são os que possuem maior incidência de processos erosivos, tais como os argissolos.

Até os dias atuais essas formas de manejo do solo são praticadas nos diversos municípios que possuem agricultura. O cultivo de olerícolas em Paty do Alferes ainda é feito seguindo as mesmas práticas do século XIX. Além de promover a remoção de partículas do solo, pode resultar em contaminação de corpos hídricos.

Os estudos de Ramalho *et al.* (1998), Nuñez *et al.* (1999) e Ramalho *et al.* (2000) mostram a contaminação do solo e da água por metais pesados, destacando o papel do escoamento superficial no transporte desses elementos. Os resultados obtidos mostram as consequências do manejo inadequado do solo cultivado com olerícolas sobre a contaminação do solo, sedimentos e água. As maiores perdas por erosão com sistema de preparo morro abaixo foram responsáveis pela concentração de cádmio, níquel, chumbo, zinco e manganês nos cursos d'água, com risco de contaminação de animais e plantas irrigadas. No solo com sistema de preparo em cultivo mínimo, ocorreram menores perdas por erosão e maior concentração daqueles elementos no solo.

Silva (2006) mostrou que a forma de aplicação de fertilizantes em áreas de pastagem na Região Serrana do estado do Rio de Janeiro influi diretamente na quantidade de metais pesados adsorvidos aos sedimentos transportados pelo escoamento superficial. Foram removidos não apenas metais pesados, mas também nutrientes, como fósforo. Esse processo resulta na degradação química do solo, que obriga o agricultor a repor os nutrientes removidos. A quase totalidade dos nutrientes presentes nos fertilizantes é removida pela erosão.

De certa forma, o mesmo quadro verificado na região do Médio Vale do Rio Paraíba do Sul também é encontrado nas regiões norte e noroeste, sobretudo nesta última.

A região noroeste tem como principal atividade econômica a pecuária leiteira e de corte, relevo predominantemente ondulado a forte ondulado e pastagens manejadas com baixo nível tecnológico (Embrapa, 2004). A combinação de relevo acidentado e solos com forte gradiente textural resulta em elevada vulnerabilidade à degradação ambiental. Quando a esse quadro natural se junta a redução da cobertura vegetal e a utilização de práticas de uso do solo inadequadas, tem-se como resultados fortes processos erosivos laminares e lineares (Silva, 1990; Embrapa, 2004; Silva, 2009).

As práticas de manejo do solo inadequadas, tais como queimadas anuais e aração morro abaixo, resultaram em forte degradação ambiental para toda a região. A ocorrência de fortes processos erosivos (ravinas e voçorocas) contribui não só para o empobrecimento do solo, mas também para o assoreamento dos cursos d'água (Figura 4).

FIGURA 4. Processos erosivos e pequenos escorregamentos em São Fidélis, região noroeste do estado. O material removido das vertentes chega rapidamente aos rios, contribuindo para o assoreamento e mesmo contaminação dos canais fluviais. (Foto: Antonio S. da Silva, 2009.)

Atualmente, é possível constatar em diversos municípios da região noroeste a ocorrência de processos erosivos laminares que promovem a remoção de todo o horizonte superficial do solo (Silva, 2009).

2. Mineração

A mineração causa a degradação do solo de diversas formas. Para a extração do minério, remove-se toda a cobertura vegetal e a capa de material intemperizado que o recobre. A degradação é feita através da disposição, em locais inadequados, de rejeitos da própria mineração e outros materiais utilizados na lavra (Nascimento *et al.*, 2002).

O nível da degradação do solo e do ambiente do entorno está diretamente relacionado ao bem que está sendo extraído. Algumas áreas em mineração são responsáveis pela adição de elementos tóxicos e corrosivos no solo, outras descaracterizam a paisagem, gerando um impacto visual muito forte, principalmente nas áreas de extração de brita e rochas ornamentais. Nessas últimas, também é comum o lançamento de material particulado na atmosfera (Brabo *et al.*, 1999).

No Rio de Janeiro, os principais produtos extraídos são agregados para a construção civil (brita, areia e argila), rochas ornamentais e calcário. O processo extrativo desses minérios gera material particulado que pode promover o assoreamento de corpos hídricos e o soterramento da vegetação, como, por exemplo, na extração de rochas ornamentais em Santo Antônio de Pádua (Silva, 2009). Outras formas de mineração, tais como a extração do carvão, têm poder de causar mais poluição devido, principalmente, à drenagem ácida (Campaner e Luiz-Silva, 2009).

A seguir, são destacadas as áreas do estado onde a atividade de mineração é importante e, portanto, representa um alerta quanto à possível ocorrência de processos de degradação dos solos.

2.1. Município de Campos dos Goytacazes

A retirada de argila no município tem como objetivo a produção de cerâmica vermelha. Os problemas, nesse caso, envolvem a remoção do solo, a presença de cavas onde aflora o lençol freático e todo o risco associado ao processo produtivo, como, por exemplo, problemas de contaminação do solo no abastecimento de equipamentos e veículos, disposição inadequada de óleo lubrificante, e outros. As áreas de manutenção de equipamentos devem receber especial atenção, pois podem gerar contaminação pontual do solo. São 68 unidades industriais (olarias) e 115 pontos de extração, aumentando o risco de contaminação do solo e da água, pois toda a Baixada Campista possui o lençol freático muito próximo à superfície (DRM, 2008). É comum que em algumas cavas a remoção do pacote argiloso exponha o lençol d'água, o que impede qualquer processo de revegetação desses locais.

O processo extrativo tem início com a remoção do horizonte A do solo, com maior teor de matéria orgânica e estoque de sementes. A espessura desse horizonte é variável e o mesmo deveria ser reservado para posterior recuperação da cava, ao final da lavra. No entanto, alguns mineradores incorporam o horizonte A no minério enviado à olaria. Para Silva *et al.* (2009), esse processo empírico resulta na perda de qualidade do produto final e na incapacidade do solo remanescente da cava em sustentar a vegetação.

2.2. Região noroeste

A região noroeste do estado do Rio de Janeiro tem como características principais o uso do solo com pecuária extensiva e extração de rochas ornamentais. Itaperuna é o município de maior porte econômico da região noroeste, seguido por Santo Antônio de Pádua e Bom Jesus do Itabapoana. A indústria extrativa de rochas ornamentais é uma das principais fontes de renda da região, respondendo por 12,5% do seu PIB. Para alguns municípios da região, como, por exemplo, Santo Antônio de Pádua, essa atividade tem uma importância econômica muito relevante, devido à área espacial da atividade e à quantidade da mão de obra ocupada (Medina *et al.*, 2003).

A explotação de rochas no município teve início na década de 1960, quando pequenos produtores rurais começaram a utilizar uma "pedra" facilmente "desplacável" para revestir os pisos dos currais. Dessa forma tem origem o nome "Pedra de Curral", até hoje usado por algumas pessoas na região (Brito, 2004).

No início da década de 1980, os moradores começaram a usar essa "pedra", depois de serrada, na construção civil como revestimentos de muros, pisos e jardins. Dessa forma, a rocha ornamental começou a ganhar mercado e a ser comercializada, recebendo diversos nomes, de acordo com suas características relacionadas à cor e à aparência: Pedra Miracema, Pedra Paduana, Pedra Olho-de-Pombo, Pedra Madeira Amarela, Pedra Madeira Vermelha etc.

O comércio dessas pedras propiciou um grande desenvolvimento para o município de Santo Antônio de Pádua. Porém, sua extração gerou graves problemas ambientais, que podem inviabilizar a continuidade devido à ação do Ministério Público e dos órgãos ambientais.

Atualmente, existem no município cerca de 100 frentes de extração, as quais não seguem plano de lavra, são carentes de tecnologia e, em quase sua totalidade, sem planejamento ambiental (Silva, 2009).

Diversos trabalhos relacionados à melhoria do processo extrativo e de beneficiamento das rochas foram desenvolvidos pelo Departamento de Recursos Minerais (DRM-RJ), em parceria com o Centro de Tecnologia Mineral (CETEM) e com o Instituto Nacional de Tecnologia (INT) no município de Santo Antônio de Pádua. Com esses projetos, os produtores locais atingiram algum avanço no processo extrativo e no aspecto legal da atividade.

Talvez o mais importante deles seja o reaproveitamento do resíduo gerado no corte da pedra nas serrarias. A prática corrente na região era o lançamento do pó de pedra, misturado com a água diretamente nos rios. Hoje, esse resíduo é matéria-prima para a fabricação de argamassa.

Os impactos ambientais e de degradação dos solos envolvem também a remoção da vegetação em áreas de topo de morros e nascentes. É comum o recobrimento físico da vegetação com os materiais descartados, pois a quantidade de estéril gerado pela atividade é muito alta, assim como a indução a processos erosivos e movimentos de massa (Figura 5).

A implantação de processos de produção limpa, melhoria tecnológica, reutilização de resíduos e melhoria ambiental resultaram na instalação de uma fábrica de argamassa, que recolhe o resíduo do corte das pedras e os reutiliza, eliminando o descarte nos rios, aumentando a renda dos mineradores.

FIGURA 5. Movimento de massa provocado pela extração de rochas ornamentais em área de declividade acentuada no município de Santo Antônio de Pádua. (Foto: Antonio S. da Silva, 2009.)

Parte das reservas extrativas está localizada no alto das serras, áreas que podem ser consideradas APPs. Cerca de 20% a 30% das empresas de extração e beneficiamento da pedra estão localizadas em APP de topo de morro, montanha, linha de cumeada ou faixa marginal de corpos hídricos (Silva, 2009).

2.3. Seropédica — Itaguaí

Assim como os demais agregados para a construção civil, a areia é um produto de baixo valor econômico, cujo preço final é fortemente influenciado pelo custo do transporte. Devido a esse fato, para se tornar competitivos, os locais de extração devem estar localizados o mais próximo possível dos mercados consumidores. Isso gera conflitos entre a mineração e a população pelo uso do solo urbano.

A bacia sedimentar de Sepetiba é caracterizada por sedimentos inconsolidados de ambiente aluvionar, apresentando fácies fluvial, flúvio-marinha e flúvio-lacustre, sobrepostas ao arcabouço pré-cambriano (Marques *et al.*, 2008). As características geológicas da região permitiram o desenvolvimento da extração de areia, uma das principais atividades econômicas da região, tendo como destino final a Região Metropolitana do Rio de Janeiro.

Assim como em Santo Antônio de Pádua, o processo de extração mineral praticado pelos mineradores não contempla o uso futuro das antigas cavas. O descontrole da extração resultou em cavas muito próximas uma das outras, deixando o local completamente arrasado e com poucas possibilidades de recuperação. Em uma área de aproximadamente 30 km^2 existem mais de 100 cavas de extração de areia.

Para a extração de areia, os mineradores retiram as camadas superficiais dos depósitos arenosos, fazendo com que a superfície freática do aquífero livre Piranema aflore, preenchendo a cava. A abertura das cavas de extração de areia promove mudanças nas características físico-químicas das águas, resultando na acidificação das mesmas (Marques *et al.*, 2008), dificultando ainda mais sua recuperação..

2.4. Médio Vale do Paraíba do Sul

Outro polo de mineração no estado do Rio de Janeiro está localizado na região do Médio Vale do Rio Paraíba do Sul. Nesse ambiente se desenvolve a extração de argila para a confecção de artefatos cerâmicos. A argila utilizada para a produção de cerâmica está localizada em áreas de várzeas, sobretudo na planície de inundação do Rio Paraíba do Sul, mas pode também ser encontrada em depósitos de encosta (colúvios), ou mesmo em áreas de formação *in situ* (Torres e Xaubet, 2009).

A extração de argila ocorre nos municípios de Volta Redonda, Piraí, Barra do Piraí, Vassouras, Resende e Porto Real. A produção é destinada a seis unidades de fabricação de artefatos cerâmicos para vedação de paredes (tijolos).

Segundo Torres e Xaubet (2009), o processo de extração, quando encerrado, recupera totalmente as áreas lavradas. A recuperação se dá com o preenchimento da cava com material de empréstimo e posterior revegetação. Para os autores, esse trabalho reabilita completamente a antiga cava. Porém, não é informado se existe algum monitoramento sobre a efetiva reabilitação da área, pois o fato de haver crescimento de gramíneas não significa que a área esteja completamente recuperada. O material de empréstimo tem origem em morros próximos, através da remoção de material de um local para deposição nas cavas, podendo apenas haver a transferência do problema de um lugar para outro.

3. Focos de queimadas

Os focos de queimadas no Brasil têm sido monitorados pela Divisão de Satélites e Sistemas Ambientais (DAS), do Centro de Previsão de Tempo e Estudos Climáticos (CPTEC), do Instituto Nacional de Pesquisas Espaciais (INPE). No estado do Rio de Janeiro, entre 1º de janeiro de 2006 e 3 de julho de 2010, foram detectados 553 focos de queimadas (INPE/CPTEC, 2010). O município com maior incidência é Campos dos Goytacazes, com 99 focos de queimada nesse período, seguido por Paraíba do Sul, com 34 (Tabela 2). É importante destacar que o município de Campos possui o maior rebanho bovino e a maior produção de cana-de-açúcar do estado. Como pode ser observado na Figura 6, os municípios com maiores ocorrências de queimadas encontram-se nas regiões norte fluminense, serrana e centro-sul fluminense, ao passo que as regiões Metropolitana e da Costa Verde são as que apresentam os menores valores de queimada nos últimos cinco anos.

TABELA 2

Municípios com maior número de focos de queimada no estado do Rio de Janeiro entre 1º de janeiro de 2006 e 3 de julho de 2010 para o satélite NOAA-15

Municípios	Focos
Campos dos Goytacazes	99
Paraíba do Sul	34
Quissamã	22
Petrópolis	21
Vassouras	19
Nova Friburgo	16
Teresópolis	16
Itaperuna	15

Fonte: INPE/CPTEC (2010).

4. Movimentos de massa

Escorregamentos de grande porte têm sido registrados no estado desde 1938, ano a partir do qual começaram a ser levantados dados sobre escorregamentos por Amaral (1992) e Silva *et al.* (s/d), para compor o Inventário Local de Escorregamentos Significativos no Município do Rio de Janeiro.

Algumas áreas do estado do Rio de Janeiro frequentemente apresentam problemas de instabilidade das encostas e de movimentos de massa

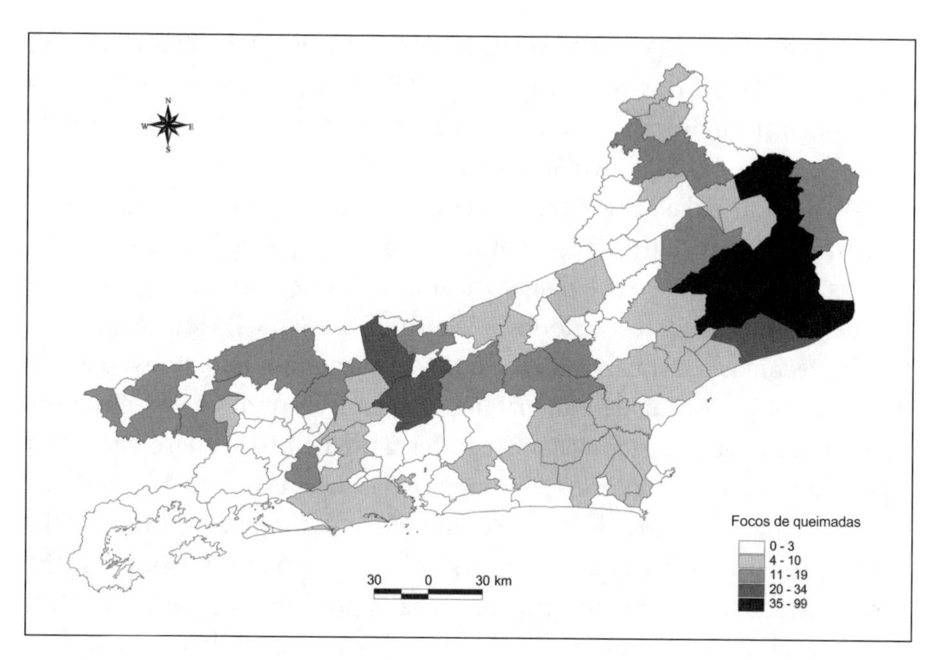

FIGURA 6. Focos de queimadas no estado do Rio de Janeiro entre 1º de janeiro de 2006 e 3 de julho de 2010 para o satélite NOAA-15. Fonte: CPTEC/INPE (2010).

e, por isso, estão comumente na mídia em notícias envolvendo interdição de estradas, perdas materiais e até mesmo de vidas humanas. São exemplos dessas áreas a Região Metropolitana, mais especificamente os centros urbanos dos municípios do Rio de Janeiro, Niterói e São Gonçalo; a Região Serrana, notadamente os municípios de Petrópolis e Teresópolis, em trechos relacionados às rodovias BR-040 (Rio-Juiz de Fora) e BR-495 (Petrópolis-Teresópolis); e a região da Costa Verde, que engloba os municípios de Itaguaí, Mangaratiba, Angra dos Reis e Paraty.

Amaral Júnior (2007), ao realizar um mapeamento geotécnico e de movimentos de massa gravitacionais na região da Costa Verde, contemplando parte dos municípios de Itaguaí e Mangaratiba, cadastrou 140 eventos, agrupados em cinco categorias distintas: escorregamentos translacionais, quedas, rolamentos, fluxos e rastejos.

Em março de 2008, fortes chuvas causaram deslizamento de terra na Rodovia Rio-Santos, que liga o Rio a Angra dos Reis e Paraty, na altura do km 575 da pista sentido São Paulo, em Paraty. No início de abril do mesmo ano, a mesma rodovia voltou a ser parcialmente interditada por deslizamentos ocorridos na altura do km 474 e do km 526, próximo à Usina Nuclear de Angra dos Reis (Martins, 2008). Em janeiro de 2010, fortes chuvas deixaram novamente a rodovia em meia pista na altura do trevo de acesso a Angra dos Reis (Araújo, 2010).

Mobilizado pelas catástrofes sucessivas que têm ocorrido no Rio de Janeiro, o governo do estado contratou uma equipe multidisciplinar de especialistas para mapear e diagnosticar as áreas de risco na região. Num voo de reconhecimento na Rodovia BR-101 (Rio-Santos) e em Angra dos Reis, os técnicos constataram dezenas de deslizamentos ocorridos ao longo da estrada. Na enseada de Bananal, na Ilha Grande, onde 31 pessoas morreram soterradas por uma avalanche de terra no dia 1º de janeiro de 2010, a equipe avistou outros quatro deslizamentos da "mesma ordem de grandeza". No município de Angra dos Reis como um todo, foram 52 vítimas fatais. Numa primeira avaliação, os técnicos concluíram que a melhor solução para a estrada, que é frequentemente fechada por causa de deslizamentos, é a substituição do modelo atual por viadutos e túneis (Bottari, 2010).

Na Região Serrana, o município com maior número de movimentos de massa registrados na história do estado é, sem dúvida, Petrópolis. Vários trabalhos registram e discutem a ocorrência de deslizamentos no município de Petrópolis (IPT, 1991; Guerra, 1995; Botelho, 1996; Guerra e Gonçalves, 2001; Guerra e Mortlock, 2002; Guerra *et al.*, 2007). São centenas de vítimas fatais desde a década de 1960. O município de Petrópolis se caracteriza por apresentar uma topografia acidentada e encostas ocupadas por uma população de baixa renda e que não tem acesso a recursos tecnológicos para construir suas habitações. Assim, a cada ano, durante os meses mais chuvosos (novembro a março), novos eventos ocorrem ceifando vidas humanas e causando milhões em perdas materiais.

Em abril de 2010, mais uma vez, o estado foi atingido por fortes chuvas, que duraram mais de 36 horas e provocaram centenas de deslizamentos. O número de mortos foi superior a 250 e 10.800 pessoas perderam suas casas (Chuvas, 2010). Entre os municípios atingidos está Niterói, Rio de Janeiro, São Gonçalo, Petrópolis, Nilópolis, Magé e Engenheiro Paulo de Frontin, sendo os três primeiros aqueles onde ocorreram as maiores perdas materiais e humanas.

Niterói, na Região Metropolitana, foi a cidade com maior número de deslizamentos de terra e soterramentos. Um deslizamento de grandes

FIGURA 7. Vista aérea da área do Morro do Bumba (Niterói-RJ) onde em abril de 2010 ocorreu o deslizamento do antigo lixão. (Foto: Luiz Dias da Mota Lima, 2010.)

proporções no Morro do Bumba, no bairro Viçoso Jardim, destruiu cerca de 50 casas. Após a tragédia, foi divulgado que o Morro do Bumba, no passado, serviu como depósito de lixo, o que fatalmente contribuiu para a instabilidade do terreno, sobre o qual foram construídas as moradias.

Na cidade do Rio de Janeiro, desabamentos ocorridos nas encostas do Morro do Corcovado impediram o acesso ao Parque Nacional da Tijuca e ao Cristo Redentor. Ao todo, foram 280 pontos de deslizamento em ruas e sobre os trilhos do trem que leva turistas ao monumento, que é patrimônio histórico nacional e foi eleito uma das sete maravilhas do mundo moderno.

Cerca de 10 anos antes dos movimentos de massa ocorridos em 2010, estudos mostravam que 50% dos 242 escorregamentos ocorridos no Maciço da Tijuca se deram em áreas de ocupação informal (favelas), que ocupavam, à época, apenas 4,6% da área total do maciço (Fernandes *et al.*, 1999). Segundo os autores, a maior frequência do fenômeno nessas áreas deveu-se ao aumento dos cortes nas encostas íngremes para a construção das moradias, além de outros fatores, como abertura de fossas e lançamento inadequado do esgoto.

No dia 12 de janeiro de 2011, um temporal que atingiu o total de 182,8 mm em Nova Friburgo deixou um rastro de destruição e mortes em toda a Região Serrana do Rio de Janeiro. Denominado pelo Serviço Geológico do Estado (DRM-RJ) de megadesastre, o temporal, até o dia 16 de fevereiro, contabilizou 902 mortos, sendo 426 em Nova Friburgo, 381 em Teresópolis, 71 no distrito de Itaipava (Petrópolis), 21 em Sumidouro, quatro em São José do Vale do Rio Preto e uma vítima fatal em Bom Jardim. A tragédia, que é considerada o maior desastre ambiental do Brasil, também é a responsável por bilhões de reais em prejuízos materiais e nas atividades econômicas da região. Apenas o setor agrícola estima perdas da ordem de 270 milhões de reais.

Dentre os fatores que são considerados como predisponentes para a ocorrência dos desastres, destaca-se a geologia, geomorfologia, hidrologia de superfície e de subsuperfície e o clima. No entanto, o uso e ocupação do solo, as chuvas antecedentes e a erosão fluvial e pluvial foram considerados os fatores efetivos para o grande número de vítimas e elevado valor de perdas materiais.

As características do ambiente serrano forneceram os materiais para as corridas de lama, ou seja, o material intemperizado (solo e saprolito) associado a blocos de rocha resultantes de fraturas de alívio. Parte desse material, segundo relatório apresentado pelo Serviço Geológico do Estado do Rio de Janeiro, era proveniente de outras corridas pretéritas que foram remobilizados pelo grande volume de chuva que precipitou sobre a Região Serrana e aumentando o poder destrutivo do evento.

Como foi visto nesses exemplos mais recentes, processos de degradação, como os grandes movimentos de massa que ocorrem em áreas construídas e, por vezes, com infraestrutura deficiente, podem significar verdadeiras tragédias, envolvendo elevados prejuízos financeiros diretos, oriundos da destruição do patrimônio público ou privado, e indiretos, devido a perdas econômicas associadas à interrupção de tráfego por interdição de estradas e paralisação de serviços, incluindo atividades turísticas. Isso sem mencionar a ocorrência de óbitos.

5. Contaminação dos solos

Contaminação é a ação ou efeito de corromper ou infectar por contato. Termo usado, muitas vezes, como sinônimo de poluição, porém quase sempre empregado em relação direta a efeitos sobre a saúde do homem (CETESB, 2001). Significa a existência de micro-organismos patogênicos em um meio qualquer. Também pode ser uma introdução, no meio, de elementos em concentrações nocivos à saúde humana, tais como organismos patogênicos, substâncias tóxicas ou radioativas (Fontenele *et al.*, 2010).

Os solos são o receptáculo de vários produtos que são adicionados ou depositados sobre ele. O consumo de recursos naturais leva à geração de resíduos que precisam ser dispostos de maneira adequada, sendo que a forma mais usual nos dias atuais são os aterros sanitários. No entanto, nem todos os rejeitos são dispostos de forma adequada, sendo comum no Brasil a disposição na forma de lixões que representam uma grande fonte de contaminação dos solos. A situação mais emblemática desse problema no estado do Rio de Janeiro é a área do aterro controlado do Morro do Céu, em Niterói. Toda a água subterrânea e superficial da área do entorno apresenta coliformes, DQO e DBO elevados e concentrações de ferro, manganês, níquel e zinco acima dos limites estabelecidos pela legislação ambiental, conforme relatam Sisinno e Moreira (1996).

O risco de contaminação de solos e água subterrânea não está restrito apenas aos depósitos de resíduos urbanos. As indústrias que dispõem de seus efluentes e rejeitos de forma inadequada invariavelmente acarretam contaminação do solo, que pode causar sérios danos aos ecossistemas. Também a agricultura é responsável pela contaminação dos solos e águas superficiais e subterrâneas, devido à utilização de fertilizantes fosfatados e agrotóxicos.

Uma das questões fundamentais no processo de contaminação do solo são os mecanismos que resultam na dispersão dos contaminantes. As características do clima, relevo e solos podem acelerar a migração desses contaminantes.

A agricultura praticada em áreas de relevo ondulado a forte ondulado, relativamente comum no território do estado do Rio de Janeiro, é a causa da contaminação de rios e lagos, pois uma parte dos fertilizantes e agrotóxicos é removida e transportada pelo escoamento superficial (Nuñez *et al.*,

1999; Ramalho *et al.*, 2000; Silva, 2006). A utilização de água de irrigação, com elevada concentração de metais pesados, também representa um risco potencial de contaminação de solos e plantas (Ramalho *et al.*, 1999). Os mesmos resultados foram obtidos por Vieira *et al.* (2009), em Janaúba (MG). A aplicação indiscriminada de pesticidas e a falta de planejamento na irrigação do solo representam um risco real de contaminação do solo e potencial da água utilizada na propriedade, afetando seriamente os produtores localizados a jusante.

Não se tem um cadastro do órgão ambiental do estado do Rio de Janeiro de áreas contaminadas, no mesmo modelo do que existe para o estado de São Paulo, por exemplo. Os poucos casos relatados mostram que esse é um sério problema a ser enfrentado pela sociedade. O custo da recuperação de áreas contaminadas pode alcançar um volume de recursos muito elevado. Em Itaguaí, a Cia. Ingá Mercantil, após a falência, deixou no local uma lagoa de efluentes com elevada concentração de metais pesados, principalmente cádmio e zinco, que vazou e contaminou a Baía de Sepetiba. O problema foi solucionado 11 anos depois (1998 a 2008), quando uma empresa adquiriu o terreno e assumiu o compromisso de recuperar a área (INEA, 2009).

Pode-se estimar que boa parte da Região Metropolitana do Rio de Janeiro, altamente industrializada, apresente dezenas, talvez centenas de sítios contaminados. As demais regiões industriais do estado, tais como o Sul Fluminense, o Vale do Paraíba do Sul e a região de Campos-Macaé também apresentam áreas contaminadas devido à pujança industrial.

Outra atividade responsável pela contaminação dos solos, notadamente nas áreas urbanas, refere-se à revenda de combustíveis líquidos em postos de abastecimento. Tal atividade foi por muito tempo realizada sem a menor preocupação com o meio ambiente, o que resulta hoje em diversos pontos de contaminação do solo decorrentes de vazamentos (Camarinha, 2010).

A estocagem de combustíveis nas unidades de revenda é, via de regra, subterrânea, o que dificulta a detecção de vazamentos. Considerando que a vida útil dos tanques e instalações subterrâneas é, em média, de 25 anos e que a maioria dos postos de abastecimento no Brasil foi construída na década de 1970, é de esperar que muitos apresentem vazamento, gerando problemas de contaminação, ainda que não existam dados precisos a respeito (Silva, 2002).

Dados de 2005 mostram que em São Paulo foram verificadas 1.596 áreas contaminadas, das quais 1.164 resultantes da atividade de postos de abastecimento de combustíveis, ou seja, 73% do total (Rodrigues, 2006).

No Rio de Janeiro, no período entre 1983 e 2003, 12% das ocorrências registradas pela equipe de pronto atendimento a acidentes ambientais do Instituto Estadual do Ambiente (INEA) estavam associados a postos de combustíveis (Gouveia, 2004).

Vale destacar que a contaminação do solo (e também da água) é, além de um problema ambiental, um problema de saúde pública. No caso da contaminação por gasolina, os hidrocarbonetos de petróleo do grupo BTEX (benzeno, tolueno, etilbenzeno e xilenos) são depressores do sistema nervoso central, apresentando toxicidade crônica, mesmo em baixas concentrações (Silva, 2002). O IBGE (2010) inclui a atividade de comércio varejista de combustíveis lubrificantes e gás liquefeito de petróleo em sua lista de atividades potencialmente contaminadoras do solo e das águas subterrâneas.

6. Alterações ambientais e degradação dos solos

Para ilustrar a situação ambiental dos municípios do estado do Rio de Janeiro, no que se refere aos fatores e processos de degradação, Botelho* utilizou dados da Pesquisa de Informações Básicas Municipais — MUNIC — realizada pelo IBGE (2008), que levantou informações sobre o meio ambiente junto às prefeituras dos municípios brasileiros.

As variáveis consideradas no estudo foram: assoreamento de corpo de água; contaminação do solo; degradação de áreas legalmente protegidas; desmatamento; alteração que tenha prejudicado a paisagem; ocorrência de queimadas e ocorrência de alteração ambiental com consequências sobre as condições de vida humana e/ou com efeitos prejudiciais sobre a agricultura e a pecuária. Além dessas, havia ainda a opção "outras ocorrências impactantes", que não foi especificada na pesquisa. As informações referem-se

---

* BOTELHO, Rosangela Garrido Machado. *Alterações Ambientais e Degradação dos Solos no Estado do Rio de Janeiro* (em fase de elaboração).

aos eventos ocorridos frequentemente no território do município nos 24 meses que antecederam a coleta dos dados, efetuada entre março e julho de 2008. Vale lembrar que a MUNIC constitui uma pesquisa aplicada ao órgão de governo municipal, e, portanto, reflete a ótica do gestor ambiental local.

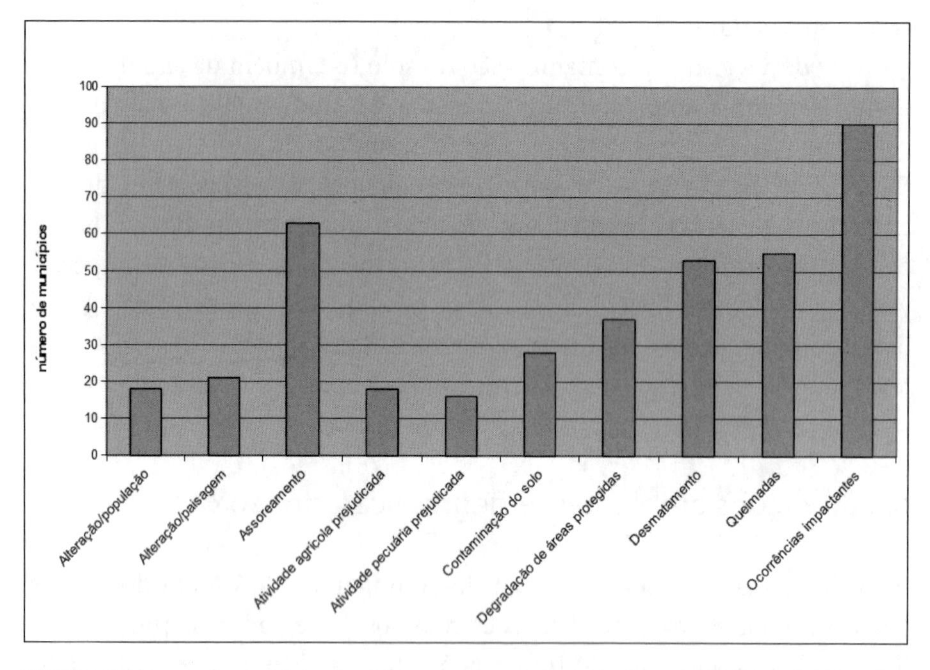

FIGURA 8. Número de municípios que informaram a ocorrência de alterações ambientais, segundo o tipo de alteração no estado do Rio de Janeiro. Fonte: Botelho (em fase de elaboração).

De acordo com os resultados encontrados, do total dos 92 municípios do estado do Rio de Janeiro, 32 declararam apresentar alguma alteração ambiental que tenha afetado as condições de vida da sua população e/ou tenha prejudicado a paisagem e 22 municípios declararam que suas atividades agrícolas e/ou pecuárias foram prejudicadas por problemas ambientais (Figura 9). Destes, apenas 11 encontram-se no grupo anterior, ou seja, 45 municípios do estado (praticamente 50%) tiveram algum efeito negativo sobre a população, a paisagem ou atividade econômica ligada ao setor primário devido a problemas ambientais.

Na maioria dos municípios (76%), há ocorrência de desmatamento e/ou queimadas, estando o primeiro presente em 53 deles e o segundo em 55 (Figura 7). A frequência de municípios com degradação de áreas legalmente protegidas é de 40%. Como resultado dessas ações, constatou-se, em 90% dos casos, a ocorrência de assoreamento de corpos de água e/ou contaminação dos solos[1].

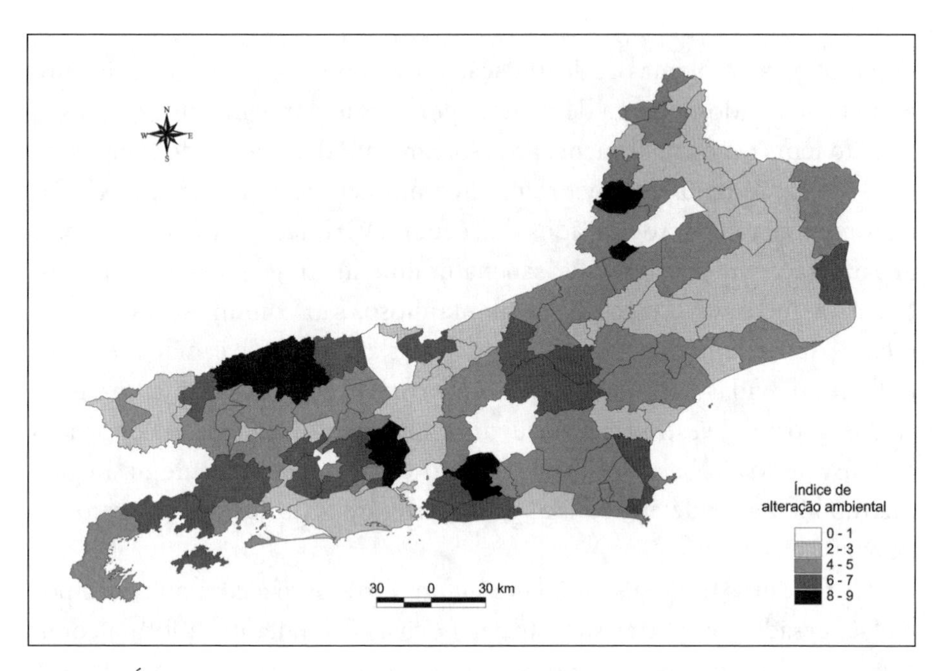

FIGURA 9. Índice de alteração ambiental no estado do Rio de Janeiro. Fonte: Botelho (em fase de elaboração).

Apenas os municípios de Cachoeiras de Macacu e Japeri relataram não ter observado ocorrências impactantes em seu território.

Através da análise e da combinação dessas variáveis, foi estabelecido um índice de alteração ambiental — cujo valor é tanto mais alto quanto maiores são as ocorrências de alterações ambientais. O índice expressa diferentes realidades do estado e possibilita identificar diferentes graus de criticidade no que se refere ao tema da degradação ambiental.

Os municípios que apresentaram os maiores valores do índice de alteração ambiental foram Miracema, Aperibé, Duque de Caxias, Itaboraí e Valença (Figura 8). Metade dos municípios fluminenses apresentou índices

3 ou 4. Da outra metade, 78% apresentaram valores acima desses. Boa parte dos municípios com altos índices localiza-se na Região Metropolitana e ao longo do eixo Rio-São Paulo, às margens da Via Dutra. Um outro conjunto encontra-se ao longo do Médio Vale do Rio Paraíba do Sul.

7. Conclusões

Os principais problemas de degradação do solo no estado do Rio de Janeiro estão relacionados à perda de matéria por erosão e movimentos de massa. Tal fato tem como consequência o assoreamento dos corpos de água, principal alteração ambiental ocorrente nos municípios fluminenses. A agricultura, praticada desde meados do século XVIII, tem causado uma forte depauperação dos solos, que são naturalmente frágeis e pouco férteis. Nas áreas urbanas e com relevo montanhoso, são comuns os escorregamentos, que resultaram, nas últimas décadas, na perda de centenas e talvez milhares de vidas em todo o estado. A ocorrência de deslizamentos associados a cortes de estradas e a ocupações irregulares, na maioria dos casos de baixa renda, é bastante expressiva no estado, notadamente na Região Metropolitana, onde a expansão urbana em áreas de encostas íngremes é expressiva.

Os produtos minerais não representam forte risco à contaminação por metais pesados ou outras substâncias nocivas. No entanto, a forma como a atividade mineradora é praticada promove uma forte alteração da paisagem devido à intensa remoção da cobertura vegetal e de espessas capas de materiais de intemperismo.

A contaminação do solo por agroquímicos não é muito relevante, devido à fraca expressão da agricultura nos dias atuais. Porém, ainda assim, são notificados na literatura casos de contaminação de sedimentos e água dos rios e lagos. Apesar da ausência de informações sobre a contaminação por efluentes industriais, pode-se imaginar a quantidade de sítios contaminados em antigas áreas industriais e que hoje aguardam uma nova ocupação.

8. Referências Bibliográficas

AB'SÁBER, A.N. (2003). *Os Domínios de Natureza no Brasil: potencialidades paisagísticas*. São Paulo: Ateliê Editorial, 160p.

AMARAL, C. (1992). Inventário de Escorregamentos no Rio de Janeiro. *In:* Rio de Janeiro: *1ª COBRAE*, ABMS/ABGE, v. 1, pp. 246-52.

AMARAL JUNIOR., A.F. do (2007). *Mapeamento geotécnico aplicado à análise de processos de movimentos de massa gravitacionais: Costa Verde — RJ — escala 1:10.000. Dissertação de Mestrado*. São Carlos: Escola de Engenharia de São Carlos/USP.

ARAÚJO, P.R. (2010). Estragos da chuva. DNIT confirma emergência para recuperar a Rodovia Rio-Santos. *O Globo*, 27 Jan. 2010.

BERTONI, J. e LOMBARDI NETO, F. (1993). *Conservação do Solo*. São Paulo: Ícone, 355p.

BOTELHO, R.G.M. (1990). *Influência do uso do solo pretérito e atual no estado de degradação das terras: um caso típico no município de Vassouras (RJ). Monografia*. Rio de Janeiro: Instituto de Geociências/UERJ, 96p.

______. (1996). *Identificação de unidades ambientais na bacia do rio Cuiabá (Petrópolis — RJ) visando o planejamento do uso do solo. Dissertação de Mestrado*. Rio de Janeiro: Departamento de Geografia, PPGG/UFRJ, 112p.

BOTTARI, E. (2010). Após deslizamentos em Angra, Coppe constata situação crítica da Rio-Santos. *O Globo*, 08 Jan. 2010.

BRABO, E.S.; SANTOS, E.O.; JESUS, I.M.; MASCARENHAS, A.F. e FAIAL, K.F. (1999). Níveis de mercúrio em peixes consumidos pela comunidade indígena de Sai Cinza na Reserva Munduruku, Município de Jacareacanga, Estado do Pará, Brasil. *Cadernos de Saúde Pública*, Rio de Janeiro, v. 15, pp. 325-31.

BRITO, J. (2004). *Arranjos Produtivos Locais: perfil das concentrações de atividade econômicas no Estado do Rio de Janeiro*. Rio de Janeiro: SEBRAE/RJ.

CAMARINHA, G.C. (2010). *Viabilidade de aplicação da biorremediação em área de posto de gasolina no município do Rio de Janeiro. Monografia*. Especialização em Análise Ambiental e Gestão do Território. Rio de Janeiro: ENCE/IBGE, 68p.

CAMPANER, V.P.; LUIZ-SILVA, W. (2009). Processos físico-químicos em drenagem ácida de mina em mineração de carvão no sul do Brasil. *Química Nova*, v. 32, pp. 146-52.

CASTRO, L. (1934). *A trajetória histórica do café — O café no segundo centenário de sua introdução no Brasil.* Rio de Janeiro: Editora do Departamento Nacional do Café, vol. 1.

CASTRO, C.M.; MELLO, E.V.; PEIXOTO, M.N.O. (2002). Tipologia de processos erosivos canalizados e escorregamentos — proposta para avaliação de riscos geomorfológicos urbanos em Barra Mansa (RJ). *Anuário do Instituto de Geociências — UFRJ*, Rio de Janeiro, v. 25. pp. 11-24.

CETESB. (2001). *Relatório de estabelecimento de valores orientadores para solos e águas subterrâneas no estado de São Paulo.* São Paulo: CETESB, 73p.

CHUVAS no Rio de Janeiro. Mais de 250 mortos. *Veja*. Disponível em: <http://veja.abril.com.br/em-profundidade/chuvas-no-rio-de-janeiro/>. Acesso em: 07 Out. 2010.

COGO, N.P.; LEVIEN, R.; SCHWARZ, R.A. (2003). Perdas de solo e água por erosão hídrica influenciadas por métodos de preparo, classes de declive e níveis de fertilidade do solo. *Revista Brasileira de Ciência do Solo*, Viçosa, v. 27, pp. 743-53.

DANTAS, M.E. (2001). Geomorfologia do Estado do Rio de Janeiro. *In: Estudo Geoambiental do Estado do Rio de Janeiro.* Brasília: CPRM — Serviço Geológico do Brasil. 1 CD-ROM.

DRM (Departamento de Recursos Minerais) (2008). *Relatórios de acompanhamento do Licenciamento Ambiental do pólo de cerâmica de Campos dos Goytacazes.* [Mimeo.]

EMBRAPA (Empresa Brasileira de Pesquisa Agropecuária) (2004). Centro Nacional de Pesquisa de Solos. FRANCISCO, J.F. *et al. Macropedoambientes da Região Noroeste Fluminense — uma contribuição ao planejamento ambiental.* Embrapa Solos, Rio de Janeiro, 21p.

FERNANDES, M.C.; LAGUÉNS, J.V.M. e COELHO NETTO, A.L. (1999). O processo de ocupação por favelas e sua relação com os eventos de escorregamentos no Maciço da Tijuca/RJ. *In:* GEOVEG 99, IGU-GERTEC. *Meeting Proceedings.* Rio de Janeiro: UFRJ, 12p.

FONTENELE, E.G.P.; MARTINS, M.R.A.; QUITUDE, A.R.P. e MONTENEGRO JUNIOR, R.M. (2010). Contaminantes ambientais e os interferentes endócrinos. *Arquivos Brasileiros de Endocrinologia & Metabologia*, v. 54, pp. 6-16.

GARCIA, S.F. (2005). *Erosão dos solos e alteração da microestrutura de um Latossolo Vermelho-Amarelo submetido a diferentes tratamentos em uma estação experimental (Petrópolis — RJ). Dissertação de Mestrado.* Rio de Janeiro: PPGG/UFRJ, 157p.

GOUVEIA, J.L.N. (2004). *Atuação de equipes de atendimento emergencial em vazamentos de combustíveis em postos e sistemas retalhistas. Dissertação de Mestrado.* São Paulo: Faculdade de Saúde Pública/USP.

GUERRA, A.J.T. (1995). The catastrophic events in Petrópolis City (Rio de Janeiro State), between 1940 and 1990. *Geojournal*, Alemanha, v. 37, pp. 349-54.

GUERRA, A.J.T.; BOTELHO, R.G.M. (2006). Erosão dos Solos. *In*: CUNHA, S.B. e GUERRA, A.J.T. (Orgs.). *Geomorfologia do Brasil.* Rio de Janeiro: Bertrand Brasil, 4ª Edição, pp. 181-227.

GUERRA, A. J. T. e GONÇALVES, L. F. H. (2001). Movimentos de massa na cidade de Petrópolis (Rio de Janeiro). *In:* GUERRA, A.J.T. e CUNHA, S.B. (Orgs.). *Impactos Ambientais Urbanos no Brasil.* Rio de Janeiro: Bertrand Brasil, pp. 189-252.

GUERRA, A.J. T.; MORTLOCK, D.F. (2002). Movimientos de massa en Petrópolis, Rio de Janeiro/Brasil. *Desastres Naturales en America Latina*, México, pp. 447-60.

GUERRA, A.J.T.; OLIVEIRA, M.C. (1995). A influência dos diferentes tratamentos do solo na seletividade do transporte de sedimentos: um estudo comparativo entre duas estações experimentais. *In:* Goiânia*: Anais do VI Simpósio Nacional de Geografia Física Aplicada,* v. 1, pp. 455-8.

GUERRA, A.J.T.; OLIVEIRA, A.; OLIVEIRA, F.L. e GONÇALVES, L.F.H. (2007). Mass Movements in Petrópolis, Brazil. *Geography Review*, v. 20, pp. 34-7.

IBGE. Diretoria de Pesquisas, Coordenação de População e Indicadores Sociais. (2008). *Pesquisa de Informações Básicas Municipais*, Rio de Janeiro, 244p.

IBGE. Lista de atividades industriais/comerciais IBGE potencialmente contaminadoras do solo e águas subterrâneas. Disponível em: <www.cetesb.sp.gov.br/Solo/areas_contaminadas/anexos/download/3101.pdf>. Acesso em: Jan. 2010.

INEA. (2009). *Estado, em parceria com a Usiminas, dará fim a um dos maiores passivos ambientais.* Notícias. Disponível em: <http://www.inea.rj.gov.br/noticias/not_print.asp?id_noticia=261>. Acesso em: 15 Out. 2010.

INPE/CPTEC. (2010). *Queimadas — monitoramento de focos*. Disponível em: <http://sigma.cptec.inpe.br/queimada> Acesso em: 10 Jul. 2010.

IPT (Instituto de Pesquisas Tecnológicas) (1991). *Banco de Dados sobre movimentos catastróficos de Petrópolis, entre 1940 e 1990*. São Paulo: IPT.

MACHADO, R.L.; CARVALHO, D.F.; COSTA, J.R.; OLIVEIRA NETO, D.H. e PINTO, M.F. (2008). Análise das erosividade das chuvas associada aos padrões de precipitação pluvial na região de Ribeirão das Lajes (RJ). *Revista Brasileira de Ciência do Solo*, Viçosa, v. 32, pp. 2113-23.

MARQUES, E.D.; TUBBS, D. e SILVA-FILHO, E.V. (2008). Influência das variações do nível freático na química da água subterrânea, aquífero Piranema — Bacia de Sepetiba, RJ. *Geochimica Brasiliensis*, v. 22, pp. 213-28.

MARTINS, J. (2008). Queda de barreira bloqueia pista na Rodovia Rio-Santos. *O Globo*, 07 Abr. 2008.

MEDINA, H.; PEITER, C.C. e DEUS, L.A.B. (2003). *A cadeia produtiva de rochas ornamentais em Santo Antônio de Pádua*. Rio de Janeiro: CETEM. Disponível em: <http://www.redeaplmineral.org.br/biblioteca/rochas-ornamentais/Cadeia_produtiva_Padua.pdf>. Acesso em: 02 Out. 2010.

MONTEBELLER, A.C.; CEDDIA, M.B.; CARVALHO, D.F.; VIEIRA, S.R. e FRANCO, E.M. (2007). Variabilidade espacial do potencial erosivo das chuvas no Estado do Rio de Janeiro. *Engenharia Agrícola*, Jaboticabal, v. 27, pp. 426-35.

MOURA, J.R.S. (1994). Geomorfologia do Quaternário. *In:* GUERRA, A.J.T. e CUNHA, S.B. (Orgs.). *Geomorfologia: uma atualização de bases e conceitos*. Rio de Janeiro: Bertrand Brasil, pp. 335-64.

NASCIMENTO, F.M.F.; MENDONÇA, R.M.G.; MACÊDO, M.I.F. e SOARES, P.S.M. (2002). *Impactos ambientais nos recursos hídricos da exploração de carvão em Santa Catarina*. Rio de Janeiro. Disponível em: <http://www.cetem.gov.br/publicacao/CTs/CT2002-151-00.pdf>. Acesso em: 02 Out. 2010.

NIMER, E. (1979). *Climatologia do Brasil*. Rio de Janeiro: Instituto Brasileiro de Geografia e Estatística, 421p.

NÚÑEZ, J.E.V.; AMARAL SOBRINHO, N.M.B.; PALMIERI, F. e MESQUITA, A.A. (1999). Consequências de diferentes sistemas de preparo do solo sobre a contaminação do solo, sedimentos e água por metais pesados. *Revista Brasileira de Ciência do Solo*, Viçosa, v. 23, pp. 981-90.

RAMALHO, J.F.G.P; AMARAL SOBRINHO, N.M.B; VELLOSO, A.C.X. e SILVA, F.C. (1998). Acumulação de metais pesados pelo uso de insumo agrícolas na microbacia de Caetés, Paty do Alferes, RJ. *Boletim de Pesquisa*, Rio de Janeiro, v. 5, 22p.

RAMALHO, J.F.G., AMARAL SOBRINHO, N.M.B. e VELLOSO, A.C.X. (1999). Acúmulo de metais pesados em solos cultivados com cana-de-açúcar pelo uso contínuo de adubação fosfatada e água de irrigação. *Revista Brasileira de Ciência do Solo*, Viçosa, v. 23, pp. 971-9.

______. (2000). Contaminação da microbacia de Caetés com metais pesados pelo uso de agroquímicos. *Pesquisa Agropecuária Brasileira*, Brasília, v. 35, pp. 1289-1303.

RODRIGUES, M.R.O. (2006). *Risco ambiental: avaliação da aderência das tabelas de referência do documento CETESB/SP (ACBR) ao exemplo apresentado no item X.2 da norma E1739-95 (RBCA/ASTM). Dissertação de Mestrado.* Rio de Janeiro: Escola de Química, UFRJ.

SILVA, A.M.; SILVA, M.L.N.; CURI, N.; LIMA, J.M.; AVANZI, J.C. e FERREIRA, M.M. (2005). Perdas de solo, água, nutrientes e carbono orgânico em Cambissolo e Latossolo sob chuva natural. *Pesquisa Agropecuária Brasileira*, Brasília, v. 40, pp. 1223-30.

SILVA, A.S. (1990). *Considerações a respeito da erosão dos solos nas áreas de terraços do rio Itabapoana (Bom Jesus do Itabapoana — RJ). Monografia.* Rio de Janeiro: Instituto de Geociências, Departamento de Geografia. UERJ. s/p.

______. (2006). *Influência da erosão na remoção de nutrientes e metais pesados em uma topossequência em Petrópolis (RJ). Tese de Doutorado.* Rio de Janeiro: Departamento de Geologia, PPGL/UFRJ, 232p.

______. (2009). Relatório do projeto mapeamento das áreas de preservação permanentes das regiões norte e noroeste do estado do Rio de Janeiro como subsídio à gestão do território. [Mimeo.] 15p.

SILVA, A.S., GARCIA, S.F. e GUERRA, A.J.T. (1999). Relação entre perdas de solo e água através de monitoramento de uma estação experimental em Correias (Petrópolis — RJ). *In:* Brasília: *XXVII Congresso Brasileiro de Ciência do Solo.* 1 CD-ROM.

SILVA, B.M.; PEDROZA, E.S. e OLIVEIRA, V.P.S. (2009). Caracterização química do solo das cavas de argila no baixo Paraíba visando a restauração das áreas de reserva legal. *In*: Taubaté: *Anais do II Seminário de Recursos Hídricos da Bacia Hidrográfica do Paraíba do Sul: Recuperação de Áreas Degradadas, Serviços Ambientais e Sustentabilidade*, pp. 625-32.

SILVA, F.L.M.; AMARAL, C.; NASCIMENTO, A.C.F. e ALMEIDA, L.C.R. (s/d). *Inventário de escorregamentos significativos do Estado do Rio de Janeiro: resultados preliminares*. Disponível em: <www.rc.unesp.br/igce/aplicada/ead/interacao/T-46.pdf> Acesso em: 03 Jul. 2010.

SILVA, T.P.; SALGADO, C.M.; GONTIJO, A.H.F. e MOURA, J.R.S. (2003). A influência de aspectos geológicos na erosão linear — médio-baixo vale do Ribeirão do Secretário, Paty do Alferes (RJ). *Geosul*, Florianópolis, v. 18, pp. 131-50.

SILVA, R.L.B. (2002). *Contaminação de poços rasos no bairro Brisamar, Itaguaí, RJ, por derramamento de gasolina: Concentração de BTEX e avaliação da qualidade da água consumida pela população. Tese de Doutorado*. Rio de Janeiro: Escola Nacional de Saúde Pública, Fundação Oswaldo Cruz.

SILVA, V.V. (2002). Médio Vale do Paraíba do Sul: fragmentação e vulnerabilidade dos remanescentes da Mata Atlântica. Dissertação de Mestrado. Niterói: Instituto de Geociências/UFF, Programa de Pós-Graduação em Ciências Ambientais, 123p.

SISINNO, C.L. e MOREIRA, J.C. (1996). Avaliação da contaminação e poluição ambiental na área de influência do aterro controlado do Morro do Céu, Niterói, Brasil. *Cadernos de Saúde Pública*, Rio de Janeiro, v. 12, pp. 515-23.

STEIN, J.S. (1961). *Grandeza e decadência do café no Vale do Paraíba*. São Paulo: Brasiliense. In: STEIN, S.J. V*assouras. A Brazilian Coffee Country, 1850-1900*. Cambridge: Harward University Press.

STERNBERG, H.O. (1949). Enchentes e movimentos coletivos do solo no vale do Paraíba em dezembro de 1948 — influência da explotação destrutiva das terras. *Revista Brasileira de Geografia*, Rio de Janeiro, pp. 67-103.

TORREZ, R.E.B. e XAUBET, P.H.M. (2009). As extrações de argila no médio Vale do Rio Paraíba do Sul — RJ. *Relatório Técnico*. Niterói: DRM, 86p.

VIEIRA, E.O.; PRATES, H.T.; PEREIRA, J.R.B.; SILVA, G.F.; DUARTE, F.V. e NERES, P.M. (2009). Avaliação da contaminação do carbofuran nos solos do Distrito de Irrigação do Gorutuba. *Revista Brasileira de Engenharia Agrícola e Ambiental*, v. 13, pp. 250-6.

CAPÍTULO 8

EROSÃO DOS SOLOS NO NOROESTE DO PARANÁ

Leonardo José Cordeiro Santos
Laiane Ady Westphalen

Introdução

Grande parte do território brasileiro apresenta índices pluviométricos elevados, que, associados às características morfopedológicas e à utilização intensiva dos solos, resultam na perda destes pela erosão hídrica.

A proteção do solo pela cobertura vegetal e pelas atividades que não ultrapassam os limites naturais dos solos é essencial para que o processo erosivo ocorra de forma equilibrada (FAO, 1976; Bigarella, 2003, Feola, 2009). Quando a proteção natural do solo é alterada pela agricultura, por queimadas ou pastagens, o equilíbrio entre o processo de remoção dos sedimentos e o seu desenvolvimento é alterado, expondo-o à ação direta da água.

O impacto da chuva e do escoamento superficial determina o desenvolvimento inicial da erosão hídrica. Os horizontes superficiais dos solos são transportados mais rapidamente, resultando na sua perda progressiva, sendo esse processo denominado erosão acelerada. A erosão não afeta somente o local de origem, mas toda a extensão envolvida pelo transporte e deposição dos sedimentos e partículas erodidas, causando assoreamento, enchentes e queda de produtividade (Guerra, 1999; Paula, 2010).

As consequências da erosão não são recentes na história da humanidade. Diversas civilizações antigas entraram em declínio devido à exploração inadequada dos solos. Embora seja difícil avaliar precisamente a quantidade de partículas erodidas, é possível observar as consequências ambientais e econômicas desse processo.

Lal (1993), em uma breve revisão bibliográfica, apresentou pesquisas que indicaram que a perda mundial de solos é de aproximadamente 6 milhões de hectares por ano. Para apresentar as principais causas da erosão dos solos, o autor demonstrou, como exemplo, os Estados Unidos, onde aproximadamente 60% dos sedimentos carregados pelos rios são provenientes de áreas agrícolas.

Com a revolução verde, ocorrida em meados do século XX, a prática agrícola tornou-se a principal atividade responsável pelos casos de erosão acelerada no Brasil e no mundo. A degradação dos solos brasileiros está historicamente associada à intensidade das atividades agropecuárias no país (Brasil, 2000; EMBRAPA, 2008).

Para Lepsch (2002), os principais motivos responsáveis pela aceleração dos processos erosivos e, consequentemente, pela degradação dos solos brasileiros resultam de práticas inadequadas de cultivo, como uso do arado, queimadas intensas e pastagens.

Assim como grande parte do território brasileiro, o Paraná apresenta áreas com ocorrências expressivas de erosão. O noroeste do estado (Figura 1) é um dos exemplos em que o problema do manejo inadequado associa-se às características do meio físico, contribuindo para o desenvolvimento de processos erosivos.

Nessa porção do estado estão situados principalmente os arenitos da Formação Caiuá, apresentando materiais friáveis, com textura fina a média, avermelhados e com a presença de argilas intercaladas; são depósitos com cerca de 250 m formados em ambiente fluvial e desértico (MINEROPAR, 2005). Essas rochas são recobertas por solos com textura arenosa a média, apresentando valores superiores a 70% de areia em sua composição. Os principais solos encontrados correspondem aos latossolos vermelhos, com textura média a arenosa, e os argissolos vermelhos, com textura arenosa (Embrapa, 1984).

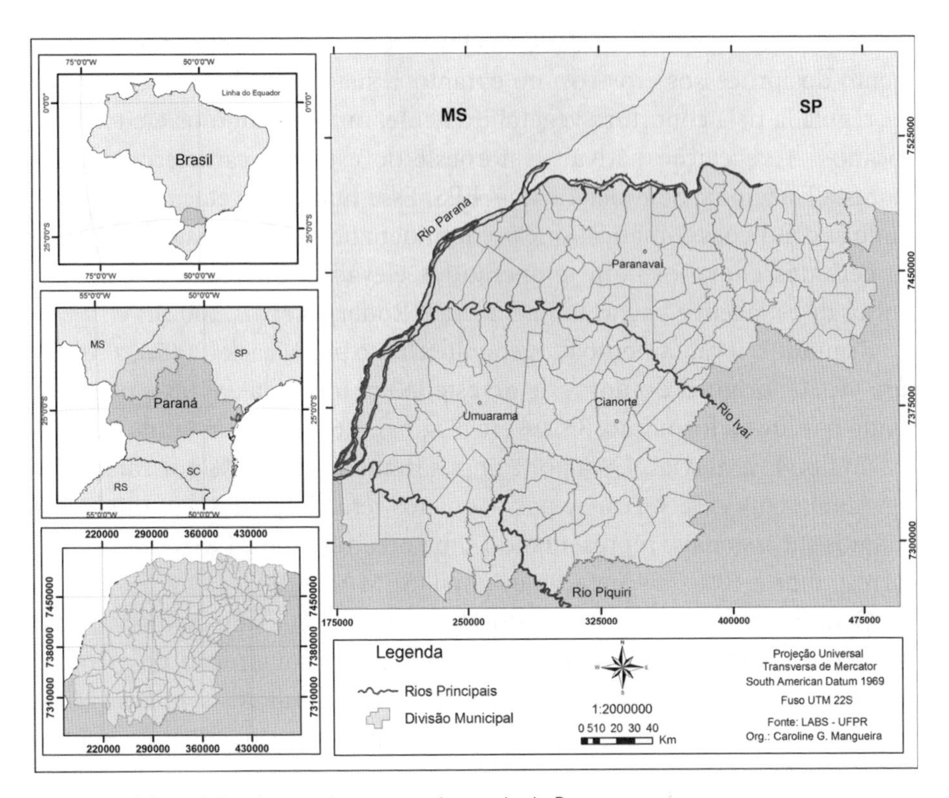

FIGURA 1. Mapa de localização do noroeste do estado do Paraná.

O mapeamento geomorfológico realizado por Santos *et al.* (2006) para o estado do Paraná dividiu a região noroeste em duas subunidades morfoesculturais, denominadas de Planaltos de Paranavaí e Umuarama. Ambas se caracterizam por apresentarem predomínio de topos alongados e aplainados e vertentes convexas com declividade igual ou inferior a 6%.

De acordo com os dados pluviométricos obtidos nas estações meteorológicas de Maringá, Paranavaí e Umuarama, o período entre novembro e março é o mais chuvoso, apresentando média que varia de 110 a 290 mm/mês. Nesse período, as maiores concentrações pluviométricas ocorrem entre dezembro e janeiro, onde concomitantemente apresentam os índices mais elevados de temperatura, atingindo 40°C. Entre abril e setembro ocorrem os menores índices pluviométricos, que variam de 50 a 100 mm/mês, com temperaturas menos elevadas, atingindo valores entre 13° e 20°C SEAB, 2007).

A quantidade e a intensidade da chuva contribuem para o desencadeamento dos processos erosivos; no entanto, a sua ação sobre os solos pode ser regulada pela cobertura vegetal existente, minimizando os efeitos provocados. A vegetação nativa no noroeste do estado é caracterizada pela Floresta Estacional Semidecidual — FES. Esse tipo de vegetação está associado às condições climáticas que predominam nessa região, isto é, variação de períodos chuvosos com temperaturas elevadas, intercaladas com períodos de estiagem e baixas temperaturas (Roderjan *et al.*, 2002).

Segundo o levantamento fitogeográfico feito por Maack (2002), a cobertura vegetal original do noroeste do estado era formada em 98% por FES, sendo que, dessa formação, 83,2% era original, 4,6% estava alterada e 10,2% era do tipo FES aluvial, 1,8% por campos inundáveis e 0,2% por campos.

Atualmente caracteriza-se por pequenos remanescentes, em diferentes estágios sucessionais, representando uma área total de 24.816 km^2, o que corresponde a 10% da vegetação original (SEMA, 2002).

O noroeste apresenta um histórico de manejos inadequados na instalação de malhas urbanas (Figuras 2, 3 e 4), na construção de estradas (Figura 5) e nas áreas rurais, com a introdução de cultivos sem adoção de práticas conservacionistas, resultando, em ambos os casos, em escoamento concentrado e acúmulo das águas no terço médio das vertentes e, consequentemente, no desenvolvimento de processos erosivos.

FIGURA 2. Erosão comprometendo a estrutura de um grupo escolar na cidade de Colorado, Paraná (1963). Arquivo: Luís Castellano Biscaia.

FIGURA 3. Erosão na cidade de Colorado (1963). Arquivo: Luís Castellano Biscaia.

FIGURA 4. Erosão na cidade de Colorado (1963). Arquivo: Luís Castellano Biscaia.

FIGURA 5. Erosão nas margens e no leito de estrada de rodagem no noroeste do estado do Paraná (1963). Arquivo: Luís Castellano Biscaia.

1. O problema da erosão no noroeste do estado do Paraná

A erosão do noroeste do estado do Paraná está relacionada às características naturais da paisagem, morfologia dos solos e índices pluviométricos elevados. No entanto, a intensidade dos eventos erosivos remete-se ao processo de ocupação nessa porção do estado, que se iniciou na década de 1930, com o ciclo do café. A retirada da vegetação nativa, para o cultivo do café e a instalação dos centros urbanos, contribuiu para o aumento do escoamento concentrado das águas pluviais e, consequentemente, no desencadeamento acelerado de erosão. Com práticas inadequadas de manejo, o período cafeeiro durou aproximadamente 30 anos; nesse período, houve esgotamento dos limites naturais dos solos, resultando no seu empobrecimento químico e na degradação das suas propriedades físicas (Mendonça, 1994).

No final da década de 1960, intensificou-se a retirada da vegetação remanescente para a inserção de novas atividades econômicas, como o cultivo da cana-de-açúcar, da soja e a pastagem. Com o aumento da exposição à ação das águas pluviais, os solos atingiram níveis elevados de degradação, com a ocorrência de voçorocamentos em áreas urbanas e rurais (IPARDES, 2004).

Um dos fatores que contribuiu para o desencadeamento dos processos erosivos nas áreas rurais foi o parcelamento das glebas de cultivo, no sentido montante-jusante, com a finalidade de possibilitar à população acesso as estradas e as drenagens. Essa configuração, conhecida como "espinha de peixe" (Figura 6), favoreceu a concentração do escoamento superficial das águas da chuva entre as glebas e intensificou a ação dos processos erosivos (Mendonça, 1994).

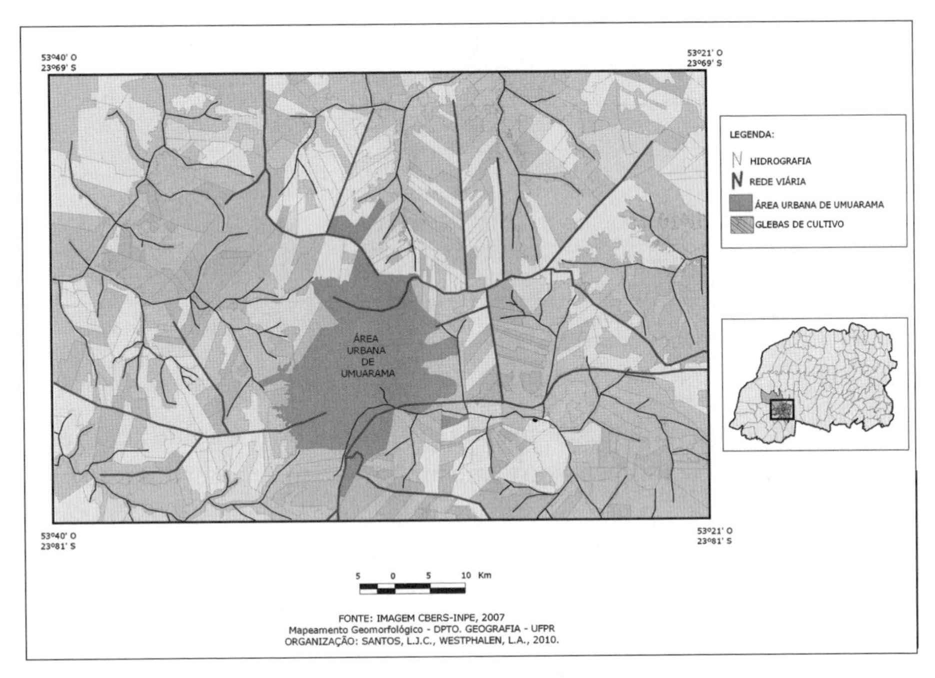

FIGURA 6. Glebas de cultivo em Umuarama (PR).

As erosões nas áreas urbanas, da mesma forma que nas áreas rurais, resultaram das práticas inadequadas de ocupação. Os núcleos urbanos foram instalados nos divisores de água (Figura 7) e expandiram-se ao longo das vertentes. Com isso, ocorreu a impermeabilização dos solos, favorecendo a concentração do escoamento superficial e o desenvolvimento de processos erosivos (SUCEAM, 1994).

Para Mendonça (1994), essa alteração na paisagem, rural e urbana, resultou no surgimento de inúmeros e alarmantes processos erosivos (voçorocas de até 30 m de profundidade por 2 km de extensão), caracterizando-se

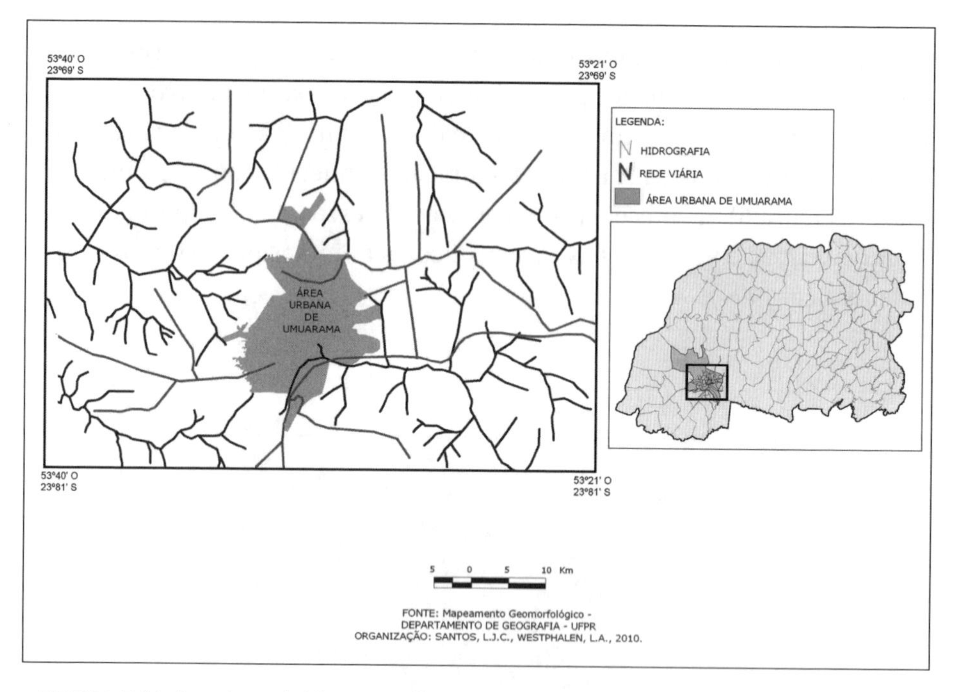

FIGURA 7. Núcleo urbano de Umuarama, Paraná, e o sentido do sistema viário.

como um processo de degradação ambiental. Segundo o referido autor, esse processo pode ser compreendido como um "processo de desertificação ecológica", caracterizado pela elevação das temperaturas médias, concentração da precipitação e rebaixamento do lençol freático.

A preocupação com a erosão no noroeste do estado pode ser constatada na publicação dos resultados das pesquisas desenvolvidas sobre esse tema nos simpósios nacionais.

A ABGE — Associação Brasileira de Geologia de Engenharia —, associada à ADEA — Associação de Defesa e Educação Ambiental do Paraná —, com o apoio do governo do estado do Paraná, realizaram em 1985, na cidade de Maringá, o III Simpósio Nacional de Controle de Erosão. Os resultados desse evento foram publicados em um livro intitulado *Visão Integrada da Problemática da Erosão*, que reuniu temas diversos e que variaram dos mecanismos geológicos de ocorrência do processo erosivo até seus aspectos sociopolíticos, passando por propostas para a prática da agricultura com bases conservacionistas.

No V Simpósio Nacional de Controle de Erosão, realizado no ano de 1995 na cidade de Bauru (SP), destaca-se a pesquisa desenvolvida por

Galerani (1995), intitulada "Descrição das ações de controle da erosão urbana no noroeste do estado do Paraná". Nesse trabalho, o autor apresentou um breve histórico da colonização e dos projetos de prevenção desenvolvidos na região, enfocando que as diretrizes básicas para minimizar os efeitos da erosão estão atreladas às formas de uso e ocupação da terra.

Gasparetto (1995), em trabalho intitulado "Definição e hierarquização das zonas de risco em Cianorte", destacou a importância da hierarquização das zonas de vulnerabilidade à erosão a partir das características morfológicas e da natureza dos solos, como subsídios ao planejamento ambiental na região.

Fidalski (1995), no trabalho "Diagnósticos e ações integradas para o controle da erosão hídrica através de terraceamento em sistemas de produção no arenito Caiuá", demonstrou a percepção dos agricultores em relação às estratégias de controle da erosão e fez um levantamento sobre a ocorrência do problema na bacia do Rio Inhacanga e do Ribeirão Cigarras, ambos no município de Altônia.

Ainda em 1995, destaca-se a pesquisa desenvolvida por Cunha (1995), intitulada "Estudo físico-hídrico de uma vertente com problemas erosivos em Umuarama: subsídios para o controle da erosão". Nesse estudo, o autor utilizou o método da Análise Estrutural da Cobertura Pedológica (Boulet, 1988) para identificar as passagens laterais dos solos ao longo da vertente, possibilitando diagnosticar a circulação hídrica e a probabilidade de ocorrência de eventos erosivos, principalmente na transição lateral latossolo-argissolo.

Nakashima (1999) apresentou um estudo sobre os sistemas pedológicos e a erodibilidade dos solos do noroeste do Paraná. O autor observou a existência de seis sistemas pedológicos distribuídos na região, com características erosivas diferenciadas.

Em 2001, durante o VII Simpósio Nacional de Controle de Erosão, realizado na cidade de Goiânia, houve a retomada do interesse pelo problema da erosão na região do noroeste do Paraná. Nesse evento, destacam-se dois trabalhos no que diz respeito às propostas de avaliação dos solos e dos problemas de erosão: o primeiro de Cunha (2001), intitulado "Caracterização micromorfológica de uma sequência de solos em Cidade Gaúcha/Paraná", o objetivo foi descrever as características micromorfológicas de 24 lâminas delgadas de solo. Os dados indicaram uma diferenciação vertical e lateral do sistema poroso e do comportamento hídrico dos solos ao longo da sequência.

Outro estudo realizado no município de Cidade Gaúcha refere-se ao "Diagnóstico do comportamento hídrico em latossolo vermelho", desenvolvido por Martins (2001). O trabalho teve como finalidade compreender o comportamento da circulação hídrica vertical em dois perfis de latossolo vermelho, sob diferentes usos e manejos. Os resultados permitiram verificar que o uso interfere diretamente na circulação da água no solo, principalmente nos primeiros 50 cm.

Assim como trabalhos científicos, também foram desenvolvidos trabalhos técnicos, que tiveram como fim o controle e a contenção dos problemas erosivos nessa porção do estado. No início da década de 1970, técnicos dos governos estadual e federal com a colaboração da Organização dos Estados Americanos, desenvolveram um relatório sobre o controle da erosão no noroeste do Paraná, resultando em propostas de contenção à erosão em áreas urbanas (OEA, 1973).

Na década de 1980, a SUCEPAR — Superintendência de Controle da Erosão no Paraná —, como estratégia para aplicar os estudos realizados nos anos anteriores, promoveu uma parceria com o Departamento de Geografia da UEM — Universidade Estadual de Maringá — para desenvolver o mapeamento geológico/geotécnico da cidade de Umuarama. Mapeamento semelhante foi desenvolvido posteriormente para outros municípios do estado.

Também baseado no trabalho desenvolvido pela OEA (1973), Pontes (1977) propôs meios tecnológicos de controle à erosão em áreas urbanas e rurais, apresentando um projeto-piloto que foi aplicado na bacia do Ribeirão do Rato.

A partir de 1972 a Embrapa — Empresa Brasileira de Pesquisa Agropecuária — iniciou um levantamento dos solos do estado do Paraná, promovido pela antiga CERENA — Comissão de Recursos Naturais Renováveis do Estado do Paraná —, órgão posteriormente absorvido pelo IAPAR — Instituto Agronômico do Paraná.

O resultado desse trabalho de pesquisa foi publicado em um catálogo com os diferentes solos do estado do Paraná, conforme sua distribuição geográfica e suas características físicas, químicas e mineralógicas, publicado nos Tomos I e II Embrapa (1984). Para o levantamento, o estado foi compartimentado em 11 áreas, sendo a área de número 1 correspondente ao noroeste do estado.

Em 1988, o IAPAR realizou um inventário das áreas críticas existentes na região. Nesse inventário, os solos foram classificados conforme sua suscetibilidade à erosão e foram apresentadas propostas de uso da terra segundo os limites naturais de cada tipo de solo. A Universidade Federal do Rio Grande do Sul também apresentou estudos sobre o noroeste do Paraná, contribuindo principalmente com aporte técnico e cartográfico (Brasil, 1973).

Em 1997, O IAPAR instituiu o projeto "Estudo de Recuperação de Áreas de Pastagens no Noroeste", cujos objetivos foram avaliar, validar e difundir sistemas de produção sustentáveis nos aspectos agronômicos e econômicos. A partir dos resultados desse projeto, o governo estadual lançou, em setembro de 2001, o programa "Arenito Nova Fronteira", visando aplicar as novas tecnologias de produção em toda a área do noroeste do estado.

Constatou-se nessa breve revisão bibliográfica que a preocupação com os processos erosivos no noroeste do estado do Paraná sempre esteve presente, seja no âmbito dos governos federal e estadual, associados principalmente à elaboração e à execução de projetos visando o controle/contenção das erosões urbanas e rurais, seja nas pesquisas desenvolvidas pelas universidades, vinculadas ao entendimento da gênese e da evolução desses processos.

Nas pesquisas associadas ao entendimento da gênese e da evolução desses processos, verificou-se também que algumas características morfológicas dos solos passaram a ser utilizadas na avaliação do seu grau de erodibilidade; entretanto, não se constatou a aplicação de métodos que permitissem avaliar o conjunto dessas características. Entre essas produções, podemos destacar Ross (1994), Crepani *et al.* (2001), Silveira (2005) e Santos *et al.* (2007).

Tendo em vista que a maior ou menor suscetibilidade de um solo desenvolver processos erosivos, quando analisado separadamente do conjunto dos elementos do meio físico, depende das suas características morfológicas, procurou-se no presente estudo contribuir com um ensaio metodológico, com o objetivo de analisar essas características e indicar o grau de erodibilidade de diferentes perfis de solo situados no noroeste do estado do Paraná.

2. Método de avaliação do grau de erodibilidade à erosão dos solos

Para a análise das características morfológicas e indicação do grau de erodibilidade dos solos do noroeste do estado do Paraná, foram utilizados perfis publicados pela Embrapa (1984). Desse trabalho, foram aproveitadas informações de 18 perfis, distribuídos em 11 municípios da área estudada (Figura 8).

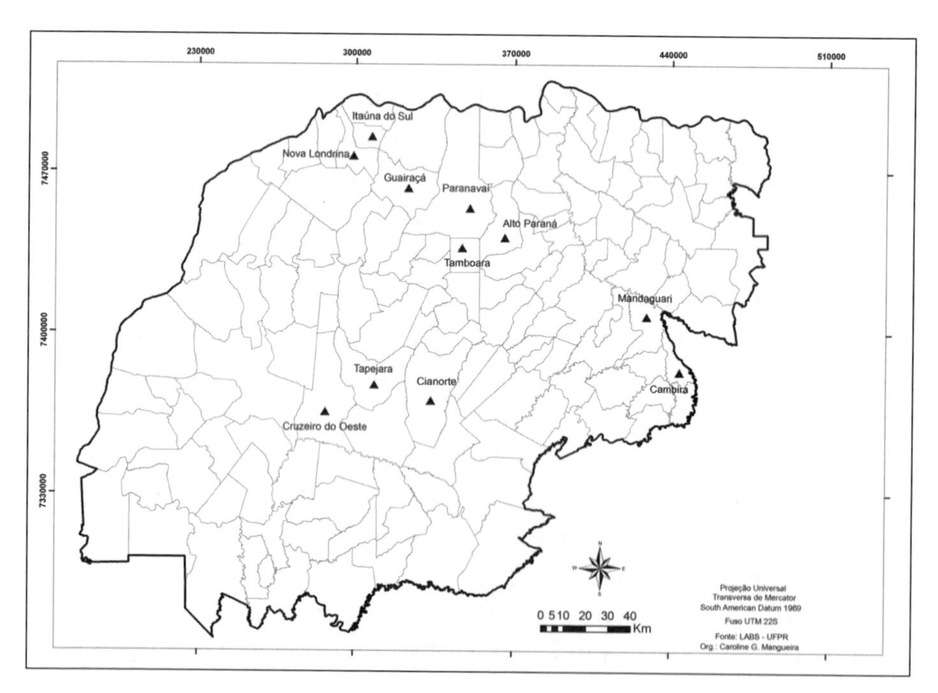

FIGURA 8. Municípios onde foram coletadas as amostras de solos.

Foram avaliados os atributos diagnósticos dos horizontes A e B e as seguintes propriedades morfológicas: textura, estrutura, grau de floculação e profundidade, consideradas como parâmetros de análise e de quantificação para definição da erodibilidade de cada perfil. As propriedades foram agrupadas em classes e, posteriormente, atribuídos valores que variaram de 1 a 3, conforme a contribuição à erodibilidade (Quadro 1).

O valor 1 (*Baixa Erodibilidade*) foi conferido às classes com características que contribuem para a estabilidade dos solos, como forte capacidade de infiltração e resistência à desagregação das partículas durante o impacto da água. A partir de características definidas como intermediárias (*Média Erodibilidade*), atribuiu-se o valor 2 e, finalmente, para as classes cujas características favorecem o desencadeamento dos processos erosivos, atribuiu-se o valor 3, definidas como *Alta Erodibilidade.*

QUADRO 1

Parâmetros e as respectivas características e valores

Parâmetros	**Características**	**Valores**
Profundidade	Acima de 1 metro	1
	Entre 0,51 metros a 0,99 metro	2
	Entre 0 metro a 0,50 metro	3
Horizonte diagnóstico de superfície (a)	Proeminente	1
	Chernozêmico	1
	Moderado	2
	Fraco	3
Horizonte diagnóstico de subsuperfície (b)	Latossólico	1
	Nítico	2
	Textural	3
	Incipiente	3
	Contato lítico direto	3
Textura	Acima de 61% de argila	1
	Entre 36% e 60% de argila	2
	Entre 0% e 35% de argila	3
Estrutura	Granulares	1
	Blocos	2
	Prismas	3
Grau de floculação	Acima de 61% de floculação	1
	Entre 31% e 60% de floculação	2
	Entre 0% e 30% de floculação	3

Organização: Santos, L.J.C.; Westphalen, L.A., 2010.

2.1. Horizontes diagnósticos superficiais

Os horizontes superficiais sofrem os primeiros impactos decorrentes do manejo e do impacto da água da chuva, e a remoção de sedimentos pelo escoamento superficial também afeta essa porção do solo. No entanto, existem algumas características que contribuem para a proteção dessa camada superficial, como a profundidade e a quantidade de matéria orgânica.

Baver (1973) demonstrou em seus estudos que a matéria orgânica promove a formação de agregados mais estáveis e relativamente grandes (5 a 10 cm), favorecendo a infiltração da água e impedindo a selagem do solo.

De acordo com Silva *et al.* (2003), a matéria orgânica também contribui para a capacidade de retenção da água no solo, prolongando a saturação e, consequentemente, retardando o início do escoamento superficial, tendo grande importância no controle da erosão.

2.2. Horizontes diagnósticos subsuperficiais

Os horizontes diagnósticos subsuperficiais apresentam o grau máximo de desenvolvimento de algumas características morfológicas dos solos, como: cor, agregação de partículas, textura e concentração de materiais provenientes dos horizontes superficiais (Lepsch, 2002).

Para a determinação dos valores de erodibilidade, considerou-se principalmente as descontinuidades texturais em profundidade nas proporções de argila, silte e areia, visto que elas influenciam a circulação da água ao longo do perfil.

Normalmente, perfis com horizontes homogêneos fazem com que a circulação hídrica vertical seja mais uniforme, enquanto que mudanças na textura, na estrutura e na porosidade modificam a velocidade e a direção do fluxo hídrico. Nesse caso, há maior suscetibilidade dos solos à erosão, pois a permeabilidade da água tende a ser rápida nos horizontes superficiais e mais lenta em subsuperfície.

2.3. Textura

A textura refere-se à proporção de areia, silte e argila encontrada nos horizontes dos solos. A resistência de determinado solo à ação dos processos erosivos depende da proporção entre essas partículas minerais (Costa, 1979; Silva *et al.*, 2003).

Conforme Bertoni (1990), a resistência à erosão de determinado solo depende do tamanho das partículas, isto é, solos que apresentam maiores proporções de areia, serão mais porosos, permitindo a absorção da água da chuva. No entanto, como a proporção de argila é baixa, fator fundamental para a agregação das partículas do solo, a água pode arrastar grande quantidade de solo vertente abaixo. Por outro lado, em solos argilosos com espaços porosos menores, a infiltração da água é reduzida, porém a força de coesão das partículas é maior, aumentando a resistência à erosão.

Desse modo, os parâmetros utilizados para a hierarquização da textura foram definidos conforme o grau de destacabilidade das partículas do solo, ou seja, seu grau de coesão (Rodrigues, 1982).

Isso significa que, apesar de as partículas mais finas apresentarem alta transportabilidade, levou-se em consideração a maior capacidade de cimentação e, consequentemente, a estabilidade dos agregados ao impacto das gotas nos solos mais argilosos.

2.4. Estrutura

É a maneira de arranjo das partículas do solo, formando ou não agregados, separados por superfícies de fraqueza. Pode influenciar na infiltração da água e na resistência à desagregação das partículas durante o impacto da chuva (Capeche, 2008).

No que se refere à forma, as partículas podem ser definidas como grumos, grânulos, blocos, prismas, colunas e laminares, e quanto à dimensão, como pequenas, médias e grandes, e do grau de desenvolvimento, como fraco, moderado e forte. A agregação das partículas do solo associa-se principalmente aos teores de matéria orgânica e de argila (Azevedo, 2004).

Utilizou-se como critério na avaliação da estrutura dos solos as concepções metodológicas desenvolvidas por Reichert *et al.* (2003), que apresentam uma série de indicadores físicos e biológicos para estimar a qualidade dos solos.

2.5. Grau de floculação e dispersão das argilas

A formação dos agregados nos solos depende de fatores que permitam a aproximação das partículas de areia, silte e argila e daqueles que mantenham a sua união. Dentre esses fatores, destaca-se a floculação das argilas (Azevedo, 2004). Segundo esse autor, o estado das partículas que se apresentam separadas quando expostas ao meio líquido é denominado de estado disperso. Tal estado explica-se por fenômenos de repulsão eletrostática decorrente do potencial elétrico das partículas de argila. Ao contrário, o grau de floculação refere-se à capacidade de agregação das partículas coloidais quando são expostas em meio líquido.

Baver (1973) chegou ao índice de erosão baseado nas propriedades físicas de cada solo e nas correlações entre essas propriedades e a erosão observada em campo. Para o autor, a erosão aumenta proporcionalmente com a razão de dispersão e inversamente com a floculação dos coloides. Ao estudar dois tipos de solos distintos, sob as mesmas condições, concluiu que solos mais propícios à erosão apresentam índices menores de floculação. A formação de grânulos, a partir da floculação, diminui a dispersão de sedimentos ao impacto da água e facilita a infiltração.

2.6. Profundidade

A profundidade dos solos influencia a capacidade de infiltração, a retenção da água e o escoamento superficial. Esses fatores estão relacionados às características do relevo e à própria capacidade de armazenamento de água. Nesse sentido, relevos com declividades mais acentuadas apresentam solos com profundidades menores, promovendo o escoamento superficial e propiciando o transporte de sedimentos, enquanto que relevos suavemente ondulados apresentam solos com profundidades maiores devido à infiltração da água e a intemperização do solo (Lepsch, 2002).

A identificação da profundidade efetiva também é importante para a determinação da espessura máxima do solo em que as raízes não encontram impedimento físico para penetração, facilitando a fixação das plantas e servindo como meio de proteção dos solos ao impacto direto das gotas de chuva.

Como exemplos comuns desse impedimento, podem-se destacar a presença de rocha consolidada, fragipans e lençol freático elevado, sem possibilidade de rebaixamento por drenagem.

3. Aplicabilidade na hierarquização dos solos quanto à erodibilidade

O Quadro 2 apresenta a distribuição hierárquica dos perfis de solos avaliados, conforme o nível de erodibilidade, bem como a atribuição dos valores estipulados para cada parâmetro analisado.

Verifica-se que os latossolos vermelhos, desenvolvidos sobre os basaltos da Formação Serra Geral, têm os menores índices de erodibilidade. Suas características texturais e estruturais conferem alta resistência à ação dos processos erosivos, favorecendo a circulação hídrica vertical e dificultando o transporte de sedimentos pelo escoamento superficial. A resistência dos agregados e a alta capacidade de floculação das argilas também impedem o transporte de sedimentos pelo escoamento.

Posteriormente, encontram-se os latossolos com textura média, desenvolvidos sobre as rochas da Formação Caiuá. Os perfis analisados apresentam alta capacidade de floculação das argilas, tanto no horizonte diagnóstico de superfície quanto no horizonte de subsuperfície. Embora esses altos índices de floculação indiquem capacidade de agregação das partículas, a quantidade de argila presente nesses horizontes é baixa, anulando em parte o efeito positivo da floculação.

O perfil de nitossolo analisado, desenvolvido sobre o basalto da Formação Serra Geral, tem porcentagens elevadas de argila e de floculação, aumentando sua resistência à ação dos processos erosivos. No entanto, deve-se ressaltar que as estruturas em blocos presentes no perfil diminuem a circulação interna da água, favorecendo a saturação dos horizontes e promovendo o escoamento superficial.

Os latossolos vermelhos de textura arenosa avaliados apresentam baixa quantidade de argila e o grau de floculação é menor que os encontrados nos latossolos vermelhos, com textura média.

Os argissolos, por apresentarem mudanças na quantidade de argila entre os horizontes (formação de horizonte B textural), favorecem a formação de voçorocas, pois a permeabilidade da água é rápida no conjunto dos horizontes A e E, e lenta no horizonte Bt.

O perfil de neossolo quartzarênico, com 90% de areia, não apresenta resistência ao impacto da água, facilitando a desagregação das partículas e o transporte de sedimentos.

QUADRO 2

Hierarquização da erodibilidade dos solos do noroeste do estado do Paraná com base nos dados dos perfis publicados pela Embrapa (1984)

Nº	Solo	Horiz. A	Valor	Horiz. B	Valor	Prof.	Valor
1	LATOSSOLO VERMELHO	moderado	2	Latossólico	1	>2,00	1
2	LATOSSOLO VERMELHO	moderado	2	Latossólico	1	>2,70	1
3	LATOSSOLO VERMELHO	moderado	2	Latossólico	1	>2,00	1
4	LATOSSOLO VERMELHO	moderado	2	Latossólico	0,1	>5,50	1
5	LATOSSOLO VERMELHO	moderado	2	Latossólico	1	>2,80	1
6	NITOSSOLO	moderado	2	Nítico	2	>1,80	1
7	LATOSSOLO VERMELHO	moderado	2	Latossólico	1	>2,15	1
8	LATOSSOLO VERMELHO	moderado	2	Latossólico	1	>1,20	1
9	LATOSSOLO VERMELHO	moderado	2	Latossólico	1	>1,48	1
10	LATOSSOLO VERMELHO	fraco	3	Latossólico	1	>1,95	1
11	NEOSSOLO LITÓLICO	chernozêmico	1	sem B	3	0,25	3
12	ARGISSOLO (*)	moderado	2	Textural	3	>2,80	1
13	ARGISSOLO (*)	moderado	2	Textural	3	>1,85	1
14	ARGISSOLO (*)	moderado	2	Textural	3	>2,00	1
15	ARGISSOLO (*)	moderado	2	Textural	3	>1,90	01
16	NEOSSOLO QUARTZARÊNICO	proeminente	1	sem B	3	>2,00	1
17	ARGISSOLO (*)	fraco	3	Textural	3	>1,90	1
18	ARGISSOLO (*)	fraco	2	Textural	3	>1,72	1

(*) Argissolo vermelho-amarelo.

(Continua)

Argila Horiz. B	Valor	Estrutura	Valor	Floc. A	Valor	Floc. B	Valor	Referência	Total	
80%	1	granular	1	100%	1	100%	1	basalto	8	ERODIBILIDADE
70%	1	granular	1	100%	1	100%	1	basalto	8	
16%	3	granular	1	67%	1	77%	1	arenito	10	
14%	3	granular	1	73%	1	89%	1	arenito	10	
36%	2	blocos	2	58%	2	87%	1	arenito/ basalto	11	
79%	1	blocos	2	50%	2	86%	1	basalto	11	
13%	3	granular	1	36%	2	71%	1	arenito	11	
15%	3	granular	1	55%	2	53%	2	arenito	12	
39%	2	blocos	2	21%	3	43%	2	arenito/ basalto	13	
13%	3	granular	1	25%	3	46%	2	arenito	14	
66%	1	blocos	2	92%	1	0%	3	basalto	14	
18%	3	blocos	2	55%	2	80%	1	arenito	14	
14%	3	blocos	2	44%	2	71%	1	arenito	14	
14%	3	blocos	2	34%	2	45%	2	arenito	15	
14%	3	blocos	2	27%	3	66%	1	arenito	15	
10%	3	granular	1	0%	3	0%	3	arenito	15	
19%	3	blocos	2	27%	3	75%	1	arenito	16	
12%	3	blocos	2	25%	3	33%	2	arenito	17	

(Continua)

O neossolo litólico tem horizonte A chernozêmico e moderada porcentagem de argila; no entanto, é um solo pouco espesso, favorecendo o escoamento superficial e o transporte de sedimentos.

Os latossolos e os argissolos são os que predominam no noroeste do estado do Paraná, pela análise das suas características morfológicas e pelos estudos físico-hídricos realizados nessa região e também no Planalto Ocidental Paulista, que apresenta solos semelhantes. Pode-se deduzir que a circulação da água é mais rápida nos latossolos e nos horizontes A e E dos argissolos e mais lenta nos horizontes Bt.

Nessas condições, a cobertura latossólica apresenta tendência à infiltração vertical e instalação de lençol suspenso no topo do horizonte Bt e, consequentemente, retirada do material arenoso do horizonte E, mais suscetível à erosão linear (sulcos, ravinas e voçorocas).

A fraca permeabilidade do horizonte B textural (Bt), em relação aos horizontes B latossólico (Bw) e eluvial (E), contribui ainda para a evolução do relevo, associada à remoção de elementos liberados pela alteração das rochas e pela pedogênese. Essa situação pode influenciar o rebaixamento das vertentes, a partir da instalação da drenagem lateral. Isso faz supor que o rebaixamento pode ser progressivo e remontante, cada vez com maior declive a jusante, na medida em que o Bt e o E também vão remontando (Santos, 1995 e 2000).

Pesquisas realizadas na região revelaram que no Planalto de Paranavaí predominam vertentes amplas e suavizadas e um menor número de canais de drenagem, estando associadas à cobertura latossólica, que ocupa quase que a totalidade das vertentes, com exceção do terço inferior, onde nota-se a presença de argissolos e neossolos quartzarênicos.

No Planalto de Umuarama predominam vertentes menores, com maiores declividades e um maior número de canais de drenagem, e estão vinculadas ao aparecimento dos argissolos vermelho-amarelos no terço médio das vertentes. No topo das colinas, observa-se a presença de latossolo vermelho-escuro e na base das vertentes, os neossolos quartzarênicos.

4. Conclusões

A erosão do noroeste do estado do Paraná está associada, principalmente, às limitações naturais dos solos, mas também aos processos de uso e ocupação da terra.

Com a avaliação e a hierarquização dos perfis de solo, foi possível determinar as características morfológicas que mais influenciam a sua erodibilidade. Nessa região, os maiores problemas relacionados à erosão encontram-se nas áreas com predomínio dos latossolos, dos argissolos e dos neossolos quartzarênicos, todos com elevadas porcentagens de areia.

Devemos ressaltar que, embora este trabalho seja somente um ensaio metodológico, verificou-se coerência com os resultados obtidos por Bigarella e Mazuchowski (1985), ao proporem a suscetibilidade erosiva dos solos do noroeste do Paraná, bem como com os estudos desenvolvidos por Angulo *et al.* (1984) na determinação da relação entre erodibilidade, agregação, granulometria e características químicas dos solos brasileiros.

O presente trabalho permite importantes reflexões com relação à resistência do solo ao desenvolvimento dos processos erosivos na medida em que o solo foi considerado no conjunto das suas características morfológicas, e não somente o parâmetro textura, como normalmente é utilizado.

Destaca-se a importância em avaliar previamente as propriedades físicas e morfológicas, como medida de prevenção ao desenvolvimento de processos erosivos. Como os solos apresentam resistências diferenciadas, a avaliação das propriedades contribui para a definição das áreas mais suscetíveis à erosão, servindo como base para o planejamento do uso e ocupação da terra e também para estudos voltados à análise integrada da paisagem.

No futuro, a inclusão de outras características na análise, como porosidade, mineralogia das argilas e parâmetros geotécnicos, poderá tornar a avaliação dos solos mais completa, inclusive para estudo de outros processos geomorfológicos.

Agradecimentos

Agradecemos ao engenheiro civil Luís Castellano Biscaia pela doação das fotos do seu arquivo pessoal.

5. Referências Bibliográficas

ANGULO, R.J.; ROLOFF, G. e SOUZA, M.L.P. (1984.) Relações entre a erodibilidade e a agregação, granulometria e características químicas de solos brasileiros. *Revista Brasileira de Ciência do Solo*, v. 8, pp. 133-8.

AZEVEDO, A.C. (2004). *Solos e Ambiente: uma introdução.* Santa Maria: Palotti, 100p.

BAVER, L.D. (1973). *Fisica del Suelos.* Mexico: Uteha, 4ª Edição, 529p.

BERTONI, J. e NETO, F.L. (1990). *Conservação do Solo.* Piracicaba: Livroceres, 3ª Edição.

BIGARELLA, J.J. (2003). *Estrutura e Origem das Paisagens Tropicais e Subtropicais.* Florianópolis: Editora da UFSC, 550p.

BIGARELLA, J.J. e MAZUCHOWSKI, J.Z. (1985). Visão integrada da problemática da erosão. *In:* Maringá: *Livro Guia do III Simpósio Nacional de Controle de Erosão*, 332p.

BOULET, R. (1988). Análise estrutural da cobertura pedológica e cartografia. *In:* Campinas: *Anais do XXI SBCS*, pp. 79-90.

Brasil. Ministério da Agricultura; Superintendência do Desenvolvimento da Região Sul. (1973). *Projeto Noroeste do Paraná; mapeamento preliminar.* Porto Alegre: SUDESUL/UFRGS.

Brasil. Ministério Do Meio Ambiente. (2000). *Agricultura Sustentável.* Brasília: PNUD, 162p.

CAPECHE, C.L. (2008). *Noções sobre os tipos de estruturas do solo e a sua importância para o manejo conservacionista.* Rio de Janeiro: EMBRAPA/ Comunicado Técnico nº 51.

COSTA, J.B. (1979). *Caracterização e Constituição do Solo.* Lisboa: Fundação Calouste Gulbenkian, 2ª Edição, 527p.

CREPANI, E.; MEDEIROS, J.S.; HERNANDES FILHO, P.; FLORENZANO, T.G.; DUARTE, V. e BARBOSA, C.C.F. (2001). *Sensoriamento Remoto e Geoprocessamento Aplicados ao Zoneamento Ecológico-Econômico e ao Ordenamento Territorial.* São José dos Campos: INPE.

CUNHA, J.E. (1995). Estudo físico hídrico de uma vertente com problemas erosivos em Umuarama: subsídios para o controle da erosão. *In:* Bauru: *V Simpósio Nacional de Controle de Erosão,* ABGE/UNESP.

CUNHA, J.E. (2001). Caracterização micromorfológica de uma sequência de solos na cidade Gaúcha/PR. *In:* Goiânia: *VII Simpósio Nacional de Controle de Erosão.*

EMBRAPA (Empresa Brasileira de Pesquisa Agropecuária). (1984). *Levantamento de reconhecimento dos solos do Estado do Paraná. Tomo I.* Londrina, 412p.

EMBRAPA (Empresa Brasileira de Pesquisa Agropecuária). (1984). *Levantamento de reconhecimento dos solos do Estado do Paraná. Tomo II.* Londrina, 375p.

EMBRAPA (Empresa Brasileira de Pesquisa Agropecuária). (2008). *Curso de recuperação de áreas degradadas: a visão da Ciência do Solo no contexto do diagnóstico, manejo, indicadores de monitoramento e estratégias de recuperação.* Rio de Janeiro, 228p.

FAO (Food And Agriculture Organization of United Nations). (1976). Soil Conservation for Developing Countries. Roma: Fao Soils Bulletin, v. 30, 92p.

FEOLA, E. (2009). *Análise dos processos erosivos em trilha: subsídio ao planejamento e manejo. Dissertação de Mestrado em Geografia.* Curitiba: Setor de Ciências da Terra, Universidade Federal do Paraná, 133p.

FIDALSKI, J. (1995). Diagnósticos e ações integradas para o controle da erosão hídrica através de terraceamento em sistemas de produção no arenito Caiuá. *In:* Bauru: *V Simpósio Nacional de Controle de Erosão,* ABGE/UNESP.

GALERANI, C.A. (1995). Descrição das ações de controle da erosão urbana no noroeste do Estado do Paraná. *In:* Bauru: *V Simpósio Nacional de Controle de Erosão,* ABGE/UNESP.

GASPARETTO, N. (1995). Definição e hierarquização das zonas de risco em Cianorte. *In:* Bauru: *V Simpósio Nacional de Controle de Erosão,* ABGE/UNESP.

GUERRA, A.J.T. (1999). O início do processo erosivo. *In:* GUERRA, A.J.T.; SILVA, S.A. e BOTELHO, R.G.M. (Orgs.). *Erosão e Conservação dos Solos: conceitos, temas e aplicações.* Rio de Janeiro: Bertrand Brasil, pp. 17-55.

IAPAR (Instituto Agronômico do Paraná). (1988). *Erosão: inventário de áreas críticas no Noroeste do Paraná. Bol. Tec. N°23.* Londrina: IAPAR, 20p.

IPARDES (Instituto Paranaense de Desenvolvimento Econômico e Social). (2004). *Leituras Regionais — Região Noroeste.* Curitiba: Governo do Paraná, 219p.

LAL, R. (1994). *Soil Erosion Research Methods.* CRC Press, 2ª Edição, 340p.

LEPSCH, I.F. (2002). *Formação e Conservação dos Solos.* São Paulo: Oficina de Textos, 178p.

MAACK, R. (2002). *Geografia Física do Estado do Paraná.* Curitiba: Imprensa Oficial, 3ª Edição.

MARTINS, V.M. (2001). Diagnóstico do comportamento hídrico em Latossolo Vermelho. *In:* Goiânia: *VII Simpósio Nacional de Controle de Erosão.*

MENDONÇA, F. de A. (1994). A degradação ambiental do noroeste do Estado do Paraná. Um processo de desertificação ecológica em curso. *Pesquisas,* v. 21, pp. 34-9.

MINEROPAR (Minerais do Paraná S.A). (2005). Programa Zoneamento-Ecológico-Econômico do Paraná. *Potencialidades e fragilidades das rochas do Paraná.* Curitiba: Estado do Paraná.

NAKASHIMA, P. (1999). *Sistemas pedológicos da Região Noroeste do Estado do Paraná: distribuição e subsídios para o controle da erosão. Tese de Doutorado.* São Paulo: Universidade de São Paulo.

OEA (Organização dos Estados Americanos). (1973). *Estudo para o desenvolvimento regional do noroeste do estado do Paraná.* República Federativa do Brasil, Curitiba.

PAULA, E.V. (2009). *Análise da produção de sedimentos na área de drenagem da Baía de Antonina/PR: uma abordagem geopedológica. Tese de Doutorado em Geografia.* Curitiba: Setor de Ciências da Terra, Universidade Federal do Paraná, 155p.

PONTES, A.B. (1977). *Controle da Erosão na Região Noroeste do Estado do Paraná/Brasil.* Rio de Janeiro: DNOS, 163p.

REICHERT, J.M.; REINERT, D.J e BRAIDA, J.A. (2003). Manejo, qualidade do solo e sustentabilidade — Condições físicas do solo agrícola. *In:* Ribeirão Preto: *XXIX Congresso Brasileiro de Ciência do Solo.*

RODERJAN, C.V.; GALVÃO, F.; KUNIYOSHI, Y.S. e HATSCHBACH, G.G. (2002). As unidades fitogeográficas do estado do Paraná, Brasil. *Ciência & Ambiente,* UFMS, v. 24.

RODRIGUES, J.E. (1982). *Estudos de fenômenos erosivos acelerados — Boçorocas. Tese de Doutorado em Engenharia dos Transportes.* São Carlos: EESC-USP.

ROSS, J.L.S. Análise empírica da fragilidade de ambientes naturais e antropizados. *Revista do Departamento de Geografia — FFLCH/USP*, São Paulo, v. 8.

SANTOS, L.J.C. *Estudo morfológico da topossequência da Pousada da Esperança, em Bauru, SP: subsídio para a compreensão da gênese, evolução e comportamento atual dos solos. Dissertação de Mestrado em Geografia*. São Paulo: USP.

______. (2000). *Pedogênese no Platô de Bauru (SP): o caso da bacia do Córrego da Ponte Preta. Tese de Doutorado em Geografia*. São Paulo: USP, 183p.

SANTOS, L.J.C.; OKA-FIORI, C.; CANALLI, N.E.; FIORI, A.P.; SILVEIRA, C.T. e SILVA, J.M.F. (2006). Mapeamento geomorfológico do Estado do Paraná. *Revista de Geomorfologia*, v. 7, pp. 3-12.

______. (2007). Mapeamento da vulnerabilidade geoambiental do Estado do Paraná. *Revista Brasileira de Geociências*, v. 37, pp. 812-20.

SILVA, A.C.; SCHULZ, H.E. e CAMARGO, P.B. (2003). *Hidrossedimentologia em Bacias Hidrográficas* São Carlos: RiMA, 140p.

SILVEIRA, C.T.; FIORI, A.P.; OKA-FIORI, C. (2005). Estudo das unidades ecodinâmicas de instabilidade potencial na APA de Guaratuba: subsídios para o planejamento ambiental. *Boletim Paranaense de Geociências*, v. 57, pp. 9-23.

SEMA (Secretaria de Estado do Meio Ambiente e Recursos Hídricos do Estado do Paraná). (2002). *Atlas de Vegetação do Paraná*. Estado do Paraná.

SEAB (Secretaria da Agricultura e do Abastecimento do Estado do Paraná). (2007). *Relatório de dados climáticos*. Estado do Paraná.

SUCEAM (Superintendência do Controle da Erosão e Saneamento Ambiental). (1994). *Caracterização do meio físico: subsídios para o planejamento urbano e periurbano*. Curitiba, 23p.

Este livro foi composto nas tipologias Verlag e Minion Pro corpo 11,5 e impresso
em papel offset 75g/m² na Prol Gráfica e Editora.